祝酒词大全

U0208485

祝酒词
大全

清风 编著

中国华侨出版社
北京

图书在版编目（CIP）数据

祝酒词大全 / 清风编著. —北京：中国华侨出版社，2010.9（2021.1重印）

ISBN 978-7-5113-0687-6

Ⅰ.①祝… Ⅱ.①清… Ⅲ.①酒-文化-中国 Ⅳ.①TS971

中国版本图书馆CIP数据核字（2010）第178835号

祝酒词大全

编　　著：清　风

责任编辑：文　蕾

封面设计：阳春白雪

文字编辑：霍丽娟

美术编辑：宇　枫

经　　销：新华书店

开　　本：720mm×1020mm　　1/16　　印张：24　　字数：350千字

印　　刷：北京德富泰印务有限公司

版　　次：2010年11月第1版　2021年1月第4次印刷

书　　号：ISBN 978-7-5113-0687-6

定　　价：55.00元

中国华侨出版社　北京市朝阳区西坝河东里77号楼底商5号　　邮编：100028

法律顾问：陈鹰律师事务所

发 行 部：（010）88866079　　　　传　真：（010）88877396

网　　址：www.oveaschin.com　　　　E-mail：oveaschin@sina.com

如发现印装质量问题，影响阅读，请与印刷厂联系调换。

前言
PREFACE

  自古以来，酒就与中国人的日常生活密不可分。结婚生子、迎宾送客、逢年过节、开业庆典、贸易洽谈、宾朋小聚，人们都要把酒言欢，正所谓"无酒不成席"。而无论是哪种场合的酒宴，人们在敬酒、祝酒、劝酒时往往都要说一些祝福的话语，这些话语即为祝酒词，其内容或祝贺，或叮嘱，或欢迎，或壮行，或自勉，或歌功颂德，不拘一格，它是招待宾客的一种礼仪。祝酒词的应用十分广泛，除了独自小酌，只要是有酒的地方，上至国宴，下至老百姓平常的喜庆酒、生日酒、节庆酒，几乎都少不了祝酒词，它是一道别有风韵、耐人寻味的菜肴，可以让酒的作用发挥到极致，为酒宴添趣增辉。

  祝酒词起源于古人以酒祭祀祖先和神灵时的祈祷语言，自有酒以来，祝酒词便成为源远流长的酒文化的重要元素之一。《诗经·小雅》中的"我有旨酒，以燕乐嘉宾之心"即是敬酒时的祝词。汉乐府中的曲名"将进酒"其意即为"劝酒歌"，也是祝酒词的一种形式。古代的文人志士常常相聚饮酒，并以诗祝酒，留下了大量有关祝酒的诗词歌赋：曹操"对酒当歌，人生几何"，李白"呼儿将出换美酒，与尔同销万古愁"，王维"劝君更尽一杯酒，西出阳关无故人"，白居易"晚来天欲雪，能饮一杯无"……这些因酒而生的祝酒诗词如今已被广泛应用于祝酒词的演说中。

  一般而言，祝酒词是一种社交礼仪，是借用酒的方式来增进友谊、联络感情、活跃气氛的。没有祝酒词的宴会会显得单调沉闷，也会使宾客食之无味，情绪不高，而适宜、热烈的祝酒词，不但能够营造出轻松、欢快的现场气氛，使主客双方的感情更为融洽，同时给人留下深刻的印象，令人久久回味。

祝酒词还是一种传递思想的工具。通过祝酒词表达某种观点、思想和决心，可使主客双方加深了解、增强信任，从而促成良好的对内对外关系。祝酒词说得好，可消除隔阂，化干戈为玉帛；可促成生意场上的合作，带来滚滚财源；可展现个人才学，彰显自我魅力，为事业成功赢得无数机遇。

一篇优秀的祝酒词，或声情并茂，感人肺腑；或幽默风趣，妙趣横生；或慷慨激昂，壮志凌云；或庄重典雅，发人深思；或言词优美，令人沉醉。适宜的祝酒词就是酒宴中的兴奋剂、杀手锏，有恰如其分的祝酒词的衬托，美酒才能发挥出畅心抒怀、联结情感、激发壮志的特殊功效，才能真正成为交际的纽带、友谊的桥梁、商战的法宝、外交的平台，使我们在推杯换盏之间喝出交情、促成美事、扩展人脉。

《祝酒词大全》旨在帮助读者掌握不同场合下的祝酒词写作技巧，以最快的速度轻松高效地写就一篇精彩的祝酒词，它汇集了最有效的祝酒攻略、最实用的祝酒词范文、最常用的祝酒规则、最精彩的祝酒妙语、最有趣的酒俗酒事。本书也是一部即查即用的祝酒词应用工具书，它精选了数百篇祝酒词范文，涉及婚庆、生日、商务、政务、聚会、节庆、周年庆、开业、升学、乔迁等场合，摘录了上千种妙言佳句，介绍了不同场合、不同身份的人致祝酒词的要点和技巧，你可以直接采用某篇祝酒词，亦可从中找到精彩绝伦的致词素材。书中所选祝酒词风格多样，不拘一格，不论你扮演何种角色、在何种场合、喜好何种风格的祝酒词，都可满足你的需要。

目 录
CONTENTS

第三章　生日酒

第五章 交际酒

第六章 职场酒

第八章 商务酒

第九章 政务酒

第一章
祝酒词概论

祝酒词的"前世今生"

祝酒词的起源

祝酒词，顾名思义，是依托酒而产生，是酒的发展为祝酒词的形成提供了温床。所以，要想获知祝酒词的起源，我们就要对酒的产生有所了解。

据考古学家证明，在近现代出土的新石器时代的陶器制品，均具备酿酒的条件。这说明在古代的黄帝时期，以及夏禹时代就已经开始酿酒，发展至今，酒的历史已有五六千年了。在这漫长的时间里，并没有翔实的资料记载酒的起源，但是通过大量有关酒的记述，我们一般将"猿猴造酒"作为酒的最初形成。

猿猴是一种十分机敏的动物，居于深山野林中，在巉岩林木间跳跃攀缘。依靠丰富的生活经验，猿猴常常在水果成熟的季节，收贮大量水果于"石洼中"，堆积的水果受自然界中酵母菌的作用而发酵，在石洼中将"酒"的液体析出。猿猴这样做，并没有影响水果的食用，而且析出的液体——"酒"还有一种特别的香味供猿猴享用。由于这酒是猿猴所酿，所以又被称为"猿酒"。

上古时期，由于生产力不发达，人们把一些无法理解的自然现象，都看成是上天的恩赐，认为有神灵在主宰一切。所以，当偶然找到了"猿酒"这自然生成的酒，品尝这令人兴奋的仿佛具有魔力的汁液时，他们首先做的并不是聚集在一起共同"畅饮"，而是把这天然佳酿看成一种恩赐品，双膝跪地，对天上的神灵加以叩拜，并说一些感激上天的恩赐和希冀保佑之类的话语。

对于这"天外来物"，人们极

其珍惜。他们用大自然的酒器——树叶，一点一点地将"猿酒"盛起。按照当时的习俗，人们在得到最好的食物时首先要献给首领，然后在他的带领下召集所有人举行祭祀活动，用宝物祭祀神灵和先祖。当首领说完"感谢您赐给我们这珍贵的汁液……保佑我们食物充足……"的话语时，由首领开始，然后依次饮酒。有酒助兴，一个盛大的篝火晚会便开始了。经过历史的继承与发展，以后的祭祀活动不但有了酒，祝酒词也形成了较为固定的内容和格式，成为一种习俗。

毫不牵强地说，这时人们对神灵的祈祷与祭祀时的话语就是最早的祝酒词。虽然祝词形式与现在相比有很大差异，但是目的和内容却十分相似。所以，祝酒词的起源早于人工酿酒，并在那时成为一种习俗，广为流传。

祝酒词的发展

祝酒词由最初的"猿酒"祈祷，发展至约定俗成的形式和语言格式，离不开酿酒工艺水平的提高、酿酒业的发展，以及社会礼仪形式和文化氛围等相关内容的影响。

在商朝与周朝，人工酿酒已经开始，并作为日常的饮宴在宫廷中盛行。后来，酒不再单纯地为祭祀服务，也不再是宫廷御用的奢侈品，在百姓家、在不同的社会阶层中，都能看到酒的存在。但由于场合不同、身份地位不同，饮酒时的祝酒词也大不相同。

发展到春秋时期，酒桌上的祝酒词基本有两个明显的特征：一是皇家、士大夫的"礼节"祝酒词。例如，在宫廷御宴上，大臣向皇帝敬酒时，自然要歌功颂德一番，这些话便是"礼节"祝酒词；一是寻常百姓家的"欢聚"祝酒词。即在喜逢节日或是送行饯别，百姓们高举杯盏，把酒诉衷肠。

春秋后期至隋末唐初，祝酒词已经形成固定模式，处于发展阶段。人们对酒俗的重视与完善将酒文化推向一个新时代。秦汉时，还设有专门人员负责宫廷饮宴。但与以往不同，此时的饮宴已不仅仅是一种聚会庆典的愉悦形式，也掺杂了军事家、政治家斗智斗勇的谋略。例如剑拔弩张的"鸿门宴"就是最有代表性的一个。宴会上，人们将酒作为争权夺利的有效利器，常常趁其不备以鸩酒杀之。祝酒词已不仅是表达庆祝、感谢之意，还关系着个人生死，所以说话时要极为小心，祝酒之前三思而行。

魏晋南北朝饮酒的风气更为盛行，尤其是一批文人墨客，他们将诗酒联姻、以酒伴诗、以诗祝酒发展到了极致。例如曹操的《短歌行》就把以酒抒怀的情致发挥得淋漓尽致，成为借酒消愁的绝唱。尤其是"对酒当歌，人生几何"之句，凸显豪迈之情，至今广为流传。一些出口成章的嗜酒文人，在当时产生了无可比拟的名人效应。人们竞相模仿，纷纷以诗祝酒。无论是上层社会还是寻常百姓，都将饮酒作诗作为一种乐趣，作为互敬的一种形式。正因为前人将诗与酒巧妙地连接起来，才有后来盛唐的诗酒风流，也才有各种形式的祝酒词。

唐朝是一个文化繁荣的时代，即使是酒文化也被打上时代的烙印，无论是上层社会，还是百姓人家，饮酒时必定赋诗一首。经济的发展为这"文雅饮酒"的盛世提供了物质基础。唐朝经济繁荣，大街小巷随处可见酒楼、酒店，杜牧有诗云："烟笼寒水月笼沙，夜泊秦淮近酒家。"

任何一种流行的文学形式都会对当时的祝酒方式产生新影响，宋朝词的兴起就改变了人们祝酒的方式。酒席上，人们不再以吟诗作对为风雅，多是即兴赋词、谱曲，吟唱祝酒，以词、曲表达自己对他人的祝福。此时的酒楼、酒店与唐朝相比更为普遍、豪华富丽。

唐诗、宋词是我国文学史上的两座里程碑，对后世文学有着深远的影响，就连当代的祝酒词也仍见古风之影。以诗词助兴十分常见，它们起到了画龙点睛的作用。

随后的元明清，酒文化更加浓厚，酒俗也极为讲究，普遍认为"无酒不成席，宴席必有酒"。酒宴上只吟诗赋词已不再使人们感到满足，为了将酒的兴致推向高潮，元代起盛行划拳、行令等娱乐方式。

这纷繁发展的时代留给后人或是潜移默化的影响，或是直接继承，至此，祝酒词的内容更为丰富，形式更为多样。

现代祝酒词的形成

随着"五四"以来白话文的普及推广，自由诗占据了主导地位，格律诗已不再是人们在酒宴上必备的素质。说祝酒词，也不再讲究对仗工整、考虑押韵，想怎样说便怎样说，内容更为自由。尤其是随着现代人生活、工作节奏加快的需要，人们希望简洁、意蕴深刻的祝酒词能准确地表达自己的祝福，所以，经典的古诗词、简短的祝福语在现代的酒桌上极为盛行，其特点就是内容丰富、通俗易懂、随机应变，一般多为"举起手中的酒，为……干杯！"

为深入了解现代祝酒词，我们不妨对祝酒词作分类分析：

1.按宴会主题分，可分为婚宴祝词、生日祝词、庆典祝词、开业祝词、送别祝词、升迁祝词等。

2.按祝词人身份分，可分为主人祝词、来宾祝词、随行人员祝词、主持人祝词等。

3.按祝词先后顺序分，可分为开场祝词、中场祝词和结尾祝词三类。

4.按祝词语言风格分，有用于正式庄严场面的庄重式祝词，有用于亲友间以调侃、幽默为主的诙谐式祝词，还有用故事引申祝酒意图的故事引申式祝词，还有恰当引用名言、名句、名诗词表达情感的引用祝词。

如今，酒文化是生活中不可缺少的一部分，所以，了解和应用祝酒词已经成为一种必需，并且在实践中要学会灵活运用。

祝酒词写作

从古至今，外交场、商贸会、喜宴、寿宴、朋友聚会……人们无一不在推杯换盏中吃出氛围，喝出交情，谈成美事，增进友谊。因此，只有深入分析祝酒词的写法，我们才能灵活运用祝酒词，在觥筹交错中立于不败之地。

祝酒词五大特点

祝酒词就是在饮宴过程中，举杯邀请众人同饮之前，表达祝福目的的精彩凝练的语言。宴会上祝酒，是招待宾客的重要礼仪。一般来说，主宾均要致祝酒词。主方的祝酒词主要是表示对来宾的欢迎；客方的祝酒词主要是表示对主方的谢忱。

热烈的祝酒词会为酒会平添友好的气氛，同时，酒也只有伴随着恰如其分的祝酒语言，才能发挥出畅心抒怀、敞开心扉、联结情感、斗志用谋、激发壮志、欢乐无边的特殊功效，才能真正成为喜宴的精灵、友谊的桥梁、商战的法宝……因此，万事抒怀需纵酒，宴会成功靠祝词。祝酒词是控制宴会气氛、掌握宴会节奏、实现宴会目的、保证宴会效果的关键。

通常来说，祝酒词有以下五大特点：

1.祝酒词重在表达祝愿性。祝愿事情的成功或祝愿美好、幸福。

2.祝酒词不宜太长。言辞简洁而有吸引力。

3.祝酒词的语言充满热情、喜悦、鼓励、希望、褒扬之意，以便使对方感到温暖和愉快，受到激励与鼓舞。

4.祝酒词不应使用辩论、谴责、批评等词句和语气。

5.颂扬与祝贺要恰如其分。过分的赞美之词会使对方感到不安，自己也难免谄媚之嫌。

祝酒词四大结构

标题

一般由致词人、致词场合和文种三部分组成。如××在××典礼上的祝词。根据致词人、致词场合、文种情况,标题可简化或改变顺序。书面型标题可以直接写为《祝词》等,也可以由讲话者姓名、会议名称和文种构成,如《×××在××会上的祝酒词》《×××在××宴会上的讲话》等。

称呼

写明受祝的对象,如,"××先生""××经理",或"各位领导""尊敬的总统阁下""女士们、先生们""尊敬的各位来宾、各位朋友""尊敬的韩老先生、各位来宾、各位亲朋好友"……

除正式的称呼外,还可以诙谐一些。如在一次老知青聚会上,有人在祝酒词中用了"贫下中农同志们、知青战友们",引来了大家的会心大笑,整个酒会的气氛也由此变得轻松活跃起来。

正文

写致词人在什么情况下,向出席者表示欢迎、感谢和问候。根据宴请的对象、宴会的性质,简略地表述主人必要的想法、观点、立场和意见,既可以追述已经取得的成绩,也可以畅叙友情发展的历史,还可以展望未来。

如在公司成立周年庆典上,可以这样写:"今天,我们欢聚一堂,隆重庆祝××公司成立三十周年。借此机会,我谨代表××县委、县人大、县政府、县政协和全县60万人民对各位领导和中外嘉宾的光临,表示热烈的欢迎和衷心的感谢!向××公司的创业者们以及全体员工表示热烈的祝贺和诚挚的问候!××发端于改革开放的起航之日,兴起于市场经济的转型之时,腾飞于中国经济融入全球一体化的跨越之机,是时代、历史和新老××员工造就的今日辉煌。展望××公司的宏伟蓝图,我们深信扎根于××这块沃土之上的××公司,必将高举民族工业的旗帜,弘扬民族工业的精神,牢牢把握时代发展的战略机遇,为县域经济的发展,为民族工业的壮大,再谱新章,再创辉煌;我们也坚信,有各级领导的关心、中外朋友的关爱、各个部门的鼎力支持和3000名××员工的共同努力，××公司的事业必将更加兴旺发达！"

在婚礼宴会上，可以这样写："祝福新郎、新娘，祝贺你们的美满结合。从相识、相恋到喜结良缘，你们经历了人生最美好的时光。你们的爱情是纯洁的、真挚的。真乃千里姻缘，天作之合。在对理想和事业追求中建立的新家，正是你们谱写美妙爱情交响曲的延伸。"

总之，正文是祝酒词最主要的部分，应争取把祝酒人所要表达的情意全部表述出来。

结尾

结尾常用"为……而干杯"的句式。

如在开业庆典上，可用："现在让我们共同举杯：为感谢各位来宾的光临，为我们的事业蒸蒸日上，为我们的财源广进，干杯！"

在乔迁新居的宴会上，可用："让我们共同举杯：为王先生乔迁新居世代永安，年丰人寿门有喜，莺迁乔木纳千福，干杯！"

在新婚宴会上，可用："请各位来宾共同举杯：让我们为两位新人双星渡桥渡来福禄寿喜，麒麟送子送进富贵荣华，钟情似海恩恩爱爱百年长，甘苦与共比翼双飞到白头，干杯！"

在祝寿的宴会上，可用："让我们为何老先生寿比南山，福如东海；为何氏家族松鹤千年寿，子孙万代长；为在座各位嘉宾健康长寿，干杯！"

总之，要把自己的祝福倾注在"喝这杯酒的目的"上，让祝福的阳光温暖每个人的心间。

祝酒词语言艺术

用语精辟

用语精辟可使祝酒词准确得体，增加宴会友好融洽的气氛。

1972年2月21日，美国总统尼克松应邀访华。晚7时，周恩来总理在人民大会堂设宴招待尼克松总统。在祝酒词中，周总理说："美国人民是伟大的人民。中国人民是伟大的人民。我们两国人民一向是友好的。由于大家都知道的原因，两国人民之间的来往中断了20多

8

年。现在，经过中美双方的努力，友好往来的大门终于打开了。"周恩来的祝酒词早在2月20日就已准备好。初稿是"由于美国方面的原因"，后改成"由于不是中国方面的原因"，最后，熊向晖斟酌后改为"由于大家都知道的原因"。

尼克松也发表长篇讲话。他说："我们在这里讲的话，人们不会长久记住。我们在这里做的事却能改变世界"。"让我们在今后的5天里在一起开始一次长征吧，不是在一起迈步，而是在不同的道路上向同一个目标前进。这个目标就是建立一个和平和正义的世界结构。"尼克松特意引用了毛泽东的诗词："多少事，从来急；天地转，光阴迫。一万年太久，只争朝夕。"他说："现在就是只争朝夕的时候了，是我们两国人民攀登那种可以缔造一个新的、更美好的世界的伟大境界的高峰的时候了。"宴会气氛始终亲切而友好。

妙用修辞

适当地采用修辞可使祝酒词形象生动，易于给人留下深刻印象。

第二次世界大战期间，美国总统罗斯福在德黑兰会议的一次晚宴上祝酒说："虹有很多颜色，各不相同，但它们混合成一条灿烂夺目的彩虹。我们各个国家也是如此。我们有不同的习惯，不同的哲学和生活方式。我们每个国家都按照本国人民的愿望和理想来拟订我们处理各种事情的计划。可是德黑兰会议已经证明，我们各国的不同理想是可以汇成一个和谐的整体，团结一致地为我们自身和全世界的利益采取行动的。所以，当我们离开这次历史性的聚会时，我们能够在天空第一次看见希望的象征——彩虹。"罗斯福的祝酒词用彩虹来比喻不同社会制度国家的和平共处，非常形象和贴切，为宴会增添了不少温馨的气氛。

讲究文采

适当地引用诗词、典故，同时增加语言的幽默性，会使讲话更有感染力。

1984年，缅甸总统吴山友访问上海，时任上海市市长在祝酒词中引用陈毅元帅《致缅甸友人》的诗句："我住江之头，君住江之尾，彼此情无限，共饮一江水。"形象地点明了中缅两岸人民共饮一江水的深情厚谊，话语非常亲切，让外宾高兴不已。

妙、直、畅、真

连珠妙语烘托气氛，达到妙趣横生的效果；直点宴会主题，不拐弯抹角；语言流畅，使人感受到祝酒人的信念和自身对所要表达的主题和情感的信心；酒宴上的祝词只有真情真意，才能拉近主宾之间的距离，以自己的真意换来对方的真情。此外，恰到好处的幽默和调侃可以使酒宴的欢乐气氛达到极致。

酒宴致词的技巧

在欢庆佳节、迎送宾客、吉庆喜事等活动的酒席上，人们常要举杯祝酒，说一些美好的话语，互相表达祝贺和希望。尤其当你是酒宴的贵宾、酒宴的焦点所在时，你的一席好的祝酒词，能使酒宴的气氛更为欢快轻松，使入席者的感情更为融洽密切。但有时发表祝酒词的人才思不够敏捷，甚至端着酒结结巴巴说不下去，大家手里举着酒，又不能放下来，又不好喝下去，这才叫尴尬！祝酒词一般是在饮第一杯酒之前说的，因此，祝酒词必须短小精悍，千万不能太长太啰唆。因为大家举杯，情绪高昂，要是啰唆半天，热乎劲儿就冷了。

围绕一个主题

你一旦开始祝酒，就不要离题，要沿着一个主题，保持一个完整的结构，逐步趋向一个明快、自信的邀请，让每个人都举起酒杯，还要把你所祝愿的那个人（或那些人）的名字准确无误地牢牢地记在脑子里。你的主题可以着眼于被祝愿的人的成就或品质，一件事情的重要意义，伙伴们的乐事，个人的成长或集体工作的益处，等等。无论说什么都要和那个场合相适应。例如老友聚会，那么可以说："此时此刻，我从心里感谢诸位光临，我极为留恋过去的时光，因为它有着令我心醉的友情，但愿今后的岁月也一如既往，来吧，让我们举杯，彼此赠送一个美好的祝愿。"

适时进行联想

在祝酒时如能就地取材进行联想，就可以产生出乎意料的好效果，使人生发出许多美好的想象，从而达到使人愉悦、使人振奋的目的。例如你端起席间一杯矿泉水，在不同的情况下可以引起不同的联想，运用不同的语词。

在朋友的聚会上你可以说："俗话说，如鱼得水，看见这杯矿泉水使我想起我们的友谊。鱼儿离不开水啊，正因为有了深厚的友谊，才使我们顺利地在艰苦的生活中成长起来。现在我们又一起回到了家乡，更是如鱼得水。相信今后我们的友谊将会与日俱增。我建议为友谊干杯！"在为老师祝贺生日的聚会上可以说："同学们，这是一杯水。看见这杯水我想起了'饮水思源'这句老话。我们之所以有今天的成功，完全是老师辛勤培养的成果啊！师恩难忘。这水又使我想起了另一句话：'滴水之恩，涌泉相报！'我们一定要努力再努力以报答老师的教诲！同学们，让我们以水代酒，祝老师永葆青春！"

尽可能地表现出文采

前文讲过适当地引用诗词、典故、幽默，能使讲话更有感染力。除此之外，还可以采用比喻的方式。比喻可以使祝酒词生动形象。例如，两校建立校际关系，其中一方致词说："过去，我们交往只是一条小路；现在，却是一条宽敞的大道。我相信，我们的友谊和交往一定会成为一条高速公路。"这一连串的比喻，言辞贴切，恰到好处地说出了他内心的祝愿，赢得了大家一致的掌声。

成功劝酒"潜规则"

"感情深，一口闷；感情浅，舔一舔"。"万水千山总是情，给点面子行不行"。如此劝酒词听起来倒也合辙押韵，但细一琢磨，总有咄咄逼人的感觉。假设对方真不给面子，双方都比较尴尬。其实，劝酒也是一门学问，劝得巧才能喝得好。

真诚地赞美对方

人对于赞美的抵抗力往往是最微弱的，特别是在酒桌上，热闹的气氛使人的虚荣心很容易膨胀，而虚荣心一膨胀人就免不了要有一些超出常规的"豪壮之举"。另外，在酒桌上赞美对方的酒量或学习成绩、工作成绩，如果对方仍坚持不喝，就会牵涉面子问题，酒桌上众人的眼光会给他造成一种无形的压力：既然你能喝，既然事业这么得

意，连杯酒都不愿喝，是瞧不起我们吗？这种压力是对方很容易感觉到的，因而他即使是迫于压力也得拿起酒杯。假设同事小张考上了研究生，在单位为他举行的欢送会上，你作为领导，可以这样劝酒："功夫不负有心人，汗水浇灌出了丰硕的成果。我代表各位同事祝你学业有成，来，让我们端起酒杯，一饮而尽。"得到领导的赞美与鼓励，心情极佳的小张没有不喝之理。

劝对方喝酒，首先抓住他的优点，以赞美、崇拜的语言来敬酒。每个人都喜欢听美言，这样不仅可以成功劝酒，还能拉近彼此间的距离、增进双方的感情。

强调场合的特殊意义

常言道："人逢喜事精神

爽。"即使有些人从不喝酒，但在一些特殊的喜庆场合就喜欢多喝几杯，一方面是心里高兴，一方面也是场合的特殊性使然。因此，劝酒者在劝酒时不妨多强调场合的重要性、特殊性，指出它对于对方的价值与意义，这样既能激发对方的喜悦感、幸福感、荣誉感，又使他碍于特定的场合而不得不愉快地饮酒。

例如，在同学聚会上，一位很久没见的老同学不喝酒，于是就有人劝他说："今天是我们2000级毕业生的第一次大聚，下次再聚真不知到什么时候。我知道你向来滴酒不沾，但是今天这杯酒，如果你认为不该喝，同学们也都同意，我毫无怨言……"还没等到他把话说完，那位老同学站起来，拿着酒杯说："虽然我从不喝酒，但今天是个意义非凡的日子，为了我们的友谊天长地久，这杯酒我一干而尽。"

可见，强调场合特殊意义的劝酒方法十分见效，因为没有谁愿意在这种场合给大家留下不合群的坏印象。

用反语激将对方

俗话说："树怕剥皮，人怕激气。"激励他人是针对人人都有一种保护个人自尊心的心理，抓住对方的过失、弱点或者某种利害关系，给予挫伤其自尊心的刺激。孟子曾说："一怒而天下定。"这怒因刺激而起，勇气即从胆中而生。许多事业可以凭借这一激而成创举。在酒桌上也是如此。如果你能恰到好处地使用激将法刺激对方的自尊心，使其认识到不喝这杯酒将会丢失脸面，那么对方就会豁出去，逞一回英雄。

例如在一次单位员工的聚餐上，小李喝完一杯后就不再倒酒。这时，你可以这样激将他："小李，你看看四周，凡是小伙子可是每人一瓶酒，女同志例外。如果你不是男子汉，这瓶酒你可以不喝。或者，我给你叫瓶'露露'？你瞧，女士们可是人手一瓶啊。"小李被激将说道："谁说我不能喝？不信咱俩一较高下。"说着，他倒满一杯酒，一饮而尽。激将法在这里取得了显著效果。

挑对方毛病

"罚酒三杯"是中国人劝酒的独特方式，使用此方式劝酒需充分调动其他人的力量，争取让大家认同自己的说法，然后一起给对方施加压力。一般来说，只要挑出的"毛病"不是牵强附会或无理取闹，而且注意用语的恰当、幽默，那么就不会令对方产生反感。

如参加婚礼，郭涛迟到5分钟，此时就可用挑毛病的方式劝酒："大家都看见了，郭涛迟到5分钟！按公司规定，上班迟到1分钟扣1元钱。现在郭涛竟迟到5分钟，大家说该不该罚？"在众人的要求下，郭涛只好拼命点头，自罚三杯。此时，劝酒者再进一步进攻："迟到的事情就算过去了，咱们再说另外一件事。刚才郭涛急匆匆入座时说了些什么？他说：'不好意思，我来晚了。今天特倒霉，早早就起床，结果还是遇上堵车。'要知道，今天是咱们同事赵斌喜结良缘的好日子，郭涛却说'倒霉'，大家说，郭涛该不该罚？"众人异口同声地说"该罚"，于是，郭涛再次自罚三杯。

罚酒的理由五花八门，只要巧妙抓住对方的"失误"，调动大家的积极性，就能迫使对方自罚三杯，达到劝酒的目的。

采用以退为进的方法

对于某些酒量委实有限的人，特别是女士和年轻的小伙子，过分勉强不但达不到目的，反而会令对方生厌。这时，我们不妨采用以退为进的战术，在饮酒量上做些让步，即自己喝一杯，对方喝半杯，或改喝啤酒。例如，一位男士向女士劝酒，说道："小王，我说得口干舌燥，你还是不喝吗？你看这样好不好，我喝一杯，你喝一口。如果你再次拒绝，我会觉得没面子，只能找个地缝钻进去。"说完，该男士一仰脖就喝完了。王女士见状，不好意思推却，只好喝了一口。

以退为进的劝酒方法之所以能成功，是因为对方在你苦劝之下执意不喝，已感到有损你的面子，此时你再作出让步，对方就不便再推脱。

巧妙拒酒不失礼

宴会应酬免不了喝酒。面对别人劝酒时，如果理由不充分，不但伤害对方的面子，也令大家扫兴，但喝得太多会伤身。因此，我们有必要掌握一套实用"拒酒术"，以达到"却酒不失礼，拒酒结情谊，让酒显潇洒，避酒人称奇"的完美效果。

把身体健康作为挡箭牌

中国人敬酒，往往希望对方多喝些，以表示自己尽到了主人之谊，客人喝得越多，主人则越高兴，说明客人看得起自己。相反，客人喝得少甚至不喝，主人顿时觉得颜面无存。虽然说人与人的感情交流往往在推杯换盏间得到升华，但是酒喝多了毕竟伤身。所以，当别人劝酒时，我们可以以身体不舒服或是患有某种忌酒的疾病（如肝脏不好、高血压、心脏病等）为理由，拒绝饮酒。这样做既委婉地谢绝对方，又使自己免于喝醉。例如某领导参加一个宴会。王强与他好久不见，提出要和他痛饮三杯。该领导说："你的情意我心领了，遗憾的是我最近身体不适，正在吃中药，需忌酒，只好请你多关照。来日方长，日后再聚我一定与你一醉方休，好吗？"此言一出，大家纷纷赞许，王强也不再勉强。

但是有些人认为友情比身体健康更重要。遭到拒绝后，他们继续说："感情铁，喝出血！宁伤身体，不伤感情；宁把肠胃喝个洞，也不让感情裂条缝。"我们知道这是不理智的表现，但为不伤"感情"，可以这样说："我是身体和感情都不愿伤害的人。没有身体就没有感情，没有感情就如同行尸走肉。为了不伤感情，我喝；为了不伤身体，我喝一点儿。"

提及过度喝酒后果

酒宴的最高境界是让客人乘兴而来，尽兴而归。那种不顾实际的劝酒风，说到底是以把人喝倒为目的，这充其量只能说是一种低级趣味的劝酒术，是劝酒中的大忌。作为被动者，不能饮酒或当酒量喝到一半有余时，就应向东道主或劝酒者说明情况。

例如："我一会要开车，不能饮酒，希望各位多包涵。而且现在交警正在严查酒后驾驶，如果被抓住直接拘留十五天，你们也不希望明天到拘留所里看我吧。"

"感谢你对我的一片盛情，我原本只有三两酒量，今天因格外开心多贪了几杯，再喝就'不对劲'了，还望你能体谅。"

"我老婆一闻我满口酒气就立刻翻脸。我不骗你，所以你如果真为我着想，那我们就以茶代酒吧？"

这种实实在在地说明饮酒后果和隐患的拒酒术，最能得到对方的理解。无论如何，如果遇到劝酒者，一定要保持清醒的头脑，耐心解释过度饮酒的严重危害，动之以情，晓之以理，大多数人会理解你的良苦用心的。

挑对方劝酒语中的毛病

对方劝酒总要找个理由，而这些理由有时存在漏洞。如果我们抓住这些漏洞，分析其中道理，最后证明应该喝酒的不是自己而是对方，或者是其他人，到最后便会不了了之。比如在一次朋友聚会上，有人这样向你劝酒："张先生，这桌酒席上只有我们两位姓张，500年前是一家，看来我们缘分不浅，这杯酒应当干掉！"此时你就可以抓住疏漏，这样拒酒："哦，我很想跟您喝这杯酒，可是实在对不起，您可能搞错了，我的'章'是'立早章'，不是'弓长张'，所以我不知道这两个同音不同字的姓500年前是否也是一家？所以，您这杯酒我不好喝。"对方理由不成立，也再没法劝你喝酒了。

漏洞抓得准，分析得有理有据，对方就无话可说，只好放弃眼前难以对付的"劝酒对象"。而且你现场的应变能力和表演"脱口秀"的水平，令对方无比佩服。即使被拒绝，也不失体面。

练就一副好口才

酒桌上，如果以身体不适、开车、准备生孩子为理由拒酒都不成功，那么，你必须学会运用你的三寸不烂之舌巧妙周旋。

面对朋友的"酒逢知己千杯少"，你真诚地说："只要情意真，茶水也当酒。"

豪爽的朋友说："感情深，一口闷。"你微笑地回答他："只要感情好，能喝多少喝多少。感情浅，哪怕喝上一大碗；感情深，哪怕泯一泯。"

爱酒的朋友说："酒是粮食精，越喝越年轻。"你不妨怯怯地说："出门前老婆有交代，少喝酒多吃菜。"你只管装成"妻管严"。

总之，拒酒的办法还有很多，要随机应变，"兵来将挡，水来土掩"。酒文化博大精深，只要你用心琢磨，多加学习，即使没有酒量，凭

着机智的口才也可以在交际场上应对自如，成为一个交际高手。

女将出马，以情动人

艳艳陪丈夫去参加聚会，酒席上丈夫的好朋友们大有不醉不归的架势。但丈夫身体不好，艳艳担心生性内向的丈夫会一陪到底，而不会适时拒绝。等丈夫三杯白酒下肚，艳艳站了起来，举起手中的酒，对酒席上丈夫的朋友们说："各位好朋友，我丈夫身体不好，两周前还去过医院，医生特地嘱咐说不能喝酒。可今天见了大家，他很高兴，才喝了那么多。既然都是好朋友，你们一定不忍心让他酒喝尽兴了，人却上医院了。为了不扫大家的兴，我敬各位一杯，我先干为敬！"

说完，一杯酒就下了艳艳的肚子。丈夫的朋友们，听她说的话挺在理，又充满感情，再看她豪爽的架势，也就不再劝她丈夫的酒了。

酒席上，女人拒酒往往更能得到人们的理解，如果女人能帮着丈夫拒酒，不就是帮丈夫解围了吗？当然，这时一定要慎重，不要贸然

代替丈夫拒酒，否则会让人觉得你的丈夫不豪爽，反而会有损丈夫的面子。

为对方设下圈套

刘某新婚大喜之日，当酒宴进入高潮时，某"酒仙"似醉非醉、侃侃而谈，请三位上座的来宾一起"吹"一瓶。面对"酒仙"言辞上的咄咄逼人，三位来宾中的一人站起来说：

"我想请教你一个问题'三人行，必有我师'，这是不是孔子的话？"

"是的。""酒仙"随即说。

来宾又问："你是不是要我们三个人一起喝？"

"酒仙"答："不错。"

来宾见其已入"圈套"，便说："既然圣人说'三人行，必有我师'，你又提出要我们三人一起喝，你现在就是我们最好的老师，请你先示范一瓶，怎么样？"

这突如其来的一击，直逼得"酒仙"束手无策、无言以对，只得解除"酒令"。

这一招叫"巧设圈套，反守为攻"，就是先不动声色，静听其言，等待时机，一旦时机成熟，抓住对方言辞中的"突破口"，以此切入，反守为攻，使对方无言争辩，从而回绝。当然了，这一招最为关键的是"巧设圈套"，这需要设局者跳出当时的处境，以旁观者的心态，去看待事情本身。这时，往往会有"闪亮"的圈套跃入思维。酒场上最忌的是"直白""粗鲁"。虚虚实实、实实虚虚是酒场的轴心。

酒桌文化知多少

俗话说："成事在酒桌。"与同事交心，与领导沟通，与客户谈判……很多时候，这些事情就在酒桌上完成了。我们的生活离不开酒场，了解酒桌文化必定事半功倍，一路绿灯。

酒桌饮酒七注意

注意酒仪

饮酒时应正确举杯，不必矫揉造作地在举杯时翘起小手指，以显示自己的优雅举止。尤其喝红酒，在饮酒前应有礼貌地品一下酒。可以先欣赏一下酒的色彩，闻一闻酒香，继而轻啜一口，慢慢品味。千万不要为显示自己酒量大，看也不看杯里的酒便一饮而尽。此外，也不可喝得太急，使酒顺着嘴角往下流。这都是有失风度的行为，在国际场合则有失国格。

讲究次序

第一次上酒，作为东道主的你可以亲自为所有客人倒酒，不过请记住，依逆时针方向进行，从坐在自己右侧的客人开始，最后才轮到自己。客人喝完一杯后，可以请坐在你对面的人帮忙为他附近的人添酒。如果你同时准备了红酒和白酒，请把两种酒瓶分放在桌子两端。如果有领导在场，最好从领导位置开始倒酒，然后按照逆时针方向一一倒酒。如果领导较多，坐的位置又无次序，这种情况下，可以请酒店的招待人员帮忙倒酒，这样做既不失礼仪，又能显示出自己的身份。

倒酒方式

在正式场合倒酒时，啤酒和葡萄酒都是不能手持酒杯的。而在轻松的场合，啤酒则可以手拿酒杯，但要注意右手拿瓶，左手拿杯，并且右手要倾斜着倒才美观。另外，注意啤酒泡沫要与杯口齐平，不能溢出。

倒酒时注意将商标向着客人，不宜把瓶口对着客人，如果倒含汽的酒可用右手持杯略斜，将酒沿杯壁缓缓倒入，以免酒中的二氧化碳迅速散失。倒完一杯酒后，应将瓶口迅速转半圈，并向上倾斜，以免瓶口的酒滴至杯外。

礼貌回应

祝酒者并非一次喝完杯中酒，每次喝一小口足矣。有时可能你不能碰包括葡萄酒在内的各种酒精饮料，但是当别人向你祝酒时，无论怎样你都应该站起来，加入这项活动中，至少不应该极端失礼地坐在座位上。

表示谢意

当别人向你祝酒时一定要说"谢谢"，同时要向对方祝酒。在宴会活动中，女性可以非常自由地面对别人的敬酒，而且回应敬酒者只要微微一笑，或向祝酒者点头示意就足够了。在祝酒结束后，还可以朝祝酒者举起杯子，作出姿势表示"谢谢你，也祝你……"

言行文雅

有人想以猜拳行令方式烘托气氛，结果吵闹喧嚣，粗野放肆，令人心烦。在公共场合不宜划拳，纵使主人许可，行些酒令，划些文拳聊以助兴即可。

在宴会进行过程中，切忌一边饮酒，一边吸烟。

饮酒适度

现实生活中，不少人虽然非常注意自己的打扮和言谈举止，唯恐给别人留下不良印象，但在觥筹交错的宴席上，常常忘记保持一份文雅的酒态，往往是酒过三巡后摇头晃脑、吆三喝四、词不达意，不但脸被酒精刺激得变了形，而且走起路来也是手舞足蹈，非常不雅观。酒德即人品，很多人往往通过饮酒来考察一个人的自制力和素质高低。我们有"君子饮酒，三杯为度"的古训，即饮第一杯，表情要严肃恭敬；饮第二杯，要显得温文尔雅；饮第三杯，要神情自然，而知道进退。酒过三巡仍无节制，就叫失态。现代人虽然并非一定要做到酒饮三杯而止，但适可而止是非常重要的。我们不能把饮酒作为目的，而应当把它作为调节气氛、增进感情交流的一种手段。

五大敬酒原则

一般而言，敬酒有以下方式：

文敬

即有礼有节地劝客人饮酒。酒席开始，主人在讲完祝酒词后，便开始第一次敬酒。这时，主客都要站起来，主人先将杯中的酒一饮而尽，并将空酒杯口朝下，说明自己已经喝完，以示对客人的尊重。客人一般也要喝完。席间，主人还应到各桌去敬酒。

回敬

这是客人向主人敬酒。当主人敬完第一轮酒，客人要回敬主人，和他再干一杯。回敬的时候，要右手拿着杯子，左手托底，和对方同时喝。干杯时，可以象征性地和对方轻碰一下酒杯，不要用力过猛，非听到响声不可。出于敬重，可以使自己的酒杯较低于对方酒杯。如果和双方相距较远，可以以酒杯杯底轻碰桌面，表示碰杯。

互敬

这是客人与客人之间的"敬酒"。为了使对方多饮酒，敬酒者会找出种种必须喝酒的理由，若被敬酒者无法找出反驳的理由，就得喝酒。在这种双方寻找论据的同时，人与人的感情交流得到升华。

代饮

这是一种既不失风度，又不使宾主扫兴的躲避敬酒的方式。如果你不会饮酒，或已饮酒太多，这时他人再次向你敬酒，你就可请人代饮。代饮酒的人一般与自己有特殊的关系。在婚礼上，男方和女方的伴郎和伴娘往往是代饮的首选人物，故他们的酒量必须大。

罚酒

这是中国人"敬酒"的一种独特方式。"罚酒"的理由也是五花八门。最为常见的是对酒席迟到者的"罚酒三杯"。

回应祝酒两原则

原则一：不宜太具体

有的人在致谢时，常常犹如语不尽意，在必要信息已基本传达完以后，仍然不放心地添上几句，或出于习惯，无意地多言几句，从而造成偏离原有谈话方向、破坏原有致谢意图的负面影响。

例如，在一个刚上任的副厂长的生日宴会上，该副厂长的哥哥一边向弟弟工厂的同人以及上司敬酒，一边说："多谢各位同人和上司多年来对我弟的关照，使他当上了副厂长。"显然，哥哥的后半句话说得不得当，因为感谢的内容过于具体，容易让人产生误解，认为当上副厂长只是同人和上司关照的结果，而不是他本人具备实力。这句话还缩小了谢意的范围——似乎只为提携一事而谢。其实，哥哥只需谢谢各位同人和上司的各方面关照即可，无须说出关照的具体内容，让人产生不必要的误解。

原则二：宜风趣幽默

幽默是快乐的分子，在回应祝酒时幽默一些往往能营造出轻松欢快的气氛，令人身心愉悦。

1938年，蔡元培在自己70岁生日宴上祝酒时风趣洒脱地说："诸位来为我祝寿，总不外要我多做几年事。我活到了70岁，就觉得过去69年都做错了。要我再活几年，无非要我再做几年错事喽。"宾客一听，哄堂大笑，整个宴会充满了欢声笑语。

试想，如果一个人摆出一副严肃相，一本正经地致答谢辞，那么整个宴会就不会产生如此活跃快乐的效果了。

第二章
婚宴酒

四季婚礼祝酒词

婚礼祝酒词应该灵活多变，采取各种各样的形式，又可以因地制宜，诸如根据当时的节令作出一番阐发。一年四季的景致各具特色，均可以引申出相应的祝词。不仅活泼生动，而且合乎时宜，同时还可以作为对婚礼举行时间的一个很好的见证和记录。

四季婚礼祝词的关键在于应当结合当时的节令，并根据节令特征引申出具有针对性的祝词。例如，"盛夏的季节是一年之中最热烈的季节，是一年之中最充满激情的季节。在盛夏里缔结的婚姻，预示着未来生活的红红火火、热火朝天。"节令与祝词珠联璧合，十分得体。

四季婚礼祝词重要的出彩之处在于优美的景致描写可以为祝词增添典雅的韵味，例如，"秋月如盘，人在冰壶影里；秋山似画，鸟飞锦帐屏中。紫箫吹月翔丹凤，翠袖临风舞彩鸾；秋色清华吉祥逸逸，威仪徽美乐意陶陶。"华美的词句，使祝酒词清峻隽永、意趣盎然，更具内涵与风韵。

春季婚礼祝酒词

【场合】春季新婚宴会。

【人物】新人、嘉宾、亲友等。

【致词人】宴会主持人。

【妙语如珠】翠宇红楼相约处，高朋雅客共贺时。门书喜字合家喜，户到新人淑景新。美酒佳肴逢喜日，银筝玉管迎新人。

亲爱的各位来宾，朋友们：

大家晚上好！

今日，我们带着共同的愿望相聚在一起，在××大酒店共同庆贺××先生和××女士喜结百年之好。天赐良缘，佳偶天成，在这欣欣向荣、百花争艳的美好春光中，让我们共同向××先生和××女士致以最衷心的祝贺，同时，谨让我代表新郎新娘向各位表达最诚挚的欢迎以及最衷心的感谢！

翠宇红楼相约处，高朋雅客共贺时。门书喜字合家喜，户到新人淑景新。美酒佳肴逢喜日，银筝玉管迎新人。在这春色融融、花团锦簇的季节里，××先生和××女士跟随着春天的脚步，带着来自亲朋好友的美好祝福，共同迈向神圣美好的婚姻殿堂。他们有春天的百花做嫁衣，有莺歌千回百转的鸣唱送去祝福，他们在春日缔结了幸福的合约，也将万般春色融入了他们美好的生活。春天是充满生机的日子，春天是万象更新的季节，春天有最为馥郁的芬芳，春天有最为明丽的色彩。在未来的日子里，愿他们尽享良辰美景、赏心乐事，永远生活在融融的春日暖阳中，也愿他们相敬如宾四季乐，钟情四海百年长，愿他们的爱情，永远如春日般鲜活动人！

在此，让我们共同举杯：为这对新人"新结同心香未落，长守山

盟情永鲜，美满姻缘情深义重，和睦家境地久天长"；为他们"情投意合同心树，室睦家和并蒂花"；为他们"海誓山盟期百岁，情投意合乐千觞"；为他们"双飞黄鹂鸣翠柳，并蒂红莲映碧波"；同时也为在座各位的光临与祝福，干杯！

夏季婚礼祝酒词

【场合】夏季新婚宴会。

【人物】新郎、新娘，双方亲友、嘉宾。

【致词人】宴会主持人。

【妙语如珠】雅奏鸣鸾谐佩玉，佳期彩凤喜添翎，翡翠翼交连理树，藻芹香绕合欢杯。

尊敬的各位来宾、各位朋友，女士们、先生们：

大家好！

鹤舞楼中玉笛琴弦迎淑女；凤翔台上金箫鼓瑟贺新郎。今天，我们在这里共同庆祝××先生和××女士喜结连理。在此，我首先代表两位新人和他们的家人，对在座各位来宾朋友们的亲切光临，表示最热烈的欢迎和最衷心的感谢。

雅奏鸣鸾谐佩玉，佳期彩凤喜添翎，翡翠翼交连理树，藻芹香绕合欢杯。在这骄阳似火的夏日，我们的内心如同高照的艳阳，充满了无限的热情。带着对两位新人热情的祝福和热切的期待，我们一同来到了这美丽的殿堂，共同见证××先生和××女士在在这火热的盛夏结成幸福的伴侣。莲花开并蒂，兰带结同心；红烛映红齍，白莲并白头，相信他们的爱情必将如同夏日的骄阳般灿烂耀眼，光彩夺目。

盛夏的季节是一年之中最热烈的季节，是一年之中最充满激情的季节。在盛夏里缔结的婚姻，预示着未来生活的红红火火、热火朝天。××先生和××女士在这如火的夏日里喜结百年佳偶，相信他们之间必定有着激情澎湃的爱情，相信他们必定能够在未来拥有红红火火的日子、热火朝天的生活。在此，让我们共同祝愿两位新人年年岁岁常如此，岁岁年年有今朝。

情投意合将会酿制最甜蜜美好的爱情，而甜蜜美好的爱情则将催生温馨而又幸福的家庭，温馨而又幸福的家庭将带来和和美美的小日子，而和和美美的小日子，便是爱情最好的归宿。

在座的各位朋友们，请让我们共同举起手中的酒杯：为这对情投意合的爱侣终于寻找到甜蜜的爱情，为这对甜甜蜜蜜的爱人终于寻找到幸福的归宿，为这对新人恩恩爱爱、和谐美满、阖家欢乐，同时也为在座的各位来宾百年好合新夫妻，五世其昌美家庭，干杯！

秋季婚礼祝酒词

【场合】秋季新婚宴会。

【人物】一对新人，亲朋好友百余人。

【致词人】宴会主持人。

【妙语如珠】秋月如盘，人在冰壶影里；春山似画，鸟飞锦帐屏中。紫箫吹月翔丹凤，翠袖临风舞彩鸾；秋色清华吉祥逸逸，威仪徽美乐意陶陶。

尊敬的各位来宾、各位朋友们，亲爱的女士们、先生们：

大家好！

秋天是成熟的季节，是收获的日子。秋日凉风习习、秋风送爽，阵阵清风也为我们带来了××先生和××女士喜结百年之好的好消息。

红楼接翠宇，玉管迎新人。今天，在×××大酒店，××先生和××女士紧紧握着对方的双手，步入了幸福的婚姻殿堂。在此，让我们共同祝愿他们秋水银堂鸳鸯比翼，天风玉宇鸾凤和声。同时，也请允许我代表新郎和新娘，对在座各位的光临表示热烈的欢迎和深深的谢意。

秋月如盘，人在冰壶影里；春山似画，鸟飞锦帐屏中。紫箫吹月翔丹凤，翠袖临风舞彩鸾；秋色清华吉祥逸逸，威仪徽美乐意陶陶。在这金秋九月，××先生和××女士踏入了婚姻的大门。秋天的新婚，让一对新人巧借花容添月色，欣逢秋月作春宵；银汉一泓看鹊渡，金风万里待鹏飞。他们在这收获的季节里收获了丰美的爱情。

就让我们"且看淑女成佳妇，从此奇男已丈夫；君子攸宁于此日，佳人作合白天缘。"我们感谢各位来宾朋友们的光临和祝福，你们的美好祝福，定会使这对新婚夫

妇朝阳彩凤喜双飞建千秋伟业，向晓红莲开并蒂树一江富足。让我们共同恭贺两位新人郎才女貌享百岁，夫唱妇随乐无穷。祝愿他们容貌心灵双媲美，才华事业两竞新。描花四季花长好，绘月千年月永圆。愿七夕良宵天上人间共乐，三秋美景新婚喜事同欢；三星在户迎来三春及第；五福临门占回五世其昌。

请让我们共同举杯：为××先生、××女士在这金秋时节里喜结金色良缘，红叶题诗、红心永伴；云路高翔比翼鸟，龙池涤种并蒂莲；也为各位来宾的生活幸福、万事如意，干杯！

冬季婚礼祝酒词

【场合】冬季新婚宴会。

【人物】新人、亲友、嘉宾。

【致词人】新郎单位领导。

【妙语如珠】瑞雪翠柏沐喜气，玉树银枝迎新人。载雪梅花飘绣阁，临风兰韵人香帏。翠黛画眉才子笔，红梅点额美人妆。

尊敬的各位来宾，朋友们，女士

们、先生们：

大家上午好！

今天是××先生和××小姐大喜的日子，摇落红梅毡铺地，飘来瑞雪花缀帏。在这最具有北国风情的寒冷冬季，我们相聚在这里，为我们最亲爱的朋友送上祝福，祝贺他们新婚快乐，祝福他们心心相印走到一起，祝福他们把新婚当成幸福的起点，从此过上和和美美的生活。

冬天到了，春天还会远吗？××先生和××小姐选择在冬天步入婚姻殿堂，将严冬作为新生活的开始，是因为在严寒的冬天，人们更加懂得相互珍惜、相互体恤、相互温暖。他们经过寒冬腊月的考验，才能更加紧密地相拥，更加坚定地牵手。他们从严寒的冬天出发，携手奔向欣欣向荣的春天。

瑞雪翠柏沐喜气，玉树银枝迎新人。载雪梅花飘绣阁，临风兰韵人香帏。翠黛画眉才子笔，红梅点额美人妆。皑皑的白雪象征着他们纯洁的爱情，漫天的飘雪为他们披上幸福的白纱。愿他们白雪无尘如爱情纯洁，红梅有信似婚姻初新。

共结丝罗山海固，永谐琴瑟天地长。

××先生在单位里是个好同志，他勤劳苦干，谦逊有礼，深得领导和同事们的好评。我们相信，他在即将开始的婚姻生活中，也将成为一个好丈夫、好爸爸，他一定会给××小姐带来幸福，和她共同营造一个和谐美满的家庭。

请让我们一同举起手中的酒杯，为两位新人双飞却似关雎鸟，并蒂常开连理枝，珠联璧合洞房春暖，花好月圆永乐长春；为他们像荷花并蒂相映红，如海燕双飞试比高；为他们携手并肩，永结同心，白头偕老，五世其昌，爱情永驻，幸福无边；为他们永远拥有幸福的生活，干杯！

结婚乃人生一大喜事，每位新郎、新娘都希望婚礼既温馨浪漫，又热烈喜庆。因此主婚人的祝酒词一定要含蓄、文雅、浪漫。

此外，主婚人的祝酒词还应该灵活多变，善于即兴发挥，这样才能推波助澜，使婚礼的气氛益趋生动、活泼。

主婚人祝酒词

长辈主婚祝酒词

【场合】新婚宴会。

【人物】新人、亲戚、同事、朋友。

【致词人】长辈。

【妙语如珠】正是因为有着热爱生活、渴求知识的共同理想和信念，他们才能够手握着手，甜甜蜜蜜地走到今天。

尊敬的各位领导、各位来宾，亲爱的各位女士们、先生们：

大家好！

今天是×××先生和×××小姐这对新人喜结百年之好的日子。首先，请允许我代表新人，偕同全家人对在座的各位来宾，在百忙之中前来参加×××先生和×××小姐的新婚喜宴，表示最热烈的欢迎

和最衷心的谢意！

今天是个好日子，是个大日子，相信在座各位的心情都同我一样，和今天的天气一样心旷神怡。

就在今天，×××先生与×××小姐终于收获了它们爱情的果实，在这个最美好最难忘的日子里携手步入神圣的婚姻殿堂。

话说×××先生与×××小姐相恋和相爱已经有三年时间。这三年里他们相亲相爱、互相帮助、互相理解、相互支持，使爱情成为学习、工作和生活的动力。自相恋以来，双方的学习、工作和生活的各个方面不仅没有受到阻碍，还得到了长足的发展和有目共睹的提高。正是因为有着热爱生活、渴求知识的共同理想和信念，他们才能够手握着手，甜甜蜜蜜地走到今天。共同的兴趣爱好以及理想信念，已经将他们的生活和命运紧紧联系在了一

29

起。这真是天赐良缘、佳偶天成。

作为他们的长辈，我在此祝愿这对神仙眷侣有情人终成眷属，有情人永远幸福，有情人天长地久。愿他们的婚姻和和美美、甜甜蜜蜜、快快乐乐、幸福安康！

让我们举起手中的酒杯，为这对新人的喜结良缘、新婚快乐；为这两个家庭缔结最亲密的合约；也为在场和不在场的所有亲朋好友的身体健康、工作顺利、家庭幸福，干杯！

亲友主婚祝酒词

【场合】新婚宴会。

【人物】新人、亲朋好友。

【致词人】亲友。

【妙语如珠】乾坤定奏，金地献山珍，酒美茶香，广湛宾朋欣就座；乐赋唱随，婚宴借海味，食真礼好，新郎新娘喜开筵。

亲爱的女士们、先生们，同志们、朋友们：

大家早上好！

乾坤定奏，金地献山珍，酒美茶香，广湛宾朋欣就座；乐赋唱

随，婚宴借海味，食真礼好，新郎新娘喜开筵。今天，××先生和××小姐在这里喜结百年之好。首先，让我们共同为二位新人以及他们的父母和亲人献上最美好的祝福，同时，请允许我代表新人，向在座的各位来宾致以最热烈的欢迎和最亲切的问候。

我们的新郎和新娘都来自美丽的江南水乡，新郎英俊潇洒，新娘美丽大方。造物主赐给了他们美丽的外表，他们的父母给予了他们美丽的心灵。天公作美，这对郎才女貌的天赐佳人终于走到了一起，他们的未来必定会永远如此美好，如此幸福。

新郎××先生是一位交通警察，他勤勤恳恳、忠于职守，保证了我们家乡的交通畅达。新娘××小姐是一名幼儿园老师，她亲切地对待幼儿园里的小朋友们，就像对待自己的孩子一样。孩子们都亲切地称呼她为××妈妈。这对璧人共同组建了一个家庭，我们相信，新郎官一定会以坚强的臂膀，支撑和保护起这个家，而新娘子则将成为一个贤妻良母，相夫教子，将这个

家营造成一个温暖的港湾。

两位新人的幸福生活，离不开各位的支持和鼓励，下面，请这对有情人向在座各位深深地三鞠躬，以表最衷心的感谢。

一鞠躬，为谢天地、谢祖国、谢父母的造就和栽培大恩；

二鞠躬，为谢亲朋、谢同事、谢同学的赏光和深情厚谊；

三鞠躬，现在夫妻双手相牵，两心相对，海誓山盟。

最后，请让我们共同举杯，祝成双鸾凤海阔天空双比翼；贺一对鸳鸯花好月圆两知心。

让我们为新郎新娘的凤落梧桐、珠联璧合，干杯！

名人主婚祝酒词

【场合】新婚宴会。

【人物】新人、亲朋好友。

【致词人】有名望的嘉宾。

【妙语如珠】人生就像一幕幕电影，无论喜怒哀乐，都需要我们去用心演绎。没有一帆风顺的生活，也没有不经历风雨的爱情。然而既然选择了爱，就要同时选择付出，选择奉献，学会包容，学会体谅。

尊敬的各位来宾、朋友们，亲爱的女士们、先生们：

大家好！

一尺竹笛箫，奏尽古今多少天下事；三尺红袖舞，引出天地无尽女儿愁。

结婚是大喜的日子，是每个人生命中最重要的一个历程。婚姻就像一杯陈酿的美酒，历时越久，越是香醇。而这还得靠夫妻双方用心保藏，细细品尝。在此，我先祝愿两位新人新婚快乐，同时也对在座各位的光临表示热烈的欢迎和衷心的感谢。

婚姻，是人生中的一次重要的选择。通过这个神圣的典礼，我们将同自己的另一半紧紧地绑在一起。在作出这个约定时，我们都深深地相信，我们是彼此最挚爱的人，我们会相携相伴，走完一生。

在这个重要的时刻，我们都不会忘记邂逅时的美丽，约会时的浪漫，还有拥抱时的甜蜜。我们都不会忘记曾经一起走过的每一分、每一秒，不会忘记过去每一个美好的瞬间。如今步入了婚姻殿堂，我们将学会如何好好珍惜这一份感情，审慎地面对肩上的责任。

经历了新婚的浪漫和喜悦，或许，我们会慢慢褪去惊奇，褪去激情，不再波澜起伏，也不再荡起涟漪。或许，我们会开始抱怨对方的缺点、对方的人性。内心开始渐渐地失望，怀疑我们是否对婚姻和爱情有了过多的期待。于是，甜美的爱情在我们心中渐渐流逝、慢慢褪色。原来欢乐美满的婚姻中，开始有了哀伤。

然而，人生不正是如此吗？人生就像一幕幕电影，无论喜怒哀乐，都需要我们去用心演绎。没有一帆风顺的生活，也没有不经历风雨的爱情。然而既然选择了爱，就要同时选择付出，选择奉献，学会包容，学会体谅。婚姻和爱情是一门很深的学问，需要我们终其一生去学习。然而只要内心永远保留着对对方的那一份眷念，那一份关怀，还有什么是不能够满足的呢？

我祝愿这一对小夫妻相依相偎、相爱永远！

县长主婚祝酒词

【场合】婚宴。

【人物】新郎、新娘及双方的亲友、嘉宾。

【致词人】县长。

【妙语如珠】新娘也像她的名字一样，是一只小巧玲珑、纯洁无瑕的玉环。

尊敬的各位亲友、各位来宾：

今天既是瑞雪纷飞新年伊始，又是××和××二位同志新婚大喜的良辰吉日，我们大家来参加这二位同志的新婚典礼，心里非常高兴。

大家知道，新郎是一年前分配来的大学生，他才华横溢，脱俗不凡，真是"腹有诗书气自华"，深受学生爱戴、同行亲近、姑娘青睐。从名字就可知道他是一位心清如水、热情奔放的小伙子。而他在那清如山泉的心田里，早已倒映着一个小玉环的倩影。

新娘也像她的名字一样，是一只小巧玲珑、纯洁无瑕的玉环，她的质朴、自然、诚挚和温柔，特别是她那"回眸一笑百媚生"的无比魅力，我敢说，风华正茂的小伙子见了，没有不为之倾倒的。不过，也只有我的好友××才有这个缘分，我为这样迷人的姑娘爱上了我们这雅而穷的数学教师而自豪。

别看新娘只是我们县粮站的职工，却能用她那美丽的环把×老师的心牢牢地圈住；请相信，我们的这位华罗庚的门徒必将用白头偕老的功夫来计算她这只环的价值。

让我们共同祝愿眼前的一清一环：亲亲密密，环环相扣，同心永结，天长地久。

单位领导主婚祝酒词

【场合】冬季婚宴。

【人物】新郎、新娘及双方的亲友、嘉宾。

【致词人】新郎领导。

【妙语如珠】婚姻既是爱情的结果，又是生活的开始；婚姻既是相伴一生的约定，又是一种勇于担当的责任。

尊敬的各位来宾、各位朋友：

大家好！

下玉镜台笑谈佳话，种蓝田玉喜缔良缘。今天，我很荣幸成为××先生和××小姐的主婚人。在此，我首先向二位新人致以真诚的祝福，同时，向参加婚礼的各位来宾表示热烈欢迎和衷心感谢！

新郎××现在××工作，担任××长。他精明强干、勤奋刻苦、博学多识，是单位里公认的大才子。新娘××现在××工作。人如其名，新娘不仅俊俏美丽，而且具有典型东方女性的内在美；不仅温柔善良，聪明能干，还拥有高贵典雅的气质美。新郎因此深深为她倾倒。月下老人巧牵线，世间青年喜成婚。他们的结合，真是才子配佳人，仙女配董郎，相依花好月圆，相伴地久天长！

婚姻既是爱情的结果，又是生活的开始；婚姻既是相伴一生的约定，又是一种勇于担当的责任。我以主婚人的名义并代表大家希望你们在今后的人生旅途中互敬互爱，互学互让，事业上作比翼鸟，生活上作连理枝，共同创造美好生活，实现事业家庭的双丰收。希望你们饮水思源，报答父母和长辈的养育之恩，以出色的工作回报社会、领导和朋友的关怀与支持。最后，让我们共同举杯，祝愿二位新人新婚愉快，早生贵子。也祝福各位来宾在新的一年里身体健康、工作顺利、爱情甜蜜、家庭幸福！干杯！

两小无猜新婚祝酒词

【场合】婚宴。

【人物】新郎、新娘及双方的亲友、嘉宾。

【致词人】主持人。

【妙语如珠】今天阳光明媚，天上人间共同舞起美丽的霓裳；今夜星光璀璨，多情的夜晚又增添了两颗耀眼的新星。

尊敬的各位朋友，女士们、先生们：

大家好！

有缘千里来相会，为了同一目的，我们相约在此。

今天，对各位来宾而言，也许只是个普通的日子，但对新人来说，却是他们人生路途中一个值得纪念的日子，一个具有里程碑意义的日子：新的家庭在今天宣告成立，新的生活在今天扬帆起航。作为主婚人，请允许我代表在座的各位来宾，向新郎、新娘致以真诚的祝福！同时，代表新人及其双方父母，向参加婚礼的朋友们表示热烈的欢迎和衷心的感谢！

此时，大家的心异常激动，在我们共同祝福新人的时刻，我先给大家讲一个美丽的故事：

25年前，××路××号楼××单元住着两户普通的人家。两家人和睦相处，关系亲密。两家孩子常在一起玩耍。正像诗人李白在《长干行》中所描述的："郎骑竹马来，绕床弄青梅。同居长干里，两小无嫌猜。"随着时间的推移，昔日活泼好动的小男孩长成了英俊少年，天真可爱的小女孩出落成一个亭亭玉立的少女。在成长的道路上，纯真的友情里多了一丝朦胧的好感，但却由于彼此的羞涩而相互疏远。男孩在20岁时举家搬迁，从此，一对儿时的伙伴渐渐疏远。五年过去了，男孩和女孩都已走上工作岗位。他们虽然时常想起童年的快乐时光，却不曾料到竟能走在一起，成为朝夕相处的生活伴侣。当双方的母亲安排两人约会时，重逢的惊喜溢于言表，不需要寒暄和客套，共同的经历是彼此最好的话题。今天，他们带着儿时的回忆，携手并肩，步入婚姻殿堂。

温馨的烛光，灿烂的笑容，足以体现新人此时此刻的幸福和甜蜜。然而，今天有比他们更加幸福更加激动的人，这就是新人的父母。父母为了这个家，奔波于春夏秋冬，忙碌于岁月之间，呕心沥血，含辛茹苦。如今他们年事已高，鱼尾已爬上了眼角，父母不贪恋儿女给予多少钱，只希望孩子们能拿出时间，陪自己说说话，常回家看看，给老人一点天伦之乐足矣！希望两位新人多多体谅老人的用心。

今天阳光明媚，天上人间共同舞起美丽的霓裳；今夜星光璀璨，多情的夜晚又增添了两颗耀眼的新星。此刻，让我们为幸福的恋人起舞，为快乐的爱侣歌唱，为火热的爱情举杯，愿他们的人生之路永远撒满爱的阳光！

老年婚礼祝酒词

【场合】老年人婚礼。

【人物】二位老人、亲友、子女数十人。

【致词人】婚宴主持人。

【妙语如珠】走过生命的春华秋实、花开花落，两位老人吹弹着岁月的管弦，奏出了一曲曲最美丽的乐章。

尊敬的各位来宾、亲爱的各位朋友们：

大家好！

今天是××××年××月××日，在这个阳光明媚、百花争艳的大好日子里，××先生和××女士喜结连理。老人喜结新连理，秋日姻缘春日情。在这激动人心的美好时刻，请让我们共同祝愿这对银发伴侣新婚快乐，祝愿他们白发朱颜登上寿，长相厮守好姻缘。同时，我也代表两位新人向在座的各位来宾表达诚挚的谢意和热烈的欢迎。

晚年玉成美事，夫妻缔结良缘，暮年欣结贴心伴，今生乐度幸福秋。××先生和××女士的相遇为他们的晚年生活增添了一道亮丽的光彩。银丝红颜良伴老来冬得艳阳日，红唇白发别具靓丽秋实见春风。他们曾经走过人生的风风雨雨，他们对人生和爱情有着最深刻的体悟。如今的他们，在白发苍苍的晚年结成了幸福的伴侣，可以一同分享人生、一同回忆过去。他们将是最懂得相互珍惜、相互呵护的幸福的一对。

夕阳无限好，萱草晚来香。他们的头发染上了年华的色彩，额头上也满是岁月的痕迹，他们的脚步不再像年轻的时候那样轻盈，他们的面庞也不再像年轻的时候那样朝气勃发。然而他们经历过五彩的人生，体验过生命的丰满，他们感受过最深的快乐和哀伤，因此也更加懂得该怎么葆有幸福的生活。

走过生命的春华秋实、花开花落，两位老人吹弹着岁月的管弦，奏出了一曲曲最美丽的乐章。如今，他们步入人生的晚年，美好的生活没有终止，美丽的相遇谱写出了他们生活的第二春。他们结合在人生的秋日，却拥有幸福的春天！

梅开二度，佳期似锦，百年佳偶，一世姻缘。让我们共同举杯，为××先生和××女士的"白发同偕百岁，红心共映千秋"；为他们的和谐美满、琴瑟和鸣；也为在座各位的家庭美满、如意吉祥，干杯！

钻石婚祝酒词

【场合】钻石婚纪念日。

【人物】一对老夫妇、亲朋好友。

【致词人】主持人。

【妙语如珠】60年来，他们举案齐眉，相敬如宾，经过这么长的岁月，仍然相依相伴，相互扶持，正所谓"相看两不厌"，"最浪漫的事，就是和你一起慢慢变老"，这是多么温馨美好的一种情愫。

尊敬的各位来宾、朋友们，亲爱的女士们、先生们：

大家晚上好！

今天，是××先生和××女士结婚60周年的钻石婚纪念日。白发同偕百岁，红心共映千秋，两位老人携手走过了60年的风风雨雨，共同迎来了如今这个大好日子，真是让人无比欣羡，亦无比感动。让我们首先向他们致以最衷心的祝福，祝愿他们和和美美、健健康康，钻石婚快乐！同时，我也代表两位老人和他们的家人，向在座各位来宾的亲切光临，表示最热烈的欢迎和最诚挚的谢意。

60年，是多么漫长的一段岁月，其中珍藏了多少的苦辣酸甜，多少的动人回忆！60年前，两位老人结发成为夫妻，从那一刻起，他们就在心中许下了白头偕老的誓言。60年来，他们严守承诺，真诚地对待婚姻，用心地经营爱情。尽管韶华老去，但是永远不老的，是他们如钻石般熠熠闪光的真爱，还有那永不磨灭的誓言。他们以实际行动，用60年的时间，谱写了一曲最为动人的乐章。

钻石恒久远，爱情比金坚。60年来，他们举案齐眉，相敬如宾，经过这么长的岁月，仍然相依相伴，相互扶持，正所谓"相看两不厌"，"最浪漫的事，就是和你一起慢慢变老"，这是多么温馨美好的一种情愫。六十载风雨同舟，他们的爱情经过风雨的洗礼，愈发显得光辉亮丽。

天上月圆，人间月半，月月月圆逢月半；除夕年尾，正月年头，年年年尾接年头。

人生七十古来稀，60年的钻石婚，则可是稀罕和可贵。试问天底下有多少爱侣能够有这么大的福气。十年修来同船渡，百年修来共枕眠，60年的婚姻，需要经历多少个轮回的修行。60年牵手情，人生

稀少，真是可喜可贺。

今天，在这美好的时刻，高朋满座，两位老人儿孙满堂，人生最大的幸福亦不过如此。愿这样的盛况年年在、月月有，愿这一片喜庆祥和永远地围绕在我们身边。

值此钻石婚宴会之际，我再次祝贺两位老人福如东海长流水，寿比南山不老松。让我们举起手中的酒杯，为两位老人的健康幸福，也为人世间忠贞不渝的爱情，干杯！

再婚婚礼祝酒词

【场合】再婚婚礼。

【人物】 新郎、新娘，亲戚、朋友、同事。

【致词人】同事。

【妙语如珠】正所谓迟来的春天也是春天，两个历经沧桑的人，将更加懂得珍惜，更加明白该如何好好经营自己的婚姻和爱情。

亲爱的女士们、先生们，各位来宾朋友：

大家晚上好！

今天是××先生和××小姐喜结良缘的大喜日子，在此，我首先

向他们致以最衷心的祝福，此外，谨让我代表两位新人，向在座的各位远道而来的亲朋好友们表示热烈的欢迎和深深的谢意。

在这美丽的春光中，××先生和××小姐乘着和煦的春阳和柔和的春风，满心欢喜地步入了婚姻的殿堂。他们向所有的新人一样沉浸在新婚的幸福中，向往着婚姻生活的美好。同时，他们比其他的新人们又多了一份珍惜和感悟。

××先生曾经有过一段并不成功的婚姻，如今，他收拾起离婚后的失落心情，朝气勃勃地迎来了人生的第二春，我们都分外地为他感到高兴。××小姐知书达理、性情温婉，由于性格较为内向，并且母亲大人把关较严，一度错过了最佳的择偶期，如今，她遇到了成熟稳重，脾气、性情都十分投合的××先生，终于得到了幸福的归宿。

有人认为第二次的婚姻难免不够完美，然而他们哪里知道它所独具的优势和魅力。正所谓迟来的春天也是春天，两个历经沧桑的人，将更加懂得珍惜，更加明白该如何好好经营自己的婚姻和爱情。再婚的男士沉稳内敛，具有很强的责任感。他们懂得关心和照顾自己的妻子和家人，遇到矛盾时知道该如何化解。我们的朋友××先生就是一个典型的例子。他不仅事业有成，还极具成熟男性的魅力。沉静温柔的××小姐遇到了××先生，不仅受到了无微不至的关怀，还从他身上懂得了什么是爱。而××先生在经历了之前的不幸之后最需要的恰恰是来自××小姐温婉的呵护和体谅。你们说，这不正是天造一对、地设一双吗！

托尔斯泰曾经说过，幸福的家庭是相似的，不幸的家庭则各有各的不幸。其实幸福又何尝不是多姿多彩？××先生和××小姐有幸在多年的寻寻觅觅之后找到了自己的另一半，我们在此再次祝愿他们恩恩爱爱、地久天长。

亲爱的朋友们，让我们共同举杯，为××先生和××小姐的新婚快乐，也为在座各位的幸福吉祥，干杯！

残疾人婚礼祝酒词

【场合】婚宴。

【人物】新人、亲友、嘉宾。

【致词人】介绍人。

【妙语如珠】人人有追求爱的权利，也有获得幸福婚姻的能力。

尊敬的各位来宾，亲爱的朋友们：

大家好！

锦堂双璧合，玉树万枝荣。在今天这个喜庆的日子里，我首先祝福两位新人新婚快乐，百年好合，同时代表新人及其家人，对各位朋友的到来表示热烈欢迎。

拥有甜蜜的爱情和美满的婚姻是每个人心底的企盼，然而由于受身体的残疾、经济的窘迫、歧视的眼光等诸多因素影响，在爱情和婚姻的道路上，有些人走得很困难。特别对身体残缺的人来说，爱情和婚姻甚至成为奢望。但是，人人有追求爱的权利，也有获得幸福婚姻的能力。今天，新郎××和新娘××的结合再次证明：只要两个人真心相爱，努力奋斗，就会建立自己甜蜜的家庭。

新娘××，小时候因车祸导致腿部有残缺。她没有因此向命运低头，反而勤奋学习，积极参与各项活动。经过不懈努力，她顺利完成本科和硕士研究生课程。××××年××月××日，在我的介绍下，新娘××和新郎见面。新郎是一位××学校高中教师，他善良朴实，待人真诚，渴望寻找有共同生活理想的人相伴一生。经过与新娘××相处，他深深地被她自信、乐观、勇于面对生活困境的勇气所折服，他相信，新娘××就是自己要寻找的人。新郎以自己的真诚和理解给予新娘××以生活的热情、动力和爱。在双方家长的支持下，有情人终成眷属。

婚姻不是简单的爱情延续，它需要两个人用心、持续、精细地去呵护。婚姻生活并非一帆风顺，其中会遇到很多困难。但我相信，你们有决心也有信心经营好这个家庭，希望你们将恋爱时期的浪漫和激情保留至婚姻生活中。当你们年迈时，你们可以说：我们没有亵渎今天的婚礼，我们没有亵渎当初的誓言，我们的选择让我们满意，我们的选择使我们幸福。

请允许我再次代表在座的各位朋友以及未到场的亲朋好友向你们

表示祝福，愿你们用岩石般坚定的旋律，浪涛般澎湃的热情，蓝天般深远的想象，共同去抒写爱的诗章。

让我们共同举杯，祝福新郎、新娘早生贵子，白头到老，永远幸福！祝各位朋友吉祥如意，干杯！

军人婚礼祝酒词

【场合】部队婚礼。

【人物】新人、战友、领导。

【致词人】部队领导。

【妙语如珠】真正美好的婚姻应该是事业最有力的支柱，而非阻碍。

亲爱的各位领导、同志们：

大家晚上好！

今天，我们绿色的军营披上了红色的盛装。又一对新人，在我们的共同见证下完成了他们生命中最重要的仪式。在此，谨让我代表各位战友向两位新人致以最真诚的新婚祝福，祝愿他们新婚快乐！

新郎××是我们团的一名优秀的战士，他在训练上争当标兵，在学习上处处领先，是我们的好战友、好同志和好朋友。新娘××是来自××市的一名人民教师，她在工作中兢兢业业，取得了有目共睹的成绩，在生活中勤劳和善，受到了周围人的好评。

人们常说：军人的职业意味着牺牲，军人的妻子意味着奉献。而新娘××却深深理解身为一名军人的责任和使命。她体谅丈夫的工作，不惧距离的遥远，还给予了他许许多多的支持和鼓励。我们相信，新娘一定能够成为一名合格的军嫂。作为××的团长和战友，就姑且让我倚老卖老，以一名"过来人"的身份向你们提出几点希望吧。

首先，我希望你们在今后的婚姻生活中能够恩恩爱爱、和睦相处。婚姻是一门很大的学问，需要小两口一起用心去摸索、去学习。我希望你们之间相互包容、相互体谅，早日领会婚姻和爱情的真谛。

其次，我希望你们在婚姻的甜蜜中不忘事业的责任。真正美好的婚姻应该是事业的最有力的支柱，而非阻碍。身为军人和教师，你们更应当明白自己肩头上的责任。愿你们相互学习、相互鼓励，在事业上如荷花并蒂，如海燕双飞。

最后，老调重弹，我希望你们紧遵计划生育的基本国策，争当人民的楷模。

让我们举起手中的酒杯，为这对新人的恩恩爱爱百年好合，欢欢喜喜千朝同乐，为他们的喜结缘盟永相爱，壮怀鹏志共双飞，干杯！

集体婚礼祝酒词

【场合】"五一"集体婚礼。

【人物】××对新人、亲戚、同事、朋友。

【致词人】主办方。

【妙语如珠】我们希望你们能够胸怀大志，树立远大的理想和抱负；希望你们能够勤奋学习，不断增强服务社会的本领；希望你们能够尊老爱幼，孝敬父母；希望你们互敬互爱，勤俭持家。

尊敬的各位领导、各位来宾，亲爱的女士们、先生们：

大家早上好！

今天是"五一"国际劳动节，是属于全体劳动者的伟大而光荣的节日。在这喜庆的日子里，县委宣传部和县团委共同组织了这次集体婚礼。在此，我谨代表县委、县政府向本次活动的所有组织者表示崇高的敬意，向××对新婚夫妇表示热烈的祝贺，同时向到场的各位来宾表示最热烈的欢迎和最衷心的感谢！

今天，你们敢于冲破旧俗，勇倡文明新风，步入婚礼的殿堂。你们以蓬勃的朝气，昂扬的斗志，为××县增添了勃勃生气。你们是全县广大青年的先进代表。我县的改革开放和经济建设需要你们这样的青年。在你们的感召下，必将会有更多的有志青年加入你们的行列中来。

今天，这××对朝气蓬勃的年轻人、兢兢业业的劳动者，率风气之先，在这里进行了简约而隆重的集体婚礼。你们是我县广大青年朋友们的先进代表，是单位里的工作骨干和排头兵。我县的改革开放和经济建设需要你们这样的青年，希望你们在成家立业之后能够带领着你们的家人和朋友，共同投身于我县经济建设的大潮中。

时代在发展，社会在进步，在

县委、县政府的正确领导下，全县人民昂首阔步，迈向了新一轮的经济建设中，推动起了一个又一个的崭新高潮。现如今，我县正面临着史无前例的大好形势，同时也面对着前所未有的巨大挑战。在这样的历史形势之下，我们更加需要你们这样的优秀青年，以敢为天下先的精神和主人翁的姿态，做推动经济建设和发展的带头人。

对于诸位，我们都寄予了无限的期望。我们希望你们能够胸怀大志，树立远大的理想和抱负；希望你们能够勤奋学习，不断增强服务社会的本领；希望你们能够尊老爱幼，孝敬父母；希望你们互敬互爱，勤俭持家。

家庭是社会的细胞，是组成社会的重要单元。和谐美满的家庭，对社会的和谐稳定具有十分重要的贡献。我们希望你们能够起模范带头作用，维护好自己的小家，共同建设我们的大家，使我们的社会早日成为一个和和美美、其乐融融的大家庭。

最后，让我们共同祝愿这××对新人家庭幸福、工作顺利、白头偕老、永浴爱河！

谢谢大家！

户外婚礼祝酒词

【场合】集体婚宴。

【人物】××对新人、亲友、嘉宾。

【致词人】主办方。

【妙语如珠】并肩走过甜蜜的恋爱岁月，携手走进幸福的婚姻殿堂，一对对新人脸上挂满迷人的笑容，一对对新人心中充满无限的喜悦。

尊敬的各位来宾，女士们、先生们：

大家上午好！

阳光明媚的十月是一年中结婚最好的时节，甜蜜的五月也是恋人们最难忘记的时节。在这风和日丽的日子里，我们欢聚在绿草如茵、鲜花盛开的广场，隆重举行××对新人的新婚盛典。在此，我首先向各位新人表示祝贺，向前来参加婚礼的各位亲友致以热烈的欢迎和诚挚的感谢！

并肩走过甜蜜的恋爱岁月，携

手走进幸福的婚姻殿堂，一对对新人脸上挂满迷人的笑容，一对对新人心中充满无限的喜悦。身为主持人，我感到无比荣幸。

年轻人热情似火，充满朝气，信奉"人人平等"的爱情哲学，常常主动出击、赤裸表达情感，轰轰烈烈谈恋爱。但是当我们看过或经历过山盟海誓刻骨铭心的爱情，回归现实生活才发现，拥有一份细水长流的情感、一份真实而温暖的幸福，弥足珍贵。今天，这××对新人在茫茫人海中相识、相爱、相守，对感情持有相同的态度，珍惜得之不易的缘分，守候一份平淡而久远的幸福。各位潇洒的新郎、各位漂亮的新娘，请你们永远记住这难忘的时刻，希望你们心心相印到永远。

芙蓉出水花正好，新岁新婚新起点。新婚,是人生中一个重要的里程碑，它标志着新生活的开始，也意味着一对对新人从此将肩负起社会和家庭的责任。

作为主婚人，我希望各位新人在今后的生活中，互敬互爱，相敬如宾，夫妻永远恩恩爱爱，让爱情之树永远常青。夫妻并肩携手，共创美好的未来。希望新人们，在今后的工作中，互相帮助，互相理解，共同凝聚幸福的点滴。也希望新人们，继承和发扬中华民族的优良美德，肩负起为人母、为人父的家庭责任，尊老爱幼，合家欢聚，共享天伦之乐。

最后，让我们共同举杯，再次祝福一个个小家庭永远奏响幸福温馨的乐章，也祝愿在场的各位朋友身体健康，家庭幸福。干杯!

酒店婚礼主持人祝酒词

【场合】新婚宴会。

【人物】新人、亲朋好友。

【致词人】主持人。

【妙语如珠】婚姻的缔结，象征着两颗心紧紧地连在一起，象征着两个独立的人将共同来营造新的生活。结婚情更浓，芝兰茂千载；琴瑟乐百年，祥云绕屋宇。

尊敬的各位来宾、朋友们：

大家早上好!

乾坤定奏，金地献山珍，酒美茶香，广湛宾朋欣就座；乐赋唱随，婚宴借海味，食真礼好，新郎新娘喜开筵。今天是××先生和××小姐喜结良缘的好日子，让我们首先祝福他们新婚快乐。同时，谨让我代表两位新人及其家人，向在座各位来宾的亲切光临表示最热烈的欢迎和最诚挚的谢意。

凤落梧桐梧落凤，珠联璧合璧联珠。今天，我们欢聚一堂，见证了两位新人的结合，同时也见证了一个幸福家庭的成立。我们衷心地祝愿他们能够锦堂双璧合，玉树万枝荣，携手浴爱河，新婚结同心。同时在事业上，结缘盟誓永相爱，壮怀鹏志共双飞。婚姻的缔结，象征着两颗心紧紧地连在一起，象征着两个独立的人将共同来营造新的生活。结婚情更浓，芝兰茂千载；琴瑟乐百年，祥云绕屋宇。愿两位新人在未来的生活里能够甜甜蜜蜜、锦瑟和鸣。愿他们迎来良辰美景、共赏花好月圆。

××先生和××小姐，今天是×××年××月×日，希望你们能够永远记住这个美好的日子，记住这个幸福的时刻。结婚是人生旅途中的一个重要里程碑，它意味着一对新人从此肩负起新的家庭和社会的责任，肩负起为人父母的重任。作为主婚人，我希望一对新人婚后要互敬互爱，孝敬双方父母，尊重对方亲友，生活上相互关心，事业上相互支持，共同去创造幸福美好的明天。

海誓山盟期百岁，情投意合乐千觞。

在此，且让我们共同举杯，祝××先生和××小姐新婚快乐、永结同心、白头偕老、相敬如宾。同时，也为在座的各位来宾和亲友们身体健康、生活美满、工作顺利、吉祥如意。干杯！

证婚人祝酒词

证婚人祝酒词是指证婚人在婚礼上对新人的结合予以"证明"，并向新人致以祝福和希望的发言。证婚人身份很特殊，正是因为有了证婚人的"证明"，婚恋双方的结合才显得神圣而庄重。因此证婚人的希望与勉励对新人来说也是颇有分量的。

证婚人祝酒词的主要内容有：

1.表达自己作为证婚人的高兴心情。

2.对喜结连理的双方予以证婚。有时还要宣读双方的结婚证书。

3.向新人致以祝福和希望。

证婚人致祝酒词时应注意的问题如下。

1.证婚人说祝酒词，目的在于对婚恋双方的结合予以"证明"，以示郑重、正式之意。因此篇幅以简短为佳。

2.证婚人在证婚时应保持郑重的语气和态度，以使在场的人感受到婚姻的神圣。

父母证婚祝酒词

【场合】新婚宴会。

【人物】新人、亲朋好友。

【致词人】新郎父（母）亲。

【妙语如珠】他们恰如天造一对、地设一双，他们的喜结连理，使我们对婚姻生活多添了一层美好的想象。

尊敬的领导、各位来宾，亲爱的女士们、先生们、朋友们：

大家下午好！

丹山凤凰双飞翼，玉宇欣看金鹤舞。

凤凰双栖桃花岸，莺燕对舞艳阳春。

在春暖花开、喜气洋洋的阳春

45

三月里，我的儿子××和××小姐将要完成他们此生最重要的典礼。带着春天的气息和各位亲朋好友的祝福，他们手牵着手步入了圣洁的婚姻殿堂。作为他们的证婚人，此时此刻，我的内心无比激动。请让我首先祝贺两位新人新婚快乐，地久天长，同时也代表两位新人和他们的家人，向在座的亲朋好友百忙中前来光临，表示最热烈的欢迎和最诚挚的谢意！

新郎××先生不仅英俊潇洒，而且正直善良，工作上勤奋刻苦，业务上精益求精，是一位优秀的青年。新娘××小姐不仅善良可爱，而且温柔体贴，勤奋好学，心灵纯洁，是一位可爱的姑娘。对于这一天的到来，我们大家都饱含期待。这对金童玉女、天赐佳人的结合，简直是天作之合。他们恰如天造一对、地设一双，他们的喜结连理，使我们对婚姻生活多添了一层美好的想象。

沁园春园，并蒂花开百日红，钗头凤头，双翅蝶结万年青。作为他们的证婚人，我的心中洋溢着浓浓的喜悦，愿这些喜悦化成最甜蜜而美好的祝福，为这一对佳人的幸福生活渲染上更为美丽而妖娆的色彩。

在这花好月圆、良宵美景之时，我衷心地祝愿这对新婚佳偶恩恩爱爱、白头偕老；在人生旅途上，互敬互爱、互勉互励、加强锻炼、增强体魄、团结协作、勇于进取、虚心学习、创造未来。

请让我们共同举起手中的酒杯，为两位新人的伉俪并鸿光竞美，生活与岁序更新。为他们的海阔天高双飞翼，月圆花好两心知，也为在座所有朋友们的百年好合同喜庆、五世其昌美家庭，干杯！

长辈证婚祝酒词

【场合】新婚宴会。

【人物】新人、亲朋好友。

【致词人】新郎叔叔。

【妙语如珠】两位新人恰恰是天造一对，地设一双，让我们共同祝愿他们成双鸾凤海阔天空双比翼，一对鸳鸯花好月圆两知心，恩恩爱爱，白头偕老，心若比翼，永结同好！

各位来宾、朋友们：

大家晚上好！

吉人吉时传吉语，新人新岁结新婚。

今天是我的侄子××先生和××小姐喜结良缘的大好日子。在这里，我承蒙两位新人的委托，担当证婚人这个神圣的角色，内心感到无比的荣幸和自豪。在庄严的礼堂中，在悠扬的歌声里，两位新人踏着坚定的步伐步入了神圣的婚姻殿堂，作为证婚人的我想真诚地对你们说：祝你们幸福！

在此，让我们共同向两位新人致以最诚挚的祝福，同时，请允许我代表两位新人和双方的家长，向在座各位来宾百忙中抽空前来道贺，致以最热烈的欢迎和最衷心的感谢。

各位且看，我们的新郎××先生身姿挺拔，英俊潇洒，他不仅在工作上勤勤恳恳、踏实苦干，而且在为人处事上精明练达、沉稳真诚。真可谓是风流倜傥的少年郎。

而我们的新娘××小姐，聪慧可爱、美丽善良，工作上可以独当一面，生活中更是贤惠温良。她的低头含笑，可人温婉，抬起首来，更是如梨花绽放，真可谓是貌美如花的美娇娘。

鹤舞楼中玉笛琴弦迎淑女；凤翔台上金箫鼓瑟贺新郎。两位新人恰恰是天造一对，地设一双，让我们共同祝愿他们成双鸾凤海阔天空双比翼，一对鸳鸯花好月圆两知心，恩恩爱爱，白头偕老，心若比翼，永结同好！

古来都道心有灵犀一点通。是情是缘还是爱，在冥冥之中把他们连在一起，使他们相知相守在一起，这不仅是上帝创造了这对新人，而且还要创造他们的后代，创造他们的未来。

此时此刻，新娘新郎结为恩爱夫妻，天地为证。从今以后，无论贫富，你们是并蒂莲、连理枝，要一生一心一意地爱护对方，在人生的旅程中永远同呼吸、共命运，执子之手，白头偕老。

让我们共同举起手中的酒杯，为两位新人的永结同心、忠贞不渝，为他们的幸福美满、钟爱一生，也为在座各位来宾的家庭幸福、万事如意，干杯！

名人证婚祝酒词

【场合】新婚宴会。

【人物】新人、亲朋好友。

【致词人】有名望的人。

【妙语如珠】不愿学鸳鸯卿卿我我浅戏水，有志学鸿雁朝朝夕夕搏长风。

尊敬的各位领导、各位嘉宾，女士们、先生们：

大家好！

不愿学鸳鸯卿卿我我浅戏水，有志学鸿雁朝朝夕夕搏长风。

今天，伴随着喜庆的《婚礼进行曲》，一对璧人走上了红地毯，接受亲朋好友的祝福。我受新郎××先生与新娘××小姐的重托，担任他们的证婚人。在这神圣而又庄严的婚礼仪式上，能为这对珠联璧合、佳偶天成的新人作证婚人，我感到分外荣幸。

新郎××先生今年××岁，现在××单位，从事××工作，担任××职务。新郎不仅英俊潇洒，而且才华出众。

新娘××小姐今年××岁，现在××单位，从事××工作，担任××职务。新娘不仅漂亮大方，而且温柔体贴。

他们经过相知、相恋、相爱，缔结的婚姻符合《中华人民共和国婚姻法》的规定。本证婚人特此证明他们的婚姻真实、合法、有效。

作为证婚人，我不仅证明你们婚姻有效，还要向两位新人传授婚姻之道，希望你们受用。一般说来，美满的婚姻需经过三重境界：第一重，和自己相爱的人结婚，此次境界像沸水，呈现出婚姻的狂热和满足。第二重，和对方的生活习惯结婚，此次境界像温水，呈现出婚姻的宽容和互补。第三重，和对方的社会关系、亲情、友情结婚，此次境界像淡水，呈现出婚姻的智慧和领悟。希望你们今后做到：平平淡淡才是真、夫妻双双把家还、鱼水和谐百年恩。

最后，让我们共同举杯，祝愿两位新人心心相印，甘苦与共，恩爱永远，白头到老，早生贵子。祝愿各位宾朋身体健康、工作顺利、生活幸福。

介绍人证婚祝酒词

范文一：新郎、新娘的朋友祝酒词

【场合】新婚宴会。

【人物】新人、亲朋好友。

【致词人】介绍人。

【妙语如珠】如今喜结百年之好，可以说终于修成了正果。这一对甜蜜的小青年，要在今天酿制他们生活中最甜美的酒酿，良辰美景、赏心乐事，一切的美好与喜悦，都将在今日酿成永恒。

尊敬的各位领导、各位来宾，亲爱的女士们、先生们：

大家早上好！

吉人吉时传吉语，新人新岁结新婚。

今天是×××年××月××日，是我的朋友××先生和××小姐举行新婚庆典的大喜日子。在这个特别的日子里，我们相聚在这里共同为他们庆贺，祝愿他们拥有一个美好的未来。作为证婚人，我异常的激动与喜悦，能够见证他们双双步入婚姻的殿堂，将是我无上的

荣幸。在此我首先祝贺××先生和××小姐新婚快乐，愿他们拥有一个快乐而美好的明天。同时，谨让我代表新郎新娘和他们的家人，向在座各位来宾的光临，表示最热烈的欢迎和最衷心的感谢！

作为他们的朋友，同时也是他们的证婚人，我为他们的幸福感到由衷的高兴。从他们的相识到相爱，我们共同见证着他们一路走来。如今喜结百年之好，可以说终于修成了正果。这一对甜蜜的小青年，要在今天酿制他们生活中最甜美的酒酿，良辰美景、赏心乐事，一切的美好与喜悦，都将在今日酿成永恒。

我们所认识的新郎××先生，不仅英俊潇洒、气度不凡，而且无论在工作上还是生活中，都勤奋踏实、任劳任怨、用心处事、诚恳待人。而新娘××小姐，则可谓是一名优秀的新时代女性，她不仅美丽动人、温柔善良，而且在工作上同样是巾帼不让须眉，得到了领导和同事们的一致好评。

在这幸福的时刻，××先生和××小姐缔结美丽的契约，结发成

49

为终生不渝的伴侣。从今往后，无论是甜蜜还是心酸，无论是顺利还是坎坷，我希望你们在人生途中要永远地相互扶持、相互帮助，希望你们永远恩恩爱爱、和谐美满。

最后，让我们共同举杯，祝愿两位天赐佳人和和美美、幸福永远！

范文二：新郎同学兼新娘同事祝酒词

【场合】 新婚宴会。

【人物】 新人、亲朋好友。

【致词人】 介绍人。

【妙语如珠】 新郎和新娘不仅郎才女貌，而且志趣和性情都十分契合。

尊敬的各位领导、各位来宾，亲爱的女士们、先生们、朋友们：

大家晚上好！

今天是个美好的日子，是个特别的日子，是××先生和××小姐喜结百年之好的大喜日子。作为××先生和××小姐的结婚介绍人，我十分荣幸在这里发表讲话，为两位新人送上最美好的祝福。在这里，我首先祝贺新郎和新娘新婚快乐、恩恩爱爱、百年好合。同时，请允许我代表两位新人和他们的家人，向在座各位百忙中前来光临的亲朋好友、邻里乡亲，表示最热烈的欢迎和最衷心的感谢。

新郎××先生和新娘××小姐都是我的好朋友。作为介绍人，在这里，我先按照国际惯例向大家介绍一下两位新人。

新郎××先生是我的高中同学，我们一同度过了三年的时光。在学校里，××先生不仅学习成绩名列前茅，在体育运动上更是佼佼者。平日里，他乐于助人，诚恳正直，是我们大家所信任和喜爱的好同学、好朋友。参加工作之后，××先生所取得的成绩是大家所有目共睹的，他兢兢业业、勤勤恳恳、刻苦钻研，得到了领导和同事们的一致好评。

新娘××小姐是我的同事。她美丽可爱、端庄贤淑、温柔善良、善解人意、为人诚恳、待人热情，在工作中认真负责，在业务上一丝不苟，在家中孝敬父母，在外与人为善。无论是在单位里还是在生活中，她都受到了人们的欢迎和喜爱。

新郎和新娘不仅郎才女貌，而且志趣和性情都十分契合。因此，我用心地把他们俩撮合在一起。他们从相识、相知，到相爱、相恋，如今终于修成正果，我感到由衷的激动和喜悦。

在此，我提议，让我们共同举起手中的酒杯，为新郎和新娘的喜结良缘，为他们的婚姻幸福、家庭美满，也为他们的夫唱妇随、白头偕老，干杯！

单位领导证婚祝酒词

【场合】证婚仪式。

【人物】新人、领导、同事。

【致词人】领导。

【妙语如珠】婚姻生活还可以带给你许许多多的乐趣。夫妻俩恩恩爱爱、你侬我侬，你织布来我耕田，生活简直比蜜糖还甜。这不就是最好的心理收益吗。

各位来宾、朋友们：

大家好！

今天，××先生和××小姐这一对新人，在鲜花的簇拥下，在在场的所有同事朋友们的见证下，正式结为夫妻。请让我们为他们献上最美好的祝福！

当得知自己成为××先生和××小姐的证婚人那一刻起，我就在想，该如何"与时俱进"地说好这个证婚词。恰逢一位学经济学的朋友告诉我：在这个市场经济蓬勃发展的年代，一切活动都离不开经济，而婚姻本身，就是一种典型的经济活动。对此，我很不解，朋友便进一步解释道：经济活动离不开成本和收益，而成本则分为直接成本和间接成本，收益也是如此。

婚姻中的直接成本包括住房、装修、家具、家电、婚宴和蜜月，等等，间接成本则是结婚后得放弃单身的快乐和自由，要放弃追求他人和被他人追求的乐趣，还要接受婚姻和家庭的束缚，肩膀上多添了一份沉沉的责任。

然而付出成本的同时还能得到收益。举个例子，如果遇上头疼感冒，还有个人可以嘘寒问暖。这就是实际收益。而除此之外，婚姻生活还可以带给你许许多多的乐趣。夫妻俩恩恩爱爱、你侬我侬，你织布来我耕田，生活简直比蜜糖还甜。这不就是最好的心理收益吗。

在我看来，婚姻生活中往往是收益大于成本的。然而，如果想要得到更多的利润，还得夫妻俩好好地经营。我们祝愿这一对新人，在今后的婚姻生活中永远和和美美，收益大于成本，愿他们的婚姻生活结出丰硕的果实。

亲友证婚祝酒词

【场合】 新婚宴会。

【人物】 新人、亲朋好友。

【致词人】 ×亲友。

【妙语如珠】 经过了春的孕育，夏的热恋，这对新人一起走进了绚丽成熟的收获季节，在声声的爆竹、对对的喜字中，他们缔结了美好的婚姻，建立了幸福的家庭。

尊敬的各位来宾、朋友们：

大家早上好！

在这风和日丽的日子里，我受到新郎新娘的委托，十分荣幸地担任××先生与××小姐结婚的证婚人。对此，我感到无比的欣喜与激动。××先生是我好朋友××的儿子，他和××小姐一路走来，如今终于步入了婚姻的殿堂，我们都感到万分的欣慰与喜悦。作为他们的证婚人，我首先要祝贺他们新婚快乐，同时，请允许我代表两位新人和他们的家人，向在座各位来宾深情厚谊前来道贺，表示最热烈的欢迎和最衷心的感谢！

且让我先来向各位介绍一下这对新人。新郎××先生现在××单位从事××工作，他不仅英俊潇洒、才华横溢，而且忠厚诚实、和气善良。在工作上，他勤勤恳恳、兢兢业业，在业务上，他勤勉刻苦、勇于钻研，他的努力得到了大家的肯定，他所取得的成绩有目共睹。新娘××小姐现在××单位从事××工作，她不仅美丽优雅、善良可爱，而且温柔体贴、善解人意，她聪明好学，尤擅当家理财，可谓出得厅堂，入得厨房，是一位兰心蕙质、惹人喜爱的姑娘。他们可谓是天造一对，地设一双，神仙眷侣，天作之合。

经过了春的孕育，夏的热恋，这对新人一起走进了绚丽成熟的收获季节，在声声的爆竹、对对的喜字中，他们缔结了美好的婚姻，建立了幸福的家庭。

在此，让我们共同举起手中的酒杯，为两位新人献上最真诚的祝福。为他们甜甜蜜蜜、恩恩爱爱，为他们白头偕老、地久天长，也为在座各位来宾的身体健康、万事如意，干杯！

友人证婚祝酒词

【场合】新婚宴会。

【人物】新人、亲朋好友。

【致词人】朋友。

【妙语如珠】愿你们夫妻恩爱，白头偕老，一朝结下千种爱，百岁不移半寸心。

尊敬的各位来宾、朋友们，亲爱的女士们、先生们：

大家早上好！

沁园春园，并蒂花开百日红；

钗头凤头，双翅蝶结万年青。

今天，是××先生和××女士新婚大喜的日子，首先，作为证婚人，我对两位的结合致以最深切的祝福。作为他们的朋友，荣幸地被委托担任他们的证婚人，我的心情同今天的天气一样，无比的爽朗和清新。在这里，我衷心地祝愿两位新人新婚快乐，地久天长，同时也谨让我代表两位新人和他们的家人，向在座的各位来宾致以最热烈的欢迎和最衷心的感谢！

新郎××先生今年××岁，在××单位担任××职务。他不仅在工作上勤奋刻苦、兢兢业业，在业务上勤勉认真、一丝不苟，而且在为人处事上诚挚热情、谦逊有礼，是领导们一致认同的有为青年，是同事、朋友引以为豪的良师益友。

新娘××小姐今年××岁，在××单位担任××的职务。她不仅在工作上积极进取、认真负责，在业务上勇于探索、刻苦钻研，而且在待人接物上亲切随和、真诚善良，是邻里们公认的好邻居，长辈们公认的好子女，同事们公认的好伙伴。

××先生和××小姐如今走到一起，乃是天作之合、良缘无双。××先生和××女士现在都已经达到法定的结婚年龄，随着时间的推移，感情也越来越深厚，他俩的结合，可谓水到渠成，瓜熟蒂落，经民政部门的批准，已经领取了结婚证。作为证婚人，我在此宣布，他们的结合是合法有效的。

作为证婚人，我在此向你们表达几点心愿，愿你们夫妻恩爱，白头偕老，一朝结下千种爱，百岁不移半寸心。在漫漫的人生道路上相依相伴，相濡以沫，风雨同舟，休戚与共。愿你们做一对事业上的伴侣，相互学习，相互支持，相互勉励，如荷花开并蒂，如海燕试比高，在各自的岗位上都作出优异的成绩。

最后，我为二位送上四味干果：红枣、花生、桂圆、莲子，愿你们早生贵子！

谢谢大家！

同事证婚祝酒词

范文一：新郎同事证婚祝酒词

【场合】新婚宴会。

【人物】新人、亲朋好友、同事。

【致词人】新郎同事。

【妙语如珠】你们领取婚姻殿堂的通行证后，一定要驾驭好婚姻这部车，行好万里路；一定要精心呵护这份感情，修补好婚姻中的瑕疵，使它更加美满幸福，在以后的岁月中，使它不受到伤害。

尊敬的各位来宾，亲爱的女士们、先生们：

大家早上好！

风和日丽红杏添妆，水笑山欢丹桂飘香。

在这曼妙美好的春日，我们的朋友××先生和××小姐缔结了幸福的婚约，携手迈入了圣洁的婚姻殿堂。我受到新郎和新娘的委托，十分荣幸地担任他们的证婚人，内心无比的激动和喜悦。在这弥漫着浓浓喜气的结婚礼堂，庄严而神圣的婚礼仪式上，我们共同见证二位新人的婚约。作为证婚人，我首先祝贺两位新人新婚快乐，同时我也代表新郎新娘和他们的家人，向在座各位来宾的到来表示热烈的欢迎和深深的感谢！

新郎××先生今年××岁，在××单位从事××工作，担任××职务。他不仅外表长得英俊潇洒，忠厚老实，而且善良有爱心，为人和善；不仅工作上认真负责，任劳任怨，而且在业务上刻苦钻研，成绩突出，是一位才华出众的好青年。

新娘××小姐今年××岁，在××单位从事××工作，担任××职务。她不仅长得漂亮美丽，而且具有东方女性的内在美；不仅温柔体贴，而且品质高尚，心灵纯洁；不仅能当家理财，而且手巧能干，是一位多才多艺的好姑娘。

结婚作为人生当中的一件大事，两位一定要珍惜。以前你们只是在演习，现在是正式上岗了，拿到岗位证书，一定要兢兢业业。在以后的工作和生活中，你们俩一定要互敬互爱，孝敬双方父母，处理好邻里关系，干好自己的分内工作，做到生活事业双丰收。你们领取婚姻殿堂的通行证后，一定要驾驭好婚姻这部车，行好万里路；一定要精心呵护这份感情，修补好婚姻中的瑕疵，使它更加美满幸福，在以后的岁月中，使它不受到伤害。

最后，让我们共同举起手中的酒杯，为两位新人恩恩爱爱、地久天长，同时也为在座各位的家庭美满、幸福安康，干杯！

范文二：新娘同事证婚祝酒词

【场合】 新婚宴会。

【人物】 新人、亲朋好友。

【致词人】 新娘同事。

【妙语如珠】 两个人相识相知、相爱相恋，从播下爱情的种子，到细心呵护这颗种子生根发芽，最终长成参天大树，似乎冥冥之中，一直有着一种力量在指引他们，在引导他们，使他们这对命中注定的伴侣，最终合二为一，达成了人生的完整。

尊敬的各位领导、各位来宾，亲爱的女士们、先生们：

大家下午好！

今天是个特别的日子，我的同事××小姐和××先生在这美丽而庄严的礼堂里举行他们的婚礼。在这美好的日子里，我十分荣幸地担任两位新人的证婚人。在此，我首先祝贺他们新婚快乐，祝福他们恩恩爱爱、甜甜美美。同时，请允许我代表新郎新娘和双方的家人，对在座各位来宾的到来表示热烈的欢迎和深深的谢意！

在这幸福的时刻，鲜妍美丽的花儿将礼堂点缀得多彩多姿，悠扬动人的歌曲使我们的心潮随之澎湃起伏。我们的新郎和新娘就像这世间最幸福的一对，共同带着来自亲朋好友的最真挚的祝福，踏入他们人生中最重要的驿站。望着他们幸福的神态和灿烂的笑容，我们打心里为他们感到高兴。这对新人的欢乐与幸福，为我们所有人的心中注入了新鲜快活的气息。

我们的新郎××先生是一位计算机工程师，而新娘××小姐则是一名人类灵魂的工程师——人民教师。正所谓千里姻缘一线牵，是缘分以及双方相投的志趣使他们越走越近，最终紧紧地联系在了一起。两个人相识相知、相爱相恋，从播下爱情的种子，到细心呵护这颗种子生根发芽，最终长成参天大树，似乎冥冥之中，一直有着一种力量在指引他们，在引导他们，使他们这对命中注定的伴侣，最终合二为一，达成了人生的完整。

作为新娘的同事，同时也是证婚人，在这个美好的时刻，我衷心地祝愿你们恩恩爱爱、白头偕老、甜甜蜜蜜、地久天长。

让我们共同举杯，为××先生和××小姐的幸福新生活，为他们

的和谐美满，同时也为在座所有来宾的家庭幸福，干杯！

军人婚礼祝酒词

【场合】部队集体婚礼。

【人物】新人、领导、战友。

【致词人】战友。

【妙语如珠】新婚是一个甜蜜的开端，是幸福生活的一个起点，而结婚也只是生活的一个驿站，是漫漫人生道路的一个小小的缩影。

尊敬的来宾、首长们，亲爱的女士们、先生们：

大家晚上好！

今天是个特别的日子，我们欢聚一堂，为祖国绿色军营中的××对新人举行集体婚礼，共同见证他们步入神圣的婚姻殿堂。在此，我对各位首长、战友们的到来表示最热烈的欢迎和最衷心的感谢，请让我们为这××对新人以及所有的来宾朋友们献上最热烈的掌声！

鹤舞楼中玉笛琴弦迎淑女，凤翔台上金箫鼓瑟贺新郎。今天，××位身披绿色军装的战士，在我们长年共同战斗和生活的军营中，

缔结了美好的姻缘。长天欢翔比翼鸟，大地喜结连理枝，让我们借一杯杯香醇的美酒，为这××对新人献上一片片深情的祝福。

成家当思立业苦，举步莫恋蜜月甜。新婚是一个甜蜜的开端，是幸福生活的一个起点，而结婚也只是生活的一个驿站，是漫漫人生道路的一个小小的缩影。身为军人的我们，应当将婚姻当成事业的开端，而非终点。爱情也只有附丽于事业和责任之上，才能历久弥新。

身为军嫂的你们是伟大的。今后，你们可能会经历许多聚少离多的日子，可能会常常品尝离别与思念之苦。在家中，你们要独自挑起生活的重担，经营家庭、伺候双亲、哺育幼子。你们可知道，这一切牺牲换来的是祖国的和平和安宁。你们牺牲小家成就大家，军功章有你们的一半。

"两情若是久长时，又岂在朝朝暮暮"，身为军人的我常常会以这句诗来安慰自己。只要想到肩头的重大责任和使命，看到祖国各地的一派欢乐祥和，我们就会告诉自己，这一切都值！这样的婚姻，是伟大的婚姻，也是崇高的婚姻。

来日方长，愿你们成为生活和学习上的伴侣，在今后的日子中相互支持，相互勉励，像并蒂的莲花，像双飞的海燕，创造出比以往更加优秀的业绩。让我们共同举杯，为××对新人的新婚快乐、和谐美满，为他们的事业爱情双丰收，干杯！

集体婚礼证婚祝酒词

范文一：**集体婚礼嘉宾祝酒词**

【场合】集体宴会。

【人物】 ××对新人、镇领导、亲朋好友。

【致词人】某嘉宾。

【妙语如珠】甜蜜的爱情缔造美满的婚姻，美满的婚姻促成幸福的家庭，幸福的家庭促进成功的事业。

尊敬的各位来宾，各位朋友：

大家好！

双双珠履光门户，对对青年结风俦。

今天是个喜庆的日子，我受××镇青春集体婚典组委会的重托，十分荣幸地担任××对新人结婚的证婚人。在这神圣而又庄严的婚礼仪式上，能为这××对郎才女貌、佳偶天成的新人致证婚词，我感到非常荣幸。

参加此次婚礼的××对新人，既有来自工作在企业战线的优秀员工，也有默默耕耘在三尺讲台上的辛勤园丁，还有金融机构、机关团体的优秀青年。在此次集体婚礼的活动中，他们既是参与者，又是积极、文明、健康文化消费的倡导者，他们敢于创新的精神风貌，积极进取的青春风采值得青年人学习。

经过主办单位考察核实，参加今天集体婚礼的××对新人都符合法定结婚年龄，办理了完备的结婚登记手续。他们的恋爱是真诚的，爱情是甜蜜的，婚姻是合法的。

甜蜜的爱情缔造美满的婚姻，美满的婚姻促成幸福的家庭，幸福的家庭促进成功的事业。幸福的家庭、成功的事业正是我们社会实现和谐进步和繁荣的保证。

作为他们的证婚人，我感到非常高兴。为他们能够结成夫妻表示衷心的祝贺。并希望各位新人在将来的家庭生活中，平等相待，互敬互爱，勤俭持家，敬老爱幼，共同建立文明和睦、温馨幸福的家庭，共同为我镇的精神文明建设贡献力量。

同时也希望各位新人在各自的工作岗位上，勤奋学习，扎实工作，在各自的事业上大显身手。不浪费光阴，不虚度人生，××年后再相会，相信你们一定能为自己的事业成功而自豪，为自己的家庭幸福而骄傲。

最后，再一次祝福新人爱情常新，家庭幸福。

范文二：集体婚礼领导祝酒词

【场合】集体宴会。

【人物】××对新人、镇领导、亲朋好友。

【致词人】某领导。

【妙语如珠】千簇春花，簇簇春花，映千家春景。一对新人，对对新人，树一代新风。

尊敬的同志们、青年朋友们：

大家中午好！

千簇春花，簇簇春花，映千家春景。

一对新人，对对新人，树一代

新风。

今天是×××年××月×× 日，由××市委、××市民政局、××市计生局共同主办的"××市优秀青年大型公益集体婚礼"在此隆重举行，我很高兴出席此次活动，同时对活动的成功举行表示热烈的祝贺。

随着时代的发展，生活的进步，人们的观念也在不断更新。大力倡导婚事简办是社会主义精神文明建设的一项重要内容，也是我市深入贯彻《公民道德建设实施纲要》、推进移风易俗的一次重大举措，更是实践"三个代表"重要思想的具体表现，对倡导我市婚事简办，提倡科学、文明、健康的良好社会风尚具有重大意义。

这次集体婚礼，极大地满足了新时期我市青年对先进文化消费的要求，充分展示出××青年继承优良传统、引导时代文化的精神风貌，是××市文明进步的标志，也是××人民综合素质提高的见证。

集体婚礼隆重热烈、文明高雅。经过主办单位考察核实，参加今天集体婚礼的××对新人皆符合法定结婚年龄，办理了完备的结婚登记手续。他们的婚姻符合《中华人民共和国婚姻法》的规定。他们的婚姻真实、合法、有效。本证婚人对他们能结成百年之好感到十分高兴，并祝各位新人珍惜爱情，事业成功，永远幸福！

今日新婚礼，一杯香茶酬宾客。

来年颁奖会，两朵红花赞英雄。

最后，祝此次活动取得圆满成功，祝各位新人新婚愉快、家庭幸福、身体健康、万事如意！谢谢大家！

新人祝酒词

新婚典礼上，新郎和新娘免不了要对来宾和父母进行祝酒，把自己此时此刻的幸福和喜悦说出来与大家一起分享。新郎、新娘的祝酒词不但能够渲染气氛，而且有助于赢取领导和来宾的好感，以在未来的工作、生活中获得更多的支持和帮助；同时，这也是两位新人交流情感的一种方式。

新郎、新娘致词的主要内容有：

1.对大家的光临表示感谢，向致词者表示感谢。

2.表达喜悦的心情，表达自己的决心，祝福来宾等。

新郎、新娘致词应注意的问题如下：

1.新郎、新娘的祝酒词应体现出各自鲜明的性别特点，如新郎可表现自己对爱情的坚定、对事业的信心等，而新娘可适度表现女性独有的温柔、细致的特点，这样两人才显得般配和谐。

2.把握机会赢取领导与宾朋的好感，可在致词中有针对性地表达自己今后做好工作、与亲朋交好的决心，以利于将来工作与生活的顺利开展。

浪漫新郎祝酒词

【场合】结婚典礼。

【人物】新人、亲朋好友。

【致词人】新郎。

【妙语如珠】无数的缘分和无数的巧合，使我们相遇，使我们相识，使我们一眼就认定对方是这辈子最值得珍惜的人。

尊敬的领导、各位来宾，亲爱的女士们、先生们、朋友们：

大家早上好!

今天是×××年××月××日,是我和××结为连理的日子。对于我来说,这是人生中最重要的时刻,在座各位亲朋好友百忙之中拨冗前来参加我们的婚礼,对此,我代表××和全家人,向你们表示最热烈的欢迎和最诚挚的谢意。

在这个特别的日子里,我有很多话想说。作为今天的新郎官,此时此刻,我的内心十分激动,感慨万千。首先,我想要对父亲母亲和岳父岳母说:你们辛苦了,感谢你们多年来对我们的培育与浇灌,使我们得以拥有如今这个美好的时刻。我们的幸福生活与你们的无私教诲和默默付出是分不开的,你们永远是我们这一辈子最值得感谢,最应当感恩的人,谢谢你们!

此外,我还想感谢此时此刻站在我身旁的这个女人,××。记得张爱玲曾经说过:于千万人之中遇见你所遇见的人,于千万年之中,时间无涯的荒野里,没有早一步,也没有晚一步,刚巧赶上了,也没有别的话可说,唯有轻轻一问,原来你也在这里。我想,这就是爱情。正所谓众里寻他千百度,蓦然回首,那人却在灯火阑珊处。无数的缘分和无数的巧合,使我们相遇,使我们相识,使我们一眼就认定对方是这辈子最值得珍惜的人。我要感谢上苍,更要感谢你,是你,使我的生命得以完满,是你,使我在此时此刻成为世界上最幸福的人。

在此,我要向你许下庄重的诺言:在往后的日子里,我会更加珍惜我们的感情,这一生一世,我都不会背弃我的誓言。亲爱的,希望从今往后,我们一同分享彼此的欢乐和忧愁,一同度过生命中的风风雨雨,相信有你的陪伴,我永远都不会孤单,只要有你在我的身边,任何的艰难险阻都不再可怕。

请大家祝福我们,我们也愿意把我们的幸福分享给大家。让我们共同举杯,为我们所有人的幸福生活,干杯!

幽默新郎祝酒词

【场合】婚宴。

【人物】新人、来宾。

【致词人】新郎。

【妙语如珠】 所谓"路遥知马力，日久见人心"。请相信我，婚后，我仍将一如既往、忠贞不渝地呵护她，为她遮风挡雨。

各位长辈、各位亲朋好友、各位父老乡亲们：

大家好！

今天，是我和×××喜结连理的日子，非常感谢大家在百忙之中抽空来参加我们的婚礼庆典并带来真诚的祝福。

此时此刻，我的心情非常激动。在此，我要感谢×××娘家人对我的首肯，感谢他们这么多年来对×××的养育和栽培之恩，是他们赐予了我这样一个温柔体贴、明理贤惠的人生伴侣。

我和×××从相知、相识到相爱，经历了一段马拉松式的长跑，今天终于圆满地画上了句号。我们能有今天的结合实属不易。所谓"路遥知马力，日久见人心"。请相信我，婚后，我仍将一如既往、忠贞不渝地呵护她，为她遮风挡雨。

为了牢记这个美好的时刻，也让各位亲朋好友放心，我现在宣誓为据：

第一，坚决服从老婆的绝对领导。家里永远是老婆第一，孩子第二，小狗第三，我第四。

第二，坚决执行"四子"原则，对老婆像孙子，对岳母像孝子，吃饭像蚊子，干活像驴子。

第三，坚决信奉"打不还手，骂不还口，笑脸迎送冷面孔"，誓死呵护老婆，做文明丈夫。

第四，坚决拥护老婆感情独裁，绝不和陌生人说话，尤其不能跟陌生女人说话。

第五，坚决执行工资奖金全部上缴制，绝不涂改工资单，不在衣柜里藏钱。不过，每月可以申请领取×××元零花钱，前提是必须承担家里的水电费、燃气费。

第六，坚决响应"六蛋"号召。只能看老婆的脸蛋，出门前要吻脸蛋，睡觉要贴着脸蛋，老了，绝不能喊她"变蛋"，老婆骂"混蛋"，我就是"软蛋"。

我相信，婚后的我们一定能创建一个和谐美满的家庭。最后，再一次感谢在座的各位亲朋好友，请大家和我们一起举杯，共同分享这幸福快乐的时刻，祝大家身体健康、工作顺利、万事如意，谢谢。

矮个儿新郎祝酒词

【场合】婚宴。

【人物】新人、来宾。

【致词人】新郎。

【妙语如珠】我不想用廉价的誓言骗取大家的信任与关爱，且看我的行动吧：我们携手共建的风范之家，一定将会挂上文明的金匾。

尊敬的长辈及各位来宾：

大家好！

今天，我非常开心和激动，因为我终于结婚了。从今天起，我将和我身边的她共同构筑起一个和美的家庭，我为能有幸赢得这样一位知己而深感幸福和欣慰。在这个大喜的日子里，在这幸福的时刻，我的心中纵有千言万语，此刻也都汇聚成了两个字，那就是"感谢"。

首先，我要感谢大家的祝福，感谢诸位的深情！你们能在这个美好的周末，特意前来为我和×××的爱情做一个重要的见证，我没齿

难忘。因为你们的到场，我和我妻子的婚礼变得如此美丽、难忘。

其次，我要感谢×××的父母，感谢你们对我的信赖。你们能把手上唯一的一颗掌上明珠，交付给我这样一个不足七尺的男儿手中保管，对我来说是无上的光荣。也许我这辈子也无法让你们的女儿成为世界上最富有的女人，但我会用我的生命来珍爱她，让她成为这世界上最幸福的女人。

最后，我要感谢×××，谢谢你能答应嫁给我。我是以一个矮个儿新郎来接受大家的庆贺的。矮个儿，虽是我生理上无法弥补的遗憾，但丝毫没有影响我成为一位标致女郎的丈夫。我想要表达的是，生理上的矮个，绝难束缚我成为精神上的巨人，正像一个美丽的女性定将用行动树立她美的永恒形象一样。此时此地，我不想用廉价的誓言骗取大家的信任与关爱，且看我的行动吧：我们携手共建的风范之家，一定将会挂上文明的金匾。

同时，我还想借此机会告慰像我一样的矮个儿朋友们：年龄不是问题，身高不是距离。请不要因为

个儿矮而苦恼、颓唐吧！振作起来，用知识的营养让自己变得高大起来，爱神一定会向你翩然而至的。因为真正矮小的并不是你的身高，而是你的自信心。

再次感谢大家的光临，愿大家同喜同福！最后，不忘一句老话，粗茶淡饭，吃好喝好！

单亲新郎祝酒词

【场合】婚宴。

【人物】新人、来宾。

【致词人】新郎。

【妙语如珠】也许，我这辈子无法让××成为世界上最富有的女人，但我会竭尽所能使她成为世界上最幸福的女人。

尊敬的各位领导，各位亲朋好友：

大家晚上好！

人生能有几次最难忘、最幸福的时刻？但此时此刻我感到无比激动，无比幸福，更无比难忘。今天是我和××的大喜之日，首先，我代表妻子××感谢各位长辈、亲友和领导在百忙之中远道而来参加我们的婚礼庆典，给我们带来了喜悦，带来了真诚的祝福。

其次，我要深深感谢岳父岳母，您二老把自己唯一的一颗掌上明珠交付给我，谢谢你们对我的信任。在此，我向二老保证，我绝对不会辜负你们的期望。也许，我这辈子无法让××成为世界上最富有的女人，但我会竭尽所能使她成为世界上最幸福的女人。

再次，我要感谢身边这位美丽动人、心地善良的妻子××。自从与她相识，每当我失意时，她默默地在身旁鼓励我、帮助我；当我生病时，她不休不眠地照顾我；当我情绪激动时，她以温柔的话语来安慰我……她的柔情似水，她的善解人意，使我倍感温暖。可以说遇见她是我今生最大的幸福。

最后，我要感谢我一生中最重要的女人——妈妈。很早以前，爸爸就过世了，妈妈一个人将我养大。她一边工作，一边照顾我，很是辛苦。妈妈教我学知识、学做人，让我体会到世界上最无私的爱，更让我懂得世界上最温暖的地方就是家。现在，我想对妈妈说，妈妈，您辛苦了，今后儿子一定好好工作，让您幸福。

现在，我的激动之情溢于言表。但请各位相信我，我会永远深深爱着我的妻子，并通过我们勤劳智慧的双手，创造美满的幸福家庭。

最后，祝各位万事如意、合家幸福。请大家共同举杯，与我们一起分享这幸福快乐的夜晚。谢谢！

复婚家宴新郎祝酒词

【场合】婚宴。

【人物】新人、来宾。

【致词人】新郎。

【妙语如珠】我们的爱情，在经过了严峻的考验之后，将变得更加成熟、更加趋于理性，我们会更加珍惜这来之不易的幸福生活。

尊敬的介绍人、敬爱的亲朋好友们：

大家好！

我和×××的感情绕了一大圈，又回到了起点。同样的地点、同样的场景、同样的我们，再次举办婚礼，我的心情就像波涛汹涌的大海般波澜起伏，感慨良多！

我和×××是在××××年，经尊敬的×××女士牵线搭桥认识的。我俩当时是一见钟情，彼此在对方眼中是那么的完美。相识不久，我们便踏进了婚姻的殿堂。恋爱中的我们不懂得生活，我们从不曾冷静地考虑，是否把对方的优点放大了？是否把对方的不足掩饰了？等到激情平复之后，我们发现原来对方竟是有着这样那样的缺点和不足，它们仿佛一下子蹦出来似的，在对方眼中放大开来，竟是那么刺眼，那么令人难以容忍！于是，大家就像舌头碰着牙齿似的赌气、揭短、挖苦、诅咒……

在伤透了心之后，终于有人说出了"离婚"。虽然经过热心人多次调解、规劝，但心意已决的我们，最终亲手瓦解了我们的婚姻。

实不相瞒，出于赌气，离婚后的我们都曾想尽快组成新的家庭，让对方多一些痛苦。然而，我们很快静下心来重新审视这段婚姻，重新审视对方，终于发现了各自的孩子气和偏见，以及对爱情、婚姻的不严肃和不负责任。终于，我们战胜了心理上的偏视症，真心地原谅和理解了对方。

在这里，我要感谢介绍人×××女士，正是她在这关键时刻，明察秋毫，当机立断，以负责到底的精神，尽心尽力地为我们撮合。同时，我也为我们的婚姻给大家带来困扰和麻烦感到抱歉。但是今天在这里，我还是要说，请在座的各位亲朋好友们相信，我们已决非×年前的我们，我们的爱情，在经过了严峻的考验之后，将变得更加成熟、更加趋于理性，我们会更加珍惜这来之不易的幸福生活。

我不想许下廉价的诺言，但我相信，我们的行为一定会让你们满意的！

千言万语难表我们对各位的感激之情，让我们举起杯来，为大家的深情厚谊，为我们大家的幸福生活，干杯！

温柔新娘祝酒词

【场合】婚宴。

【人物】新郎、新娘及双方的亲友、嘉宾。

【致词人】新娘。

【妙语如珠】人生最可贵、最

难得的莫过于有人与自己相识相知相爱相守。爱，不分彼此；爱，没有贵贱。

尊敬的各位嘉宾，亲朋好友们：

大家好！

今天是我和××结婚的大喜日子，父母、亲戚、朋友和领导在百忙当中远道而来参加我们的婚礼庆典，在此，我代表我们夫妻俩对各位来宾的到来表示深深的感谢和热烈的欢迎！

在这令人难忘的时刻，首先我要真诚地感谢双方二老，是你们把我们带到这个世界，是你们不辞辛劳地把我们养大，是你们给了我们良好的教育，是你们一直站在我们身后给予支持和呵护。现在的你们，乌黑的发髻里夹杂着丝丝银发，双眼也有些模糊，脸上留下了岁月的痕迹，但是在我们心中你们永远是最美的，你们的恩情比天高、比海深！我们爱你们，爸爸、妈妈！请爸爸妈妈放心，我会尽一个女儿应尽的义务，常回家陪你们，看望你们！也请公公婆婆放心，我会尽一个妻子应尽的职责，勤于持家，营造一个温馨的家庭。

其次，感谢站在身边的爱人。不知不觉中，我们走过了花开的日子，在平凡中收获累累硕果，回报花开的期待，等待云起的日子。人生最可贵、最难得的莫过于有人与自己相识相知相爱相守。爱，不分彼此；爱，没有贵贱。在铺满鲜花的道路上，我们牵手相拥，共醉一樽明月，共赏一曲瑶台。无言是我最好的表达，深情是我最诚挚的祝福，感谢××陪伴在我的左右，我会用我真挚的爱伴你走过一生的岁月！

再次，感谢各位领导的关心，是你们在工作上给予我和××帮助和支持，让我们在工作的道路上奋勇向前，浓浓的恩情我们没齿难忘，请你们放心，我们会努力工作，用实际行动创造辉煌的业绩来回报领导！

最后感谢朋友们的祝福，你们是我的知心朋友，是我的闺中密友。这么多年，因有你们的陪伴我不再感到孤独和沮丧，快乐和幸福伴我左右，但愿我们的友谊天长地久！

总之，感谢各位来宾一直以来对我们的关心和支持，是你们让我们感觉到温暖和美好。

现在，请让我们共同举杯，祝各位身体健康，万事如意，生活幸福，干杯！

感恩新娘祝酒词

【场合】新婚酒宴。

【人物】新人、亲朋好友。

【致词人】新娘。

【妙语如珠】我永远也不能忘怀亲朋好友的真挚情谊，有着这一份份浓情厚谊的相依相伴，我们的生活一定会更加美好。

亲爱的各位朋友，女士们、先生们：

大家上午好！

十分感谢大家在百忙之中来参加我和×××的婚礼，感谢各位为我们送来的祝福。

在今天这个美好的日子里，我收到了来自亲朋好友许许多多的祝福，而我也有许多话要说。我一路走来，如今能够步入幸福的婚姻殿堂，离不开在座各位的支持、帮助和鼓励。在此先一并致谢了。

首先，我要感谢我的爸爸妈妈，是你们把我带到了这个世界，是你们将一个嗷嗷待哺的婴儿抚养成为一个乐观独立的青年。你们教会了我做人的道理，教会了我该如何明辨善恶是非，教会了我为人处世的原则，还教会我该与人为善、诚挚待人。谢谢你们，爸爸妈妈！

其次，我要感谢我的公公婆婆，谢谢你们养育了一个这么优秀的儿子，谢谢你们对我的认可，谢谢你们一直以来对我们的支持、理解和鼓励。是你们，使我们更加坚定地走到了一起，更加坚定地紧紧握住了对方的手。谢谢你们，爸爸妈妈！

再次，我要感谢所有的长辈，正是因为有你们的关怀和提携、鞭策和教导，我们才可以在人生道路上踏过一片片的荆棘，健康快乐地成长。

最后，我还要感谢我们的兄弟姊妹和所有的朋友们，是你们的一路相伴，使我们在人生旅途中不再孤单，是你们的支持和鼓励，使我们一路上都充满了力量。

如今，我即将拥有自己的家庭，我的人生旅途开始了一个新的里程。我永远也不能忘怀亲朋好友的真挚情谊，有着这一份份浓情厚谊的相依相伴，我们的生活一定会更加美好。

让我们举起手中的酒杯，为我和×××，为在座各位的深情厚谊，为我们都有一个美好的明天，干杯！

孝顺新娘祝酒词

【场合】新婚宴会。

【人物】新人、亲朋好友。

【致词人】新娘。

【妙语如珠】阳光灿烂的日子里，你们送给了我一片明媚灿烂的晴空；飘雨落雪的时节，你们又为我撑起了一把温情脉脉的雨伞。

尊敬的各位来宾、朋友们：

大家上午好！

今天，在各位长辈们和朋友们的见证下，我和××正式成为结发夫妻。这是我人生中的一个重要时刻，在这个特殊的时刻里，我的心情异常地激动和兴奋。此时，我有许许多多的话想说，对父母，对长辈，对同事，对朋友……首先，请让我对所有长辈们的关心和爱护，对所有朋友们的勉励和帮助，献上最诚挚的谢意，感谢你们一直以来的关怀和鼓励，包容和支持。是你们成就了今天的我，使我有了如今这样美好的时刻。然而此时此刻，我最想感谢的是养育了我二十多年的父母，你们对我投注的爱，我一辈子也无法偿还。

亲爱的爸爸妈妈，身为你们的女儿，我一直以来都无比的骄傲和自豪。我要感谢你们，你们用博大的胸怀与深沉的爱，包容了我一切优点与缺点，慷慨地赐予了一个属于我自己的空间，能够让我张开双臂，追随自己的心声，去拥抱我所想要的生活。

我要感谢你们，是你们给了我来到这个世界的权利，是你们在我失意之时给了我继续前进的勇气，是你们教会我什么是爱，什么是情感，你们使我懂得了如何为人处事，如何去追求自己的梦想。

我要感谢你们，是你们给了我无忧无虑的童年时光、阳光灿烂的少年时代、朝气蓬勃的青春岁月，以及意气风发的幸福年华。阳光灿烂的日子里，你们送给了我一片明媚灿烂的晴空；飘雨落雪的时节，你们又为我撑起了一把温情脉脉的雨伞。

如今，我有了一个属于我自己的幸福而美满的家，亲爱的爸爸妈妈，你们也达成了一直以来最深的愿望。你们的女儿终于长大，而你们的脸颊，却因为无私的付出和辛勤的劳作刻满了岁月的印痕。亲爱的爸爸妈妈，当我已不再年少，当你们的鬓角爬满了缕缕白发，当春去秋来，我们之间传递了无数的温情和牵挂，我想要对你们说，爸爸妈妈，我感谢你们，是你们，使我拥有了现在的一切！

从今往后，我和××一定会好好孝敬二老，以实际行动来感谢二老的养育之恩。让我们共同举杯，敬祝二老身体健康、万寿无疆！

亲友祝酒词

新人长辈

在婚礼当中，长辈的祝酒词是最正规、最必不可少的，是婚礼仪式上的一项很重要的程序。作为一个长辈，不能在婚礼上说几句客套的祝词就算了事，谆谆教导是最合适的祝词。

新人家长一般要作为主人向来宾的到来表示感谢，并向自己的子女提出祝福和希望。

新人家长致词应注意的问题如下：

1.新人家长的身份既是新人的父母，又是在座来宾的主人，因此，在致祝酒词时一定要用较多的篇幅向客人们的光临致以谢意。

2.可以适当讲一讲自己在为儿子或女儿筹备婚事这一段时间的所思所感，以浓浓的亲情感染人。但同时也要适可而止，切不可带来"眼泪效应"。

3.要表达一些期望，比如："希望你们从今以后，要互敬、互爱、互谅、互助，以事业为重，用自己的聪明才智和勤劳双手去创造美好的未来。同时，还要孝敬父母，爱护儿女，共同承担家庭责任，营造一个和谐美满的幸福家庭。"

新人领导

单位领导能够在百忙之中抽出时间来参加婚礼，这本身就说明领导对新人的关心和重视，而领导致词则集中体现了这一点。好的领导致词不仅能给人关怀与祝福，还能够使领导与下属之间的关系更为密切，促进工作的顺利开展。

单位领导致词的主要内容如下：

1.表达心情，真诚祝愿。

2.说明自己和新人的关系，恰当地赞扬新人的人品、能力以及结合后的美好前景。

3.从工作的角度给予希望和鼓励。

单位领导致词应注意的问题如下：

1.婚礼是充满人情味儿的交际场合，而不是凡事照章行事的单位办公室，因此领导要放下架子，以普通人的态度向新人贺喜，切忌摆架子，以免大煞风景。

2.领导在致词时可多讲讲新郎或新娘在工作中的良好表现，给予适当的肯定与鼓励。鉴于婚礼场合的特殊性，这种鼓励肯定会给作为下属的新郎或新娘以很大的鼓舞，从而激励他们在今后的工作中更加努力。

伴郎

作为朋友的伴郎，祝酒词到底应该是把宴会上所有人都赞扬一番呢，还是穿着礼服，一本正经地谈与新郎的友谊。你为了活跃气氛，讲一些新郎如何放肆、如何享乐，那会惹新郎父母甚至新娘不开心。你究竟应该怎么说呢？

在祝酒词里，首先要告诉在座的所有来宾，新郎是一个多么优秀的青年，他不仅是一个好朋友、好儿子、好学生，而且他也能够对各种场面应付自如。其次，就是简短介绍，告诉宾客你和新郎认识了多久，你对他了解多少，你要让所有人都知道是你们的友谊让新郎选你当他的伴郎。如果你们孩提时就是朋友，那就多讲些那时候的事，好让人知道你和新郎的友情之深。再次，一旦你说明了你是新郎的最好朋友，你就可以趁机搞些幽默，扮扮洋相，讲讲你和朋友一起干过的坏事——当然不是什么真的坏事——你们在一起时有趣的插曲，如第一次做什么事，认错人的事，旅游冒险之类的故事。小故事应该短而有趣，自始至终体现你和朋友的深厚友谊。

最后，以新郎最好的朋友的身份告诉新娘她做了最好的选择，如果你和新娘很熟的话，可以通过两位新人的共同爱好说他们的结合是完美无缺的。总之，你要翘拇指称赞他们的结合，同时表示你非常希望能继续和新郎及新娘保持友谊。

伴娘

作为伴娘，为了能够使自己在婚礼当天做得得体自如，你最好在婚礼前三周就开始着手写祝酒词，祝酒词短的时候可以只有两行，长的时候可能达到两分钟，并准备几个版本，以避免出现临时抱佛脚的忙乱。

伴娘在新婚祝酒词里加入一些至理名言能让自己在说祝酒词时增加自信，但是在引用名言时，一定要注意保证你选择的名言与你想表达的观点或者信息有共同点，并且还要注意不要为了达到热闹的效果而将自己的发言搞得很滑稽。客人们也喜欢安静一点的内容，不用担心没有掌声，按照你的风格发自内心就可以了。祝酒词写好后，要反复大声朗读，达到能上台的水平。祝酒时间通常都在所有客人就座的时候，新郎和新娘或许希望在上菜的过程中进行祝酒，先征询一下他们的意见再进行祝酒。说祝酒词时不要太紧张，可以深呼吸，喝一点红酒，但语速要慢，尽量表现得大方自然。

新郎父亲祝酒词

范文一

【场合】婚宴。

【人物】新人、亲友。

【致词人】新郎父亲。

【妙语如珠】罗曼·罗兰说："婚姻的唯一伟大之处，在于唯一的爱情，两颗心的相互忠诚。"

尊敬的女士们、先生们、朋友们：

大家上午好！

天长地久祝新人，并蒂开放向阳花。

今天是犬子××和××小姐结婚的大喜日子，我内心非常激动。在此，我谨代表双方的家长向这对新人表示衷心的祝福，同时，借此机会，向多年来关心、支持、帮助我们全家的各位亲朋、挚友表示最诚挚的谢意！

罗曼·罗兰说："婚姻的唯一伟大之处，在于唯一的爱情，两颗心的相互忠诚。"叔本华说："结婚就意味着平分个人权益，承担双方义务。"作为父亲，我衷心希望一对新人在漫长的人生路上，牢记哲人的忠告，一辈子相互扶持，相敬如宾，白头偕老，幸福一生。

结婚是人生大事，从此一对新人将开始新的人生。在此，我想说三句话：一是希望你们互相理解包涵，在人生道路上同舟共济；二是要尊敬和孝敬父母，常回家看看；三是不断进取，勤奋工作，回报社会、回报父母、回报单位。

在这里，我郑重代表我的全家，诚挚感谢亲家对小儿的赏识、信任，把你们含辛茹苦抚养成人的宝贝女儿托付给小儿。知子莫若父，我相信小儿有能力做到、也一定会做到让你们的女儿幸福，请亲家放心。

最后，让我们共同举杯，祝愿这对新人生活幸福、百年好合，祝福各位来宾身体健康、家庭和睦，干杯！

范文二

【场合】婚宴。

【人物】新郎、新娘及双方的亲友、嘉宾。

【致词人】新郎父亲。

【妙语如珠】自愧厨中无佳肴，却喜堂上有贵宾。粗肴薄酒，不成敬意，请各位开怀畅饮。

尊敬的各位来宾，各位至亲好友：

大家好！

合欢偕伴侣，新喜结亲家。

今天我的儿子××与××在你们的见证和祝福中幸福地结为夫妻，我感到无比的激动。作为新郎的父亲，我首先代表两位新人及我们全家向在百忙之中抽身前来参加结婚典礼的各位来宾、至亲好友们，表示衷心的感谢和热烈的欢迎！并祝大家心想事成，身体健康，合家幸福安康！

在今天喜庆的日子里，我还要感谢亲家，谢谢你们培养出这么优秀的好孩子，谢谢你们将这位美丽大方又有修养的女儿送到我们身边！缘分使我的儿子××与××小姐相知、相惜、相爱，并成为夫妻。在此，我想对两位新人说几句话：一次携手就是一生的誓约。希望你们从今以后，互敬、互爱、互帮、互助，以事业为重，以家庭为重，用自己的聪明才智和勤劳双手，创造美好的未来，用一生的时间忠贞不渝地爱护对方，在人生的路途上心心相印，白头偕老。愿你们工作、学习和生活，步步称心，年年如意。也希望你们有了自己的小家后，常回家看看，多孝敬双方父母!

自愧厨中无佳肴,却喜堂上有贵宾。粗肴薄酒,不成敬意,请各位开怀畅饮。如有招待不周之处,敬请各位原谅。来!让我们共同举杯,祝愿二位新人白头到老,恩爱一生,在事业上更上一个台阶,同时,祝大家身体健康、合家幸福,干杯!

新郎母亲祝酒词

【场合】婚宴。

【人物】新郎、新娘及双方的亲友、嘉宾。

【致词人】新郎母亲。

【妙语如珠】用爱温暖彼此的心,生活上少一些抱怨,多一些微笑,少一些苦恼,多一些乐趣!

尊敬的各位来宾:

大家好!

今天我的儿子与××小姐在你们的见证和祝福中幸福地结为夫妻,我感到无比激动。作为新郎的母亲,我首先代表新郎、新娘对各位从百忙之中赶来参加××、××的结婚典礼表示衷心的感谢和热烈的欢迎!

今天,是一个不寻常的日子,因为在我们的祝福中,又组成一个新的家庭。此时此刻,我要大声地向各位亲朋好友们宣布,我的儿子遇上了生命中最合适的伴侣,他终于找到了她心目中的公主!记得儿子曾经对我说过,他一定要找一个美丽善良、温柔大方的女孩,今天,大家看到了我的儿媳——××,正是这样一个人,我替儿子感到高兴!在这里,我要特别感谢两位亲家,谢谢你们对我儿子的信任,××会用爱守护××一生,也请你们放心,你们的女儿,也是我们的女儿,我们待她会像自己女儿一样,呵护她,体谅她,支持她!

缘分使我的儿子与××小姐相知、相惜、相爱,到今天成为夫妻。从今以后,希望他们能互敬、互爱、互谅、互助,用自己的聪明才智和勤劳的双手去创造自己美好的未来。用爱温暖彼此的心,生活上少一些抱怨,多一些微笑,少一些苦恼,多一些乐趣!这也是我们做父母的对你们最大的希望。

同时,我万分感激从四面八方

赶来参加婚礼的各位亲戚朋友，在十几年、几十年的岁月中，你们曾经关心、支持、帮助过我的工作和生活。你们是我最尊重和铭记的人，我也希望你们在以后的岁月里关照、爱护、提携两个孩子，我拜托大家，向大家鞠躬！

我们更感谢主持人的幽默、口吐莲花的主持。使今天的结婚盛典更加隆重、热烈、温馨、祥和。

祝愿二位新人新婚愉快，幸福美满，白头到老，举案齐眉，同时也希望大家在这里吃好、喝好！如有招待不周的地方，敬请各位嘉宾多多包涵。请大家共同举杯，祝各位身体健康、合家幸福，干杯！

新娘父亲祝酒词

【场合】新婚宴会。

【人物】新人、亲朋好友。

【致词人】新娘父亲。

【妙语如珠】在这个美好的日子里，我祝愿两位年轻人美满幸福、家庭和睦、恩恩爱爱、白头偕老。希望他们用勤劳、勇敢的双手，以一颗纯正、善良的心，共同去营造温馨而美好的家园。

亲爱的各位来宾，各位至亲好友们：

大家晚上好！

今天是我女儿××和女婿××结婚的大喜日子。通过这个仪式，两人结成了夫妻，而我们××家和××家两个家庭也正式结成了姻亲。婚姻不仅是一对新人的结合，还是两个家庭的结合，我们中华儿女自古以来都以这种方式传递和联结着血脉亲情。如今，我的女儿成了家，我也看到了家族延续的希望，可以说，我和爱人一直以来的心愿终于实现了。孩子们，我希望你们能够看到长辈们对你们的希望，好好地过日子，好好地建立和壮大我们的大家庭，将一个家族的传统延续和传播下去。

作为你们的父亲，我今天感到倍加激动和欣喜。在此，我首先衷心地祝福你们新婚快乐！同时，也代表全家人，向在座各位亲朋好友深情厚谊前来道贺，致以热烈的欢迎和深深的谢意。

今天，是一个不寻常的日子，在我们伟大祖国九百六十万平方公里富饶广袤的土地上，又组成了一个新的家庭。这个家庭连接着两个家族的情感，承继着先辈们的期望，这个家庭，定会引起我们长辈的抚今追昔，也会激起在座青年人的热烈追求与希冀。这个小康之家，分享着时代的赋予，父母的辛劳，还有亲朋好友们慷慨无私的扶持与帮助，这个家庭的成立，有着十分重要的意义，可喜可贺，值得我们倍加珍惜。

在这个美好的日子里，我祝愿两位年轻人美满幸福、家庭和睦、恩恩爱爱、白头偕老。希望他们用勤劳、勇敢的双手，以一颗纯正、善良的心，共同去营造温馨而美好的家园。家庭永远是最好的避风港，和你的家人一起，去创造幸福美满的生活，去迎接光辉灿烂的明天吧。

让我们共同举起手中的酒杯，为两位年轻人喜结连理，也为两个家庭珠联璧合，干杯！

新娘母亲祝酒词

范文一

【场合】新婚典礼。

【人物】新人、亲朋好友。

【致词人】新娘母亲。

【妙语如珠】在这隆重典雅的

礼堂里，在这欢乐祥和的气氛中，在这高朋满座的婚礼现场，我想对我的女儿和女婿献上最衷心的祝福：祝你们新婚快乐！

尊敬的各位领导、各位嘉宾，亲爱的女士们、先生们、朋友们：

大家晚上好！

今天是小女××和女婿××喜结百年之好的大喜日子。作为新娘的母亲，我感到异常的激动与喜悦。在这隆重典雅的礼堂里，在这欢乐祥和的气氛中，在这高朋满座的婚礼现场，我想对我的女儿和女婿献上最衷心的祝福：祝你们新婚快乐！同时，谨让我代表两位新人和全家人，向在座亲朋好友的亲切光临，表示最热烈的欢迎和最衷心的感谢。

两位孩子慢慢成长，如今终于成立了自己的家庭。这对于作为父母的我们来说，可以说是了却了一桩心愿。在这个特别的日子里，我想要对在座的各位好友亲朋表示特别的感谢，感谢你们一直以来对两位年轻人的关心和爱护、帮助和扶持，感谢你们共同见证了他们的成长，如今成为他们新婚典礼的见证人。两位年轻人的生活才刚刚开始，他们未来将要走的路还有很长，恳请各位在将来一如既往地关爱和扶持这一对年轻人，还有他们即将成立的家庭。他们未来生活的顺利和幸福，离不开各位的殷切帮助。

此外，我还想对未来的女婿说：从今天开始，我们正式地把我们最心爱的女儿交到了你的手中，希望你将来能够细心地照顾她，悉心地呵护她，希望你们今后恩恩爱爱、相濡以沫，共同度过人生的风雨，共同努力去营造一个幸福的家庭。

最后，我衷心祝愿一对新人在今后的人生旅途中认真学习、努力工作、感恩社会、善待他人、相亲相爱、幸福一生！衷心祝愿各位领导、各位嘉宾、各位亲朋好友在新的一年里，合家安康、工作顺利、事业腾飞、万事如意！

谢谢大家！

范文二

【**场合**】婚宴。

【**人物**】新人及亲友、领导。

【**致词人**】新娘母亲。

【**妙语如珠**】在这喜庆的日子里，我希望两位新人，精心呵护自己的爱情，打造一个温馨浪漫的家庭，创造灿若朝霞的幸福明天。

尊敬的各位来宾、各位至亲好友：

大家好！

今天，是我×家女儿与×家之子举行结婚典礼的喜庆日子。首先，请允许我代表新人及双方的家长，对各位嘉宾在百忙之中抽身前来参加婚宴表示热烈的欢迎。你们的到来为婚礼增加了喜庆气氛，给两位新人送来了珍贵的祝福，非常感谢大家。

此时此刻，我的心情很复杂。看着女儿从嗷嗷待哺的小婴儿成长为懂事、乖巧的大女孩，如今成为人妻，将展开人生的新旅程，身为母亲，我既有喜悦也有感伤。喜悦的是她终于找到了自己的白马王子，找到了可以相伴一生的人。感伤的是她不再与我们一起生活，朝夕相见。儿女的长大意味着父母的衰老，希望女儿结婚后，常回家看看，让我们享受天伦之乐。

常言道"一个女婿半个儿"，从今天开始，我们×家又多了一个儿子。我的女婿××是个出色的年轻人。他为人真诚、憨厚、责任感强，并且有能力、有理想。工作认真负责，积极进取。我相信这么出色的孩子会善待我女儿一生，珍爱她直到永远，把女儿托付于他，我放心。在此，我要感谢亲家，谢谢他们培养出如此优秀的孩子。

在这喜庆的日子里，我希望两位新人，精心呵护自己的爱情，打造一个温馨浪漫的家庭，创造灿若朝霞的幸福明天。祝福他们家庭和睦，事业常旺，白头偕老，幸福美满。

嘉宾之意不在酒，在于给一对新人送上真诚的祝福，在此，请让我再次对各位的到来表示万分的感谢。此外，还要感谢主持人幽默风趣、口吐莲花的主持，使今天的结婚盛典更加隆重、热烈、温馨、祥和。

最后，祝大家身体健康、阖家欢乐、工作顺心、万事如意！

双方父母祝酒词

【场合】 新婚典礼。

【人物】 新人、亲朋好友。

【致词人】 父母。

【妙语如珠】 新的生活中必然会有新的困难，新的挑战，这一切需要他们慢慢地去学习，去化解。希望这对新人能够同心协力，相互扶持，相互帮助，共同面对未来生活中的风风雨雨，共同去创造一个更美好的明天。

尊敬的各位领导、各位来宾，亲爱的女士们、先生们、朋友们：

大家早上好！

今天是××××年××月××日，是我的儿子（女儿）与××小姐（先生）喜结百年之好的大喜日子。承蒙各位亲朋好友们百忙中拨冗前来光临，我在此首先代表两位新人和全家人，向在座各位的亲切光临表示最热烈的欢迎和最衷心的感谢。

在这个特别的日子里，我儿子（女儿）和××小姐（先生）终于正式结发为夫妻，对此，身为父母的我们，感到由衷的激动和喜悦。当他们还是孩童的时候，我们就盼着他们能够快快长大，早日成家立业，以了却我们多年来的心愿。如今，这一心愿终于达成，我们的内心真是百感交集。成家，意味着真正的独立，两位孩子成立了他们自己的小家庭，同时也意味着新的生活的开始。新的生活中必然会有新的困难，新的挑战，这一切需要他们慢慢地去学习，去化解。希望这对新人能够同心协力，相互扶持，相互帮助，共同面对未来生活中的风风雨雨，共同去创造一个更美好的明天。

这一路上，他们通过相知、相惜、相爱，到今天成为夫妻，我们看着他们一路走来，看到他们终于修成正果，作为长辈的我们自然是倍感欣慰的。从今以后，希望他们能互敬、互爱、互谅、互助，以事业为重，用自己的聪明才智和勤劳双手去创造自己美好的未来。不仅如此，还要孝敬父母，正如一句歌词中唱到的那样，"常回家看看！"

让我们共同举起手中的酒杯，为这对新人的新婚愉快、幸福美满，为他们的相依相伴、相互扶持，为他们的恩恩爱爱，白头到老，也为在座各位亲朋好友们的身体健康、工作顺利、家庭幸福、万事如意，干杯！

新郎单位领导祝酒词

【场合】婚宴。

【人物】新郎、新娘及双方的亲友、嘉宾。

【致词人】新郎单位领导。

【妙语如珠】今晚璀璨的灯光将为你们作证，今晚月老将为你们作证，今晚双方父母为你们见证，今晚在座的××位捧着一颗真诚祝福之心的亲朋好友们将为你们共同作证。

尊敬的女士们、先生们：

祥云绕屋宇，喜气盈门庭。今天是我公司员工××先生和××小姐新婚大喜的日子，作为公司领导，我首先代表公司全体员工恭祝这对新人新婚幸福，百年好合！白头到老！早生贵子！

天上的鸟儿成双对，地下的情人成婚配。从今天起，你们开始了新的生活。在这大喜的日子里，新人要反哺父母养育之恩，铭记亲友关爱之情，感悟幸福来之不易。

另外，借此机会，我要对××的新娘说几句，××，眼光不错，××在我们单位是业务上的骨干，兢兢业业，每次都能认真出色地完成上级领导分配的任务，是领导眼中的好苗子。在生活中我相信你比我更了解他，他是个稳重、心细、宽容、体贴的好小伙，我相信你们的婚姻是天作之合，以后的人生会因为有彼此的陪伴而更加快乐，幸福！

希望两位新人在今后的生活中，孝敬父母，尊敬长辈，细心呵护他们的健康。不能因为工作、生活疏忽了父母，要时刻感恩于父母，让他们时刻感受到你们带来的快乐、幸福！

鸳鸯对舞，鸾凤和鸣。祝愿你们永结同心，执手白头，祝愿你们的爱情如莲子般坚贞，可逾千年万载不变；祝愿你们在未来的风月里甘苦与共，笑对人生；祝愿你们婚后能互爱互敬、互怜互谅，岁月愈久，感情愈深，祝愿你们的未来生活多姿多彩，儿女聪颖美丽，永远幸福！

最后，我送给两位新人四句祝福，"相亲相爱好伴侣，同德同心美姻缘。花烛笑迎比翼鸟，洞房喜开并头梅"。

来，让我们共同举杯，让幸福的美酒漫过酒杯，祝愿你俩钟爱一生，同心永结，恩恩爱爱，白头偕老！祝愿在座的各位事业顺心，万事如意，干杯！

新娘单位领导祝酒词

【场合】婚宴。

【人物】新人及所有的亲朋好友。

【致词人】新娘单位领导。

【妙语如珠】在这喜庆的日子里，愿你俩百年恩爱双心结，千里姻缘一线牵，海枯石烂同心永结，地阔天高比翼齐飞，相亲相爱幸福永，同德同心幸福长！

各位来宾、朋友们：

大家好！在这美好的日子里，在这大好时光的今天，我代表新娘公司在此讲几句话。据了解，新郎先生思想进步、工作积极、勤奋好学，是社会不可多得的人才，英俊潇洒也是有目共睹的。就是这位出类拔萃的小伙子，以他非凡的实力，打开了一位漂亮姑娘爱情的心扉。这位幸运的姑娘就是今天的女主角我们公司的××。××温柔可爱、漂亮大方、为人友善、博学多才，是一个典型东方现代女性的光辉形象。××和××的结合真可谓是天生的一对，地造的一双。我代表××公司全体员工忠心地祝福你们：金石同心、爱之永恒、百年好合、比翼双飞！

×月初×，这个非凡吉祥的日子。天上人间最幸福的一对将在今天喜结良缘。新娘××终于找到了自己的如意郎君，当××告诉我们这个喜庆的消息时，整个办公室都沸腾了，大家都为××的幸福感到高兴。算起来，××在我们公司已经工作了×年，作为她的领导对她的为人处世也是非常了解。在公司里，××对工作一丝不苟、兢兢业业，总能出色地完成上级领导分配的任务，对待同事，更是体贴入微，同事有什么困难了，她尽其所能的帮助，有不错的人缘，总体来说是个懂事、美丽、大方、善良的好姑娘。××，在我们领导、同事

的眼中也是个棒小伙，不仅英俊潇洒，而且心地善良、才华出众。在我们公司里总能见到新郎的身影，在路上也偶尔能见到二位幸福的背影，可谓是模范中的模范情侣，让我们单位多少人都羡慕。今天，二位长达×年的恋爱，修成正果，恭喜你们步入爱的殿堂！

展望新的生活，踏上新的征途，一个家庭好比一叶小舟，在社会的海洋里，总会有浅滩暗礁激流，只有你们携手并肩共同奋斗，前进路上才会有理想的绿洲。用忠诚与信赖，共同把爱的根基浇铸。

十年修得同船渡，百年修得共枕眠。无数人偶然堆积而成的必然，怎能不是三生石上精心镌刻的结果呢？用真心呵护这份缘吧。在这喜庆的日子里，愿你俩百年恩爱双心结，千里姻缘一线牵，海枯石烂同心永结，地阔天高比翼齐飞，相亲相爱幸福永，同德同心幸福长！现在，我提议，首先向我们的新娘新郎敬上三杯酒。第一杯酒，祝愿你们白头偕老，永结同心！干杯！第二杯酒，祝愿你们早生贵子！干杯！第三杯酒，祝愿你们幸

福永远！干杯！

新娘阿姨祝酒词

【场合】婚宴。

【人物】新人及所有的亲朋好友。

【致词人】新娘的阿姨。

【妙语如珠】佛说：前世五百次的回眸才能换来今生的擦肩而过，前世的一千次回眸才能换来今生的一次有缘相见。

尊敬的各位来宾、各位亲朋好友：

大家好！

今天是一个吉祥的日子，此时是一个醉人的时刻，因为××小姐与××先生在这里举行隆重庆典，喜结良缘。从此，新郎、新娘开始人生幸福热烈的爱之旅程。在这神圣庄严的婚礼仪式上，作为新娘的阿姨，我代表在座的各位亲朋好友向新娘、新郎表示衷心的祝福，同时受新娘、新郎的委托向各位来宾表示热烈的欢迎。

佛说：前世五百次的回眸才能换来今生的擦肩而过，前世的一千次回眸才能换来今生的一次有缘相见。今天，两位新人共结连理，可见缘分早已前世注定。相识本身是一种缘，能够彼此相守更是一种缘。你们从相识、相恋到携手步入婚姻殿堂，此时的天作之合又延伸了这种缘。

童话故事里，王子和公主婚后开始过着幸福快乐的生活。但是作为过来人，阿姨想对你们说，生活不是童话，婚姻生活中你们会遇到很多现实问题，希望你们有勇气面对并解决问题。婚姻是一份承诺，更是一份责任。希望你们能相互体谅与关怀，同甘共苦，努力营造自己的小家，把生活过得像童话一样美好。你们的幸福是父母及长辈最大的心愿。同时，你们要关爱父母，孝敬父母，常回家看看，即使工作很忙，也要打电话向父母报平安。

最后，我提议，为两位新人的富足生活，为双方父母的身体安康，也为在座诸位嘉宾的有缘相聚，干杯！

新娘伯父祝酒词

【场合】婚宴。

【人物】 新郎、新娘及双方的亲友、嘉宾。

【致词人】 新娘伯父。

【妙语如珠】 婚姻是叫两个个性不同、性别不同、兴趣不同，本来过两种生活的人去共过一种生活，同吃、同住、同玩。

尊敬的各位来宾，各位朋友：

大家好！

我是新娘的大伯，在这里我代表她所有的长辈首先祝他们小夫妻生活甜美，白头到老！

在这盛大、隆重的喜庆场合，我本应多为你们祝福，多讲几句使你们高兴、愉快的话，可你们还小，不完全知道婚姻生活究竟是怎么一回事，因此作为过来人，我想借着这个说话的机会给你们一点忠告。

婚姻生活就如在大海中航行，而你们俩没有一点航海的经验。这一片汪洋，风浪、风波总会有的，如果你们还在做梦，认为婚姻生活总会一帆风顺，那就快些醒来吧。婚姻是叫两个个性不同、性别不同、兴趣不同，本来过两种生活的人去共过一种生活，同吃、同住、同玩。世上哪有口味、习惯、情欲、嗜好都完全相同的人，所以假定你们不吵架，就一点人情味也没有了。

我的侄女，我诚实地告诉你，婚姻生活不是完全沐浴在蜜汁里，你得趁早打破少女时的桃色的痴梦，竖起你的脊梁，决心做一个温柔贤惠的妻子，同时还要担负起家庭事务的重担。我的侄郎，或许你不久就会发现别人的太太更加漂亮。要清楚，你的新娘并不是仙女，她只是一个可爱的女子，能帮你度过人生的种种磨难。唯有她，才是你一生可遇不可求的稀世珍宝。而世上这样的珍宝不多。所以你要加倍地爱惜和保护她。

我已经浪费了你们许多宝贵的快乐的时光，但我还要说一句长辈的愿望之话：希望你们互相信任，互相扶持，共同走完完美的人生之路。

最后，让我们共同举杯，祝愿二位新人恩爱一生，早生贵子！

新娘姐姐祝酒词

【场合】 结婚典礼。

【人物】新人、亲朋好友、邻里同事。

【致词人】新娘姐姐。

【妙语如珠】婚姻就像一条奔流不息的河流，时而波澜不惊，时而咆哮奔腾。而婚姻中的男女双方，就如同河底的石头，经历这河水的冲刷，慢慢地磨去自己的棱角。

尊敬的领导、各位来宾，亲爱的女士们、先生们、朋友们：

缕结同心日丽屏间孔雀，莲开并蒂影摇池上鸳鸯。

今天是蔽妹××和妹夫××的大喜之日。首先，我代表我的家人向这对新人献上祝福。其次，也要感谢在座各位深情厚谊前来道贺。

婚姻是幸福的殿堂，同时也是对人生最大的考验。有人说婚姻就像一条奔流不息的河流，时而波澜不惊，时而咆哮奔腾。而婚姻中的男女双方，就如同河底的石头，经历这河水的冲刷，慢慢地磨去自己的棱角。

难道不是这样么？在婚姻中，男女双方都需要去适应、去改变，认识和了解对方的优缺点，用心去包容、去体会。如果说爱情飘浮于空中，那么婚姻则扎根于大地。婚姻中有最真实的生活，也有最朴实的情谊和最真切的感动。在柴米油盐酱醋茶的生活中，女孩子从娇羞的新嫁娘变成了精打细算的妇人，从小鸟依人的女生变成了可以作为丈夫坚强后盾的人妻。在这个过程中，童话般的梦幻如泡沫般幻灭，然而他们谱写的，难道不是更为真切而感人的乐章么？

我想告诉亲爱的妹妹，婚姻生活要求人们去改变，然而一切一切的改变都是为了拥有更为美好的生活。两个人的家庭不像一个人的生活般恣意、放纵，然而用心体会，我相信你会很快领会到幸福的真谛的。

亲爱的妹夫，我希望你能好好的爱惜和呵护你的妻子，不让她受委屈，包容她偶尔的任性。而我最疼爱的妹妹，我希望你能够照顾和扶持你的丈夫，早日成为一名贤妻良母。姐姐在此祝福你们新婚快乐，同时也祝愿你们长长久久地葆有这一份幸福的感觉。

让我们共同举杯，为了这对新

人的婚姻甜甜蜜蜜、长长久久，也为在座各位的身体健康、家庭幸福，干杯！

新娘表哥表嫂祝酒词

【场合】新婚典礼。

【人物】新人、亲朋好友。

【致词人】新娘的表哥表嫂。

【妙语如珠】轻装简从喜迎娶，难诉爱意千重！同举杯，与天地共，幸福甜蜜长无终。齐寄语，贺恩爱永驻、幸福安康！

尊敬的各位领导、各位来宾，女士们、先生们：

大家晚上好！

鱼跃鸢飞滚滚春潮催四化，月圆花好溶溶喜气入人家。

在这个美丽的日子里，××先生和××小姐踏着春的歌谣步入了神圣的婚姻殿堂。作为新娘××的表哥表嫂，我们的内心充满了无比的喜悦。首先，请让我代表各位来宾向新郎新娘致以最衷心的祝福，祝愿他们新婚快乐，恩爱永远。同时，我也代表两位新人和他们的家人，向在座各位亲朋好友的亲切光临，致以热烈的欢迎和深深的谢意！

轻装简从喜迎娶，难诉爱意千重！同举杯，与天地共，幸福甜蜜长无终。齐寄语，贺恩爱永驻、幸福安康！

亲爱的表妹，看到你即将从一个小姑娘变成一个成熟端庄的新娘子，我们都由衷地为你感到高兴。这是大多数人一生中都必须经历的成长，是个异常重要的时刻，同时也是一个巨大的考验。作为你的表哥表嫂，在这喜庆的日子里，我们想对你们说，希望你们这两位年轻人，在将来的生活中，能够用你们勤劳善良的双手，共同去营造你们温馨而又幸福的港湾，用你们坚定而又执着的信念，去维护甜蜜而又永恒的爱情。希望幸福的家庭，成为你们眷恋的爱巢。希望你们从今往后，无论贫富还是疾病、无论环境是多么恶劣，你们都要一生一世、一心一意、忠贞不渝地爱着对方，守护着对方，在漫漫的人生旅程中，永远心心相印、相依相伴，相互扶持，相濡以沫，恩恩爱爱，直到永远。

亲爱的朋友们，让我们共同举杯，为这两位年轻人的喜结百年之好，为这一对新人的新婚快乐，为他们的爱情甜蜜、家庭幸福，也为在座所有亲朋好友们的身体健康、工作顺利、和谐美满，干杯！

新郎发小祝酒词

【场合】婚宴。

【人物】新郎、新娘及双方的亲友、嘉宾。

【致词人】新郎同学。

尊敬的各位朋友：

今天是××大喜的日子，说起来×兄和我有很深的缘分，我们从幼儿园开始直到现在，不但是同学、同事还是同宿舍的挚友，因为我们毕业后分到一个单位又在同一宿舍住。

每次同学聚会，谈到婚姻问题，××总会说他会最晚结婚，没想到他会是第一个踏进结婚礼堂的幸运儿。

前些天在街上偶然遇见他们，×兄把他的未婚妻介绍给我，当时就觉得他们是天生的一对。后来我们一起去看电影，他们两人低头私语、甜蜜非常，早把电影和我这个"第三者"忘得一干二净了。

×小姐——不，×太太，我要坦诚对你公开×先生的一个坏习惯，那就是晚上爱熬夜，我们同宿舍的人常深受其害。不可否认的，他是位很好的人。假如×兄的这一坏习惯能得到改进，你的功劳就非常之大了。

最后祝福两位健康、幸福，并且再说一声恭喜恭喜！

新郎战友祝酒词

【场合】新婚宴会。

【人物】新人、亲朋好友。

【致词人】战友。

【妙语如珠】他们两位郎有才、女有貌，真是天造一对、地设一双。他们两位的结合，真可谓是天作之合、珠联璧合。

尊敬的各位来宾、朋友们：

大家早上好！

今天是×××年××月××日，是我们的好战友、好同志××和新娘子××小姐结婚的大喜日子。我们大家带着兴奋、喜悦的心情共同来参加他们的婚礼。在座的所有朋友们都笑逐颜开、喜上眉梢，我们都为这对新人感到由衷的高兴。在这里，我首先代表全体战友们祝贺××同志新婚快乐。同时，谨让我代表两位新人和他们的家人，向在座各位朋友的光临表示最热烈的欢迎和最衷心的感谢。

我们的战友××同志是一位杰出的青年，他在团里的出色表现是有目共睹的。作为我们××连的连长，他时时刻刻起着模范带头作用，不管是实战的演练，还是战术的模拟，他都成绩优异、名列前茅。在生活中，他还像兄长一样关心着我们，照顾着我们，让我们这些离家在外的人们，依然能够感受到家的温暖。对我们来说，他不仅是好连长、好战友，还是好兄长、

好朋友。

今天，××同志能够找到××小姐这样一位美丽善良、温柔贤惠的好妻子，是我们所有步兵连战士的骄傲。而××小姐能够与××同志这样优秀杰出的青年结为伴侣，也是慧眼识英才。他们两位郎有才、女有貌，真是天造一对、地设一双。他们两位的结合，真可谓是天作之合、珠联璧合。

在这里，我们真诚地为新郎××和新娘××献上最真挚、最衷心、最美好的祝愿，祝你们新婚快乐！祝愿你们白头偕老、琴瑟和鸣，祝愿你们恩恩爱爱、你侬我侬，祝愿你们家庭美满，生活幸福，祝愿你们这对军哥军嫂共同为祖国的国防建设再建功勋。

让我们举起手中的酒杯，共同为这对幸福的新人，干杯！

妙言佳句

四字词语

志同道合	喜结良缘	百年好合
珠联璧合	比翼双飞	连枝相依
心心相印	同心永结	爱海无际
情天万里	永浴爱河	恩意如岳
知音百年	爱心永恒	白头偕老
天长地久	婚礼吉祥	终身之盟
新婚大禧	龙凤呈祥	喜结伉俪
佳偶天成	琴瑟和鸣	鸳鸯福禄
丝萝春秋	花好月圆	并蒂荣华
幸福美满	天造地设	天作之合
情投意合	相敬如宾	相亲相爱
宜室宜家	百年琴瑟	百年偕老
花好月圆	天缘巧合	美满良缘
郎才女貌	情投意合	夫唱妇随
凤凰于飞	白首成约	美满家园
相敬如宾	同德同心	如鼓琴瑟

古诗词

山有木兮木有枝，心悦君兮君不知。

关关雎鸠，在河之洲；窈窕淑女，君子好逑。

执子之手，与子偕老。

问世间，情为何物，直教人生死相许。

上邪！我欲与君相知，长命无绝衰，山无棱，江水为竭，冬雷震震，夏雨雪，天地合，乃敢与君绝！

我住长江头，君住长江尾，日日思君不见君，共饮一江水。

但愿君心似我心，定不负相思意！

金风玉露一相逢，便胜却人间无数！

青青子衿，悠悠我心，但为君故，沉吟至今。

红豆生南国，春来发几枝。愿君多采撷，此物最相思。

愿得一心人，白头不相离。

东边日出西边雨，道是无晴却有晴。

在天愿作比翼鸟，在地愿为连理枝。

身无彩凤双飞翼，心有灵犀一点通。

知我意，感君怜，此情须问天。

慢（"慢"同"曼"）脸笑盈盈，相看无限情。

衣带渐宽终不悔，为伊消得人憔悴。

天涯海角有穷时，只有相思无尽处。

月上柳梢头，人约黄昏后。

天不老，情难绝，心似双丝网，中有千千结。

众里寻他千百度，蓦然回首，那人却在，灯火阑珊处。

两情若是久长时，又岂在朝朝暮暮。

平生不会相思，才会相思，便害相思。

色不迷人人自迷，情人眼里出西施。

相思树下说相思，思郎恨郎郎不知。

人生自古有情痴，此恨不关风与月。

佳联妙对

万里长征欣比翼，百年好合喜同心。

一世良缘同地久，百年佳偶共天长。

映日红莲开并蒂，同心伴侣喜双飞。

日丽风和桃李笑，珠联璧合凤凰飞。

蓬门且喜来珠履，侣伴从今到白头。

连理枝喜结大地，比翼鸟欢翔长天。

白首齐眉鸳鸯比翼,青阳启瑞桃李同心。

槐荫连枝百年启瑞,荷开并蒂五世征祥。

欢庆此日成佳偶，且喜今朝结良缘。

百年恩爱双心结，千里姻缘一线牵。

严父开怀观凤舞，慧儿合卺学梅妆。

父喜子喜重重喜，友欢戚欢个个欢。

六礼周全迎凤侣，双亲欢笑看儿婚。

万里长征欣比翼，百年好合喜同心。

一世良缘同地久，百年佳偶共天长。

映日红莲开并蒂，同心伴侣喜双飞。

银镜台前人似玉，金莺枕侧语如花。

花烛下宾客满堂齐赞简朴办事，洞房中新人一对共商勤俭持家。

祝语集锦

祝你们永结同心，百年好合！新婚愉快，甜甜蜜蜜！夫妻恩恩爱爱到永远！

十年修得同船渡，百年修得共枕眠。于茫茫人海中找到她，千年的缘分一定要珍惜，祝你俩幸福美满，共偕连理。

他是词，你是谱，你俩就是一首和谐的歌。天作之合，鸾凤和鸣。

两情相悦的最高境界是相对两无厌，祝福一对新人真心相爱，相约永久。恭贺新婚之喜！

你们本就是天生一对，地造一双，而今共偕连理，今后更需彼此宽容、互相照顾，祝福你们！让这缠绵的诗句，敲响幸福的钟声。愿你俩永浴爱河，白头偕老！

由相知而相爱，由相爱而更加相知。人们常说的神仙眷侣就是你们了！祝相爱年年岁岁，相知岁岁年年！

相亲相爱幸福永，同德同心幸福长。愿你俩情比海深！

愿你俩恩恩爱爱，意笃情深，此生爱情永恒，爱心与日俱增！

海枯石烂同心永结，地阔天高比翼齐飞。

好事连连，好梦圆圆，合家欢乐，双燕齐飞。

美丽的新娘好比玫瑰红酒，新郎就是那酒杯。恭喜你，酒与杯从此形影不离！祝福你，酒与杯恩恩爱爱！

灯下一对幸福侣，洞房两朵爱情花。金屋笙歌偕彩凤，洞房花烛喜乘龙。

愿快乐的歌声永远伴你们同行，愿你们婚后的生活洋溢着喜悦与欢快，永浴于无穷的快乐年华。谨祝新婚快乐！

愿你俩用爱去绾着对方，彼此互相体谅和关怀，共同分享今后的苦与乐。敬祝百年好合，永结同心！

托清风捎去衷心的祝福，让流云奉上真挚的情意；今夕何夕，空气里都充满了醉人的甜蜜。谨祝我最亲爱的朋友，从今后，爱河永浴！

新婚快乐，早生贵子，永结同好，正所谓天生一对，地生一双！祝愿你俩恩恩爱爱，白头偕老！

甜茶相请真尊敬，郎才女貌天生成；夫家和好财子盛，恭贺富贵万年兴。

珍惜这爱情，如珍惜着宝藏，轻轻地走进这情感的圣殿，去感受每一刻美妙时光。

今天是你们喜结良缘的日子，我代表我家人祝贺你们，祝你俩幸福美满，永寿偕老！

祝你们永远相爱，携手共度美丽人生。

真诚的爱情的结合是一切结合中最纯洁的，祝福你们。

愿爱洋溢在你甜蜜的生活中，让以后的每一个日子，都像今日这般辉煌喜悦！

恭喜你找到共度一生的灵魂伴侣，婚姻是人生大事，相信你作出的会是最明智的决定。

洞房花烛交颈鸳鸯双得意，夫妻恩爱和鸣凤鸾两多情。

为你祝福，为你欢笑，因为在今天，我的内心也跟你一样的欢腾、快乐！祝你们，百年好合！白头到老！

伸出爱的手，接往盈盈的祝福，让幸福绽放灿烂的花朵，迎向你们未来的日子……祝新婚愉快。

花儿披起灿烂缤纷的衣裳，雍容而愉快地舞着，微风柔柔地吟着，唱出委婉动人的婚礼进行曲——敬祝百年好合，永结同心！

辛劳了半辈子，贡献了几十年，在这春暖花开的日子，恭贺您再婚之喜，正所谓"夕阳无限好，萱草晚来香"。

在这春暖花开，群芳吐艳的日子里，你俩永结同心，正所谓天生一对，地生一双！祝愿你俩恩恩爱爱，白头偕老！

山盟海誓

每一个人的缘分不同，相爱的时间也会有长短，只有尽心尽力地去做，我能够做到的就是：我会让我的爱陪你慢慢地老去。

相识是缘起，相知是缘续，相守是缘定。是缘使我们走到了一起！希望我们能一直走下去，从缘起走到缘续，从缘续走到缘定。

茫茫人海，凭你的名字导航；凄凄寒夜，握你的名字取暖；漫漫人生，携你的名字同游。

即使有一天，你的步履变得蹒跚，青丝变成白发，红润的脸上爬满了皱纹，但我仍要携着你的手，漫步在夕阳的余晖下。

亲爱的，你是我的至爱，就算变成老头老太，也要天天一起买菜，你还是我的依赖，我永远是你的最爱。

如果有一天我不再爱你，浩瀚的大海将失去波涛，奔腾的江水会流向西，美丽的夜空不再有繁星闪烁！

亲爱的，我不会爱你太久，只是比"永远"多一天！

时间可以淡化我们的记忆，可以衰老我们的容颜，可以将沧海夷为平地，但不能熄灭我们爱情的火花。

我把誓言轻轻戴在你的手指，

纵然一生平平淡淡，亦愿同尝甘苦，为你挡风遮雨共度朝与暮。

爱情产生的时候有确切标志吗？天知道！我只知道，日日夜夜的每时每刻，我的脑海总是不由自主冒出你的影子！

好想把你的心预约一万年，了却我不变的思念。好想把我的心放在你心田，地老天荒真心永不变！

爱你一遍一辈子也情愿，把你包围在我的心里面，让我的爱换你一点点温存。

嫁给我吧！和我在一起不能保你荣华富贵，但，我有一块饼，绝不会只给你半块。

我用爱情的小箭射入你的心中，你就成为我的俘虏，我决定判你无期徒刑，永远关押在我心里，不准假释。

不论天涯海角，不管春夏秋冬，我一定会把你带在自己的身边，不论走到哪里，你都将是我一辈子最贵重的行囊。

日升日落，潮来潮去，时间轮回。变了天，变了地，变了沧海茫茫。唯有一颗深爱你的心，以不变的节奏伴你今生。

第三章

生日酒

特定人物生日祝酒词

所有生日祝词的一个共同特征在于，其目的是为了表达良好的生日祝愿。因此，生日祝词应当饱含深情，传递浓浓的情谊和深深的祝愿。如何使得祝词恳切而真诚，言辞得体又不失之刻板，很重要的一点在于结合寿星的职业和身份等特征，有针对性地进行祝福。或者根据祝词人与寿星之间的关系，着重阐述两者之间的深厚情谊，以表达最诚挚而热切的祝愿。

例如，丈夫生日时，妻子可以这样说："因为有你，我的生活绚烂多姿；因为有你，我的日子温暖如春。我对你的爱，不是因为你绚丽的光环，也不是因为你迷人的风采，我爱你，是因为我们心连着心，情牵着情，无论走过千山万水，还是历经风风雨雨，无论我们的生活经历怎样的磨难和考验，我对你的情都不会转移，我对你的爱都不会改变。"这样的祝词极具个人特征，真挚恳切，不落俗套，很好的传递了妻子对丈夫的爱意，不仅是一份祝福，同时还是一份最好的礼物。

老公生日祝酒词

【场合】生日宴会。

【人物】寿星、家人、朋友。

【致词人】妻子。

【妙语如珠】我对你的爱，不是因为你绚丽的光环，也不是因为你迷人的风采，我爱你，是因为我们心连着心，情牵着情。

亲爱的老公：

今天是你的生日，祝你生日快乐！喝酒之前，我有些话想对你说。

你知道吗，能够拥有深爱着我的和我深爱着的你，我是多么的欣

94

慰和自豪。你的生日对我来说是一个重要的日子，在这样的日子里，我要为最爱的人献上最美的祝福。我希望能够借此带给你欢乐和幸福。

亲爱的老公，你拥有很强的家庭观念，你孝敬父母、尊敬长辈、体贴妻子、爱护儿女。

在单位里，你兢兢业业、踏实肯干、团结同事、善待朋友。作为好儿子、好丈夫、好爸爸、好同事，你的行为举止，将成为孩子们的榜样，而我，也为拥有你这样一位出色的丈夫而深感自豪。

亲爱的老公，十几年前，我嫁给了你。当时我就坚定地认为，我的选择不会有错，直至今日，我依然是这么认为的。因为有你，我的生活绚烂多姿；因为有你，我的日子温暖如春。我对你的爱，不是因为你绚丽的光环，也不是因为你迷人的风采，我爱你，是因为我们心连着心，情牵着情。无论走过千山万水，还是历经风风雨雨，无论我们的生活经历怎样的磨难和考验，我对你的情都不会转移，我对你的爱都不会改变。

在生活中，我们偶尔也会拌嘴，也会吵架，但这丝毫不会影响我们之间的感情。无论如何，请不要怀疑我对你的爱，请你相信，无论经历怎样的沧海桑田，世事变迁，我们之间的感情，都不会有任何改变。

没有海誓山盟，没有甜言蜜语。我相信最幸福的事就是和你一起慢慢变老。让我们一起走过春走过秋，走过冬走过夏，相依相伴，携手走完这一辈子。

老公，祝你身体健康、事业顺利，生日快乐，干杯！

妻子生日祝酒词

【场合】生日宴会。

【人物】妻子、老公、三五好友。

【致词人】老公。

【妙语如珠】很多人说，再热烈如火的爱情，经过×年也会慢慢消逝，但我们像傻瓜一样执着地坚守着彼此的爱情，我们当初勾小指许下的约定，现在都一一实现了。

各位朋友：

大家晚上好！

非常感谢大家在百忙之中前来参加我老婆的生日宴会。刚才有人提议让我对老婆说几句话，好，我就说几句，请大家不要见笑。

老婆，你总是"抱怨"我不懂浪漫，其实我看得出来你满心欢喜。你说只要我心中有你，你就很开心。但是今天，我要浪漫一回，让你过个难忘的生日。现在，我为你朗诵一首诗，名叫《假设我今生无缘遇到你》：

"假如我今生无缘遇到你，
就让我永远感到恨不相逢——
让我念念不忘，
让我在醒时梦中都怀带这悲哀的苦痛。

"当我的日子在世界的闹市中度过，
我的双手捧着每日的赢利的时候，
让我永远觉得我是一无所获——
让我念念不忘，
让我在醒时梦中都怀带着这悲哀的苦痛。

"当我坐在路边，疲乏喘息，
当我在尘土中铺设卧具，
让我永远记着前面还有悠悠的长路——
让我念念不忘，
让我在醒时梦中都怀带着这悲哀的苦痛。

"当我的屋子装饰好了，箫笛吹起，欢笑声喧的时候，
让我永远觉得我还没有请你光临，
让我念念不忘，
让我在醒时梦中都怀带着这悲哀的苦痛。"

老婆，遇见你是我今生最大的幸福。还记得吗？我们曾是那样充满朝气，带着对爱情的执着与信任步入婚姻。很多人说，再热烈如火的爱情，经过×年也会慢慢消逝，但我们像傻瓜一样执着地坚守着彼此的爱情，我们当初勾小指许下的约定，现在都一一实现了。老婆，我感谢你为我所做的一切，特别是给了我一个温馨和睦、幸福洋溢的小家。

相识是缘，相知是分。今生注定我是你的唯一，你是我的至爱。老婆，让我们携手一起漫步人生路，一起慢慢变老！我爱你永不变！

各位，让我们端起酒杯，祝我亲爱的老婆年轻漂亮、心想事成、开心快乐，同时，也真心地祝愿各位爱情温馨甜蜜，事业如日中天！干杯！

父母生日祝酒词

【场合】生日宴会。

【人物】寿星、亲朋好友。

【致词人】儿子。

【妙语如珠】风风雨雨××年，父亲（母亲）阅尽人间沧桑，他（她）一生中积累的最大财富是他（她）那勤劳善良的朴素品格、宽厚待人的处世之道和严爱有加的朴实家风。

尊敬的各位长辈、各位亲朋好友：

大家晚上好！

春秋迭易，岁月轮回，当新春迈着轻盈的脚步向我们款款走来时，我们高兴地迎来了敬爱的父亲（母亲）××岁的生日。今天，我们欢聚一堂，举行父亲（母亲）××华诞庆典。在这里，我代表全家人对所有光临寒舍参加我们父亲（母亲）寿诞的各位长辈和亲朋好友，表示热烈的欢迎和衷心的感谢！谢谢各位多年来对我们家人的关心与支持。

风风雨雨××年，父亲（母亲）阅尽人间沧桑，他（她）一生中积累的最大财富是他（她）那勤劳善良的朴素品格、宽厚待人的处世之道和严爱有加的朴实家风。父母亲为了我们和我们的后代，任劳任怨，勤勤恳恳。所以，在今天这个喜庆的日子里，我代表全家向劳苦功高的父母亲说声：感谢二老的养育之恩！你们辛苦了！我相信，在我们兄弟姐妹的共同努力下，我们的家业会蒸蒸日上，兴盛繁荣！我们的父母会健康长寿，老有所养，老有所乐！

在这温馨的时刻，让我们全体起立，为父亲（母亲）健康长寿，为亲友们今天的相聚，让我们共同举起杯中美酒，请各位开怀畅饮，喝出李白的风范，品出杜康的滋味。女士们，先生们，干杯！

岳母生日祝酒词

【场合】岳母生日宴会。

【人物】寿星、亲朋好友。

【致词人】女婿。

【妙语如珠】让我们共同为她祝福，共同为她歌唱，共同祝愿她寿与天齐、福同海阔！

亲爱的各位朋友：

大家好！

春日融融春光好，莺歌燕舞庆祥和。在这喜气洋洋的春日里，我们的宴会厅里高朋满座，大家共同为我的岳母××女士庆贺她的××大寿。盈溢的喜气，让人感到无比的激动和喜悦。在今天这个吉祥如意的日子里，我敬爱的岳母大人度过了她人生的第××个春秋，让我们共同为她祝福，共同为她歌唱，共同祝愿她寿与天齐、福同海阔！同时，我也代表我的家人，向在座各位亲朋好友的到来，表示热烈的欢迎和深深的谢意！

我的岳母是位和善慈祥的老人，她为人真诚，热情厚道，关爱儿孙，与邻里和睦相处，对家人更是照顾得无微不至。我们都把她当成最亲近的长辈，生活中无论遇到欢乐还是烦恼，都会和她共同分享，并从她那里获得无尽的教导与慰藉。

平日里，她无时无刻不挂念着她的孩子们，天凉了，她惦记着孩子们是否及时添衣加被，家里头有什么好吃的，她又会打电话让大家来一同品尝。更让我感动的是，她老人家居然记着我的生日。每当我生日那天，她总会亲自下厨，准备好长寿面和鸡蛋，为我举行朴素却充满温情的生日宴会。每当回忆起这些时刻，我的心中都充溢着满满的感激。

今天是岳母大人的生日，勤俭朴实的她一直都说在家里简单地过过就好了，但是我认为岳母大人迎来了××岁的生日，这是一个值得大家共同庆贺的日子。后来在亲友们的共同庆贺下，岳母大人才终于答应举行这次宴会。

岳母大人，能够成为您的女婿是我的光荣，请在您生日的时候接受我对您最真诚的祝福。在这个特殊的时刻，我想要对您说：感谢您，岳母大人！感谢您一直以来的关爱，感谢您一直以来的付出，感谢您为这个家庭所做的一切，感谢您今天在这里接受我们的祝福。

最后，让我们再次祝愿，祝岳母大人生日快乐，身体康健，祝所有的来宾万事如意，家庭幸福！

谢谢大家！

公公生日祝酒词

【场合】 生日宴会。

【人物】 寿星、亲朋好友。

【致词人】 儿媳。

【妙语如珠】 生活在这个和睦美满的家庭中，我一直感受到浓浓的暖意，也一直为有着二老这样善解人意、值得敬重的公公婆婆而感到骄傲和自豪。

尊敬的各位亲友、各位来宾，亲爱的女士们、先生们：

大家晚上好！

今天是×××年××月××日，是我的公公××先生××岁的生日。在这喜庆的日子里，亲朋好友们齐聚一堂，共同庆祝我公公的大寿，对于你们的到来，我们全家人都感到万分荣幸。在此，我首先祝贺我的公公生日快乐！同时，我也代表公公和全家人，向在座各位来宾朋友们深情厚谊前来道贺，表示热烈的欢迎和深深的谢意！

我嫁进这个家庭已经有十几年了，这十几年来，公公婆婆都对我十分关爱。二老一生育有五名子女，我的爱人××排行老小，不仅受到了二老的特别疼爱，而且得到了哥哥嫂嫂们的特别照顾。生活在这个和睦美满的家庭中，我一直感受到浓浓的暖意，也一直为有着二老这样善解人意、值得敬重的公公婆婆而感到骄傲和自豪。

我的公公是一位善良厚道、勤俭朴实的人。他这一辈子勤勤恳恳、亲切待人，在子女们眼中是一位好父亲，在邻里们眼中是一位好邻居，在朋友们眼中是一位好同志。对我们大家来说，他是一个受人爱戴、值得尊敬的人。这么多年来，他的品行，受到了人们的一致好评。二老操劳一生，直到现在还在为我们这些孩子们操心。我和爱人工作忙，二老便主动承担起了照顾我们的儿子的责任。看到二老每天忙着照顾孩子穿衣吃饭，还得带着他上学下学，我们都十分心疼，但是二老从来不觉得累，反而还乐在其中呢。有这么两位善解人意，不摆长辈架子的老人，是我们儿女们的幸福。

二老的身体都还十分硬朗，性格也都十分乐观开朗。对此，身为儿女的我们感到由衷的欣慰。父母的健康，是儿女们最大的幸福。

在这特别的日子里，我带着无比兴奋和喜悦的心情，衷心地祝愿二老身体健康、晚年幸福，希望二老能够度过一个快乐安详的晚年！

谢谢大家！

爷爷生日祝酒词

【场合】 生日宴会。

【人物】 寿星、亲朋好友。

【致词人】 孙子。

【妙语如珠】 祝您福如东海长流水，寿比南山不老松！

亲爱的爷爷：

今天是您的生日，我首先代表全家人祝您生日快乐！

您是我们家的主心骨，在很多事情上，更是全家人的楷模。一直以来，我都很羡慕您和奶奶之间那份相濡以沫的感情。经过几十年的风风雨雨、沧海桑田，你们的感情历久弥坚，和谐美满，令人欣羡。

有一首歌中写道：

我能想到最浪漫的事
就是和你一起慢慢变老

一路上收藏点点滴滴的欢笑
留到以后坐着摇椅慢慢聊
我能想到最浪漫的事
就是和你一起慢慢变老
直到我们老得哪儿也去不了
你还依然把我当成手心里的宝

我想，这就是你和奶奶的生活的真实写照吧。

您并不是一个严厉的父亲和爷爷，但是您总是以身作则地教我们该如何做人、如何处事。您和奶奶之间深厚的感情使我们从小就体会到了家庭的幸福是何等的重要。你们用心经营着这个家庭，把这份浓浓的爱弥散在家中，传递给家里的每一个人。从而也培养了我们很强的家庭观念。使我们知道，无论在什么时候，家庭都是自己最坚强的后盾，而只有在家庭中，才能体会到最深的幸福。

爷爷，您知道吗，我们全家人都为此在心中深深地感谢着您，是您和奶奶，一同教会了我们该如何寻找幸福。每当看到您陪着奶奶到菜市场买菜、在奶奶生病时寸步不离地在床前照顾、不时地还从花鸟市场上带回几盆奶奶喜爱的花，我们的心里都美滋滋的。这样的爷爷，难道不是最好的榜样么？

如今，您和奶奶都步入了晚年，我希望你们在晚年里同样能够一如既往地幸福、健康和快乐，希望你们能够手牵着手，一同白头到老。

最后，我再一次祝您生日快乐，祝您福如东海长流水，寿比南山不老松！

奶奶百岁寿诞祝酒词

【场合】生日宴会。

【人物】寿星、亲朋好友。

【致词人】孙子。

【妙语如珠】您的健康和幸福就是我们这些子孙们最大的心愿。我们都衷心地希望您可以度过一个轻松快乐的晚年。

尊敬的各位来宾、各位长辈，亲爱的女士们、先生们、朋友们：

大家晚上好！

红灯高照福庆长乐，爆竹连声寿祝久安。

今天是个特别值得高兴的日子，是我最敬爱的奶奶百岁寿辰的大喜之日。各位好友亲朋、邻里乡亲今天能够来到这里共同为奶奶祝寿，我和全家人都感到由衷的高兴。在这里，我首先代表全家人对我最敬爱的奶奶说一声：生日快乐！同时，我也代表奶奶和全家人，向在座所有亲朋好友们的亲切光临，表示最热烈的欢迎和最衷心的感谢！

小时候，由于我的父母长年在外地工作，我从小是由奶奶带大的。于是，对于她老人家，我一直有着一种别样的深情，从小到大和奶奶也特别亲近。

这么多年来，每当我遇到困难，遭遇挫折，最先想到的人，总是奶奶。从小，奶奶便教育我遇到问题不要退缩，而是要想办法解决，要坚强勇敢地面对人生。奶奶是这样教育我的，她自己也是这么做的。奶奶具有坚毅的性格，她的身上，总是透露出一股坚定的信念。小时候，奶奶总喜欢和我讲她过去的故事，从这些故事中我得知，奶奶这一辈子经历过许许多多的苦难，许许多多的风雨，正是这些苦难和风雨，磨炼了她坚定的意志，使她坚强地挑起了家庭的生活

101

重担，辛苦地养育了一双儿女。

奶奶的一生经历了太多的苦难，而真正享受快乐的时光太少了，虽说过上了好日子，但她仍有操不完的心。为子女操劳，又为孙辈操劳，一生始终忙碌着，我们都说她是个闲不住的人。亲爱的奶奶，您知道吗，您的健康和幸福就是我们这些子孙们最大的心愿。我们都衷心地希望您可以度过一个轻松快乐的晚年。希望您将来少操一点心，安安逸逸地享受您的晚年。

在这个特别的日子里，我真诚祝愿奶奶生日快乐、身体健康，祝愿她福如东海、寿比南山。同时，我也衷心地祝愿在座的各位来宾工作顺利、家庭美满！谢谢大家！

姥姥生日祝酒词

【场合】生日宴会。

【人物】寿星、家人。

【致词人】外孙子。

亲爱的姥姥：

今天我们全家人欢聚在一起，共同庆祝您的70大寿。作为您最疼爱的孙子，我在这里代表全家人，向您献上最美好的祝福，祝您生日快乐、笑口常开！

我从小是您带大的，当时爸爸妈妈工作很忙，就把我送回老家和您生活在一起。您一直对我疼爱有加。小时候，我的身体不好，隔三差五地感冒，当时的医疗条件还很不好，最近的卫生所也在好几里之外，您总是亲自为我熬药，您在厨房中忙碌的身影，我至今还很清楚地记得，每次回想起来，总是十分感动。

记得您还常常给我做好吃的，而自己总是舍不得吃。有一回您到县城里去，还给我带回了几本书。尽管您并不识字，但从小就教育我要好好学习，将来才能成为有用的人。您的谆谆教诲，我一直铭记在心。

亲爱的姥姥，您这一辈子勤勤恳恳，为我们全家付出了太多太多。可惜我小时候很不懂事，十分淘气，还总是惹您生气，让您掉了不少眼泪。现在回想起来，充满了后悔与愧疚。从今往后，我一定会好好地孝顺您，不再惹您生气，尽力作一个听话的乖孙子。

如今，您的年纪大了，而您的

儿孙们也都已经长大了。看着他们一个个成立了自己的家庭，您一定感到非常地欣慰吧。作为您的子孙，我们都十分骄傲，我们以有您这样勤恳、朴实、无私奉献的长辈为荣，今后，我们都将以您为榜样，诚挚宽厚待人、与邻为善，同时努力建立和经营一个和谐美好的家庭。

今天是您的70大寿，我代表爸爸妈妈、叔叔婶婶们，祝您福如东海、寿比南山，希望您今后生活的每一天，都能够开开心心、快快乐乐！

让我们举起手中的酒杯，共同为我最亲爱的姥姥献上最美的祝福吧！

领导生日祝酒词

【场合】生日宴会。

【人物】寿星、单位领导、亲朋好友、嘉宾。

【致词人】某位嘉宾。

【妙语如珠】如今的××先生，与二十岁相比，少了几份咄咄逼人的气势，多了几份稳重，但接连不断的得失过后，换来的是他坚定自信、处变不惊和一颗宽容忍耐的心。

尊敬的各位来宾、各位朋友：

大家晚上好！

今天是××先生的生日庆典，我有幸参加这一盛会并讲话，深感荣幸。在此，请允许我代表××并以我个人的名义，向××先生致以最衷心的祝福！并向各位的到来表示衷心的感谢！

如今的××先生，与二十岁时相比，少了几份咄咄逼人的气势，多了几份稳重，但接连不断的得失过后，换来的是他坚定自信、处变不惊和一颗宽容忍耐的心。××岁，这是人生的一个阶段，也是××先生事业上升的最佳时期，我希望××，抓住机遇，奋勇向前！作为朋友我会一直默默地支持你，帮助你！

竞争的时代，事业成败关键在人不在天。××先生就是凭借奋斗拼搏的韧劲，凭着一分耕耘，一分收获的信念，从点点滴滴的事情做起，最终由普通职员升为现在××公司的重要领导核心之一。××先生对工作执着追求的精神令人敬佩，他的年轻有为、事业有成更令人惊羡。在此，我们共同祝愿他永远拥有旺盛的精力，事业再创高峰！

人海茫茫，我和××只是沧海一粟，由陌路到朋友，由相遇到相知，这难道不是缘分吗？现在，掐指算来，我们已经有××年的交情。路漫漫，岁悠悠，世上不可能有什么比这更珍贵。我真诚地希望我们能永远守住这份珍贵的友谊，愿我给你带去的是快乐，带走的是烦恼，愿我们的友谊天长地久！

朋友们！来，让我们端起芬芳醉人的美酒，共同祝愿××先生生日快乐，愿他在新的一年里，事业平步青云，身体健康，生活日新月异。干杯！

恩师寿辰祝酒词

【场合】生日宴会。

【人物】寿星、××专业的学生及导师。

【致词人】学生。

【妙语如珠】在我们学子的眼中，您是大海——包容不断，您是溪流——滋润心田，您是长辈——关爱连连，您就是我们亲爱的导师——诲人不倦。

亲爱的×老师、同学们、朋友们：

大家晚上好！

今天，我们××学子欢聚一堂，庆贺亲爱的恩师×老的寿辰，畅谈离情别绪，互勉事业腾飞，这一美好的时光，将永远留在我们的记忆里。

此时此刻，我的内心无比激动和兴奋，我代表全体学生向×老师行三鞠躬。一鞠躬，是感谢。感谢×老师×年来的教导，在这里，我要衷心地说一句，老师，您辛苦了！二鞠躬，还是感谢。我怀着一颗感恩的心，感谢×老师对我们的照顾、帮助，因为有了您的支持关心，才让我们感到生活更加温馨，工作更加顺利。三鞠躬，是送去我们对×老师最衷心的祝愿。祝老师健康长寿、幸福永久，合家欢乐！

老师，您全心全意，尽导师义务和责任。不求回报，不求名利，关爱弟子，因材施教，循循善诱，严格要求，一视同仁，指点迷津，排忧解难。在我们学子的眼中，您是大海——包容不断，您是溪流——滋润心田，您是长辈——关爱连连，您就是我们亲爱的导师——诲人不倦。

一位作家说得好："在所有的称呼中，有两个最闪光、最动情的称呼：一个是母亲，一个是老师。老师的生命是一团火，老师的生活是一曲歌，老师的事业是一首诗。"我们的恩师的生命，也像是一团燃烧的火、一曲雄壮的歌、一首优美的诗。×老师在人生的旅程上，风风雨雨，历经沧桑××载，他的生命，不但在血气方刚时喷焰闪光，而且在壮志暮年中流霞溢彩。老师的一生，视名利淡如水，看事业重如山……回想——恩师当年××播春雨，喜看——桃李今朝九州竞妍丽。

现在，我提议，首先向×老师敬上三杯酒。第一杯酒，祝贺×老师华诞喜庆；第二杯酒，感谢老师恩深情重！您辛苦了！第三杯酒，衷心地祝愿恩师增福增寿增富贵，添光添彩添吉祥！干杯！

朋友生日祝酒词

【场合】生日宴会。

【人物】寿星、三五好友。

【致词人】挚友。

【妙语如珠】没有朋友的生活犹如一杯没有加糖的咖啡，苦涩难咽，还有一点淡淡的忧愁。

亲爱的朋友们：

大家晚上好！

踏着金色的阳光，伴着优美的旋律，我们迎来了××的生日，在这里我谨代表各位好友祝××生日快乐，幸福永远！

烛光辉映着我们的笑脸，歌声荡漾着我们的心潮。在这个世界上，人不可以没有父母，同样也不可以没有朋友。没有朋友的生活犹如一杯没有加糖的咖啡，苦涩难咽，还有一点淡淡的忧愁。因为寂寞，因为难耐，生命变得没有乐趣，不复真正的风采。

朋友是我们站在窗前欣赏冬日飘零的雪花时手中捧着的一盏热茶；朋友是我们走在夏日大雨滂沱

中时手里撑着的一把雨伞；朋友是春日来临时吹开我们心中冬日郁闷的一丝微风；朋友是收获季节里我们陶醉在秋日私语中的一杯美酒。

日月轮转永不断，情若真挚长相伴。今晚的聚会充满了浓浓的情意，相信在座的每一位朋友永远都不会忘记。来吧，朋友们！让我们端起芬芳醉人的美酒，伴着轻快的音乐，为××祝福！祝他事业正当午，身体壮如虎，金钱不胜数，干活不辛苦，悠闲像老鼠，浪漫似乐谱，快乐莫他属！同时，愿这个美好的夜晚给所有的来宾带来欢乐和祝福，愿我们的友谊长存。干杯！

室友生日祝酒词

【场合】大学寝室生日聚会。

【人物】寿星、同学。

【致词人】寿星。

【妙语如珠】今生我们有缘相聚，是前世修来的福分，同学之间的情谊，将是我们一辈子最宝贵的财富。

各位兄弟：

　　大家晚上好！

今天是我大学以来度过的第一个生日。每过一个生日，就意味着长大了一岁，也成熟了一岁。今天很高兴能和大家一起在寝室里度过××岁的生日。作为离家在外的第一个生日，此次生日显得格外特别，能和你们一同度过，我的内心感到非常的温暖。在这里，我先谢谢各位了。

现如今，许多同学都对生日这个具有特殊意义的日子十分重视，他们喜欢召集几十个同学好友隆重地庆祝一番。这样虽然很热闹，但是场面和花销都是很惊人的，这对于仍作为消费者的我们，未免不太合适。这次生日，各位同学都想帮我找个地方好好地庆祝一下，对此，我十分感动，但是我觉得还是勤俭一点比较好，左思右想，便决定在寝室里举行这次生日宴会。在寝室里，兄弟姐妹们合围而坐，在昏暗的灯光下嗑瓜子、聊聊天，还可以上网一同围坐看看电影，别有一番情趣与滋味，而且显得更有意义。就这样，这个别具一格的小型生日宴会就在大家的共同努力之下召开了。

纵有千古，横有八荒，我们从祖国的五湖四海相聚在一起，共同追求我们对知识和学业的梦想。我们首次离家在外，对家乡具有浓浓的思念，正是相互之间的温暖，使我们不再有异乡的漂泊感，使我们即使离家千里，依然能够感受到家的气息。今生我们有缘相聚，是前世修来的福分，同学之间的情谊，将是我们一辈子最宝贵的财富。

作为今晚的寿星，我衷心地感谢各位同学的光临，感谢你们送来的祝福，感谢你们一直以来的关心和爱护。就让我们彼此共同祝愿：愿学业有成，愿朝气蓬勃，愿我们的友谊天长地久。让我们以茶代酒，干杯！

网友生日祝酒词

【场合】生日聚会。

【人物】寿星、网友。

【致词人】网站负责人。

【妙语如珠】美丽的礼堂充满了温暖的色调，缀满了温馨的烛光。希望今晚这充满了浓浓的情义的爱的暖流，可以化为最真诚而美好的祝愿，带给我们的××女士一个温馨而欢乐的生日。

尊敬的各位来宾、朋友们，亲爱的女士们、先生们：

大家晚上好！

欢迎各位来到××网站。今天，我们为了一个特别的目的欢聚在一起，共同庆祝我们的朋友，同时也是我们网站的老会员××女士××周岁的生日。在这里，我首先代表××网站的全体工作人员，向××女士致以最衷心的生日祝愿，祝你生日快乐！同时，我也代表所有的工作伙伴们，向今天前来光临的所有朋友们，表示最热烈的欢迎和最诚挚的谢意！

今夜星光灿烂，今夜宾朋满座。在这美丽的夜色下，××女士迎来了她生命的第××个春秋。我们欢聚在××网站，带着甜蜜、带着微笑、带着温情、带着祝福，共同为××女士庆祝这个令人难忘的生日。这个生日宴会有点特别，光临现场的都是因为××网站而结缘的朋友们。我们通过这个网站而相识，相知，彼此之间逐渐建立起了兄弟姐妹般的深厚情谊。在座的朋友们有些可能还互不相识，希望借着××女士生日这个特别的契机，你们能够增进交流，增进友谊，共同融入我们这个大家庭中。

今晚宴会的现场，是我们的几位网友自告奋勇进行布置的，美丽的礼堂充满了温暖的色调，缀满了温馨的烛光。希望今晚这充满了浓浓的情义的爱的暖流，可以化为最真诚而美好的祝愿，带给我们的××女士一个温馨而欢乐的生日。

在如同钢铁森林般的城市中，我们靠着相互之间的信任来寻找温暖。虽然我们之前素不相识，仅仅是萍水相逢，然而共同的追求和共同的愿望使我们分享了相互之间的情谊，相互之间的温暖，在这个陌生的城市中寻找到了家的关怀。××女士，在今天这个特殊的夜晚，希望你能够真切地感受到朋友们对你的爱与关怀。让我们点燃生日蛋糕上的蜡烛，开启香槟美酒，高举酒杯，伴着深情而悠扬的祝福，齐声高唱：祝你生日快乐！天天快乐！永远快乐！

老同学生日祝酒词

【场合】生日晚宴。

【人物】寿星、老师、同学。

【致词人】某同学。

【妙语如珠】把祝福串成一首诗，串成一曲旋律，开创一片温馨的心灵绿地，让美丽的夜色，来到我们中间，让温馨的祝福，送至你的心间！

尊敬的老师，亲爱的同学们：

大家晚上好！

今天我们欢聚在××大饭店，共同祝贺我们的老同学××先生××岁生日。首先，我代表寿星及其全家向远道而来的老师、同学们表示热烈的欢迎和真诚的感谢。同时我也代表××级全体同学和朋友们向寿星表示最真挚的祝福：祝××同学生日快乐、万事如意！

这一天，因为你的降临成了一个美丽的日子，从此世界便多了一抹诱人的色彩。在这个祥和、喜悦的生辰纪念日，让我们衷心地说一声：谢谢你给我们带来那么多快乐，谢谢你对待老师、同学、朋友的一片真心。梦境会褪色，繁花也会凋零，但你曾拥有过的，将伴你永存。花絮飘香，细雨寄情，在这花雨的季节里，绽放出无尽的希望，衷心祝福你梦想成真！ 今晚有了你，星空更加灿烂；今晚因为你，××大饭店更加温暖；今晚因为你，××大饭店显得更加祥和。愿清晨曙光初现，幸福在你身边；中午艳阳高照，微笑在你心间；傍晚日落西山，欢乐在你旁边。

今晚，是一个不眠的夜晚；今晚，是一个欢呼的夜晚。朋友们，我们一起用微笑欢度这个欢快的夜晚。同学、朋友的祝福，如朵朵小花开放在温馨的季节里，为你点缀欢乐四溢的佳节。让这温馨的气息、恬静的氛围编织你快乐的生活。

让我们共同举杯，在淡雅温馨的夜里，深深地祝福寿星——我们的老同学××先生开心永远，平安如意。艳丽的鲜花，闪烁的烛光，敬祝你生日快乐，永远年轻。把祝福串成一首诗，串成一曲旋律，开创一片温馨的心灵绿地，让美丽的夜色，来到我们中间，让温馨的祝福，送至你的心间！也祝在座的各位一帆风顺，二龙腾飞，三阳开泰，四季平安，五福临门，六六大顺，七星高照，八方来财，九九同心，十全十美。干杯！

老战友生日祝酒词

【场合】 生日宴会。

【人物】 寿星、亲朋好友。

【致词人】 战友。

【妙语如珠】 回想起那一段激情燃烧的岁月，我们都禁不住感慨万千。如今走入了和平年代，我们之间的兄弟情谊却历久弥新，没有一丝一毫的减损。

尊敬的各位来宾朋友们：

大家晚上好！

××同志是我们的老战友，今天是他70岁的生日，也是我们值得庆贺的重要日子。在这里，我谨代表全体战友祝福××同志寿诞快乐、吉祥如意！

××同志，你一直是我们的好战友、好同志。在我们中间，你的枪法最精准、学识也最渊博。你严于律己，亲切待人。在多年的军旅生涯中，你一直都像我们的大哥哥，总是无微不至地关心和爱护着我们，使远离家乡的我们感受到了家的温馨。

回首那个战火纷飞的年代，千头万绪涌上心头。当时的我们从祖国的大江南北走到一起，建立起了兄弟般的深厚情谊。我们同生死、共患难，一同为解放祖国的伟大事业抛头颅、洒热血。当时的条件万分艰苦，终日食不果腹，我们正是靠着相互间的鼓励，以及对祖国共同的热爱才坚持走到了最后。有人说，战友之间的感情是最深厚的，难道不是么，我们是患难与共的好兄弟。我们在艰苦卓绝的岁月里一路走来，我们共同经历了祖国的盛衰荣辱，一同见证了新中国的伟大复兴。回想起那一段激情燃烧的岁月，我们都禁不住感慨万千。如今走入了和平年代，我们之间的兄弟情谊却历久弥新，没有一丝一毫的减损。

这些年来，我们各自为事业和家庭奔忙，旅途的遥远更是造成了聚少离多。今天是你的生日，我们借着这个机会再次相聚，聊聊往事，话话家常，倍感温馨。如今我们的年纪都大了，不再像年轻时那样有用不完的精力。我很了解你的个性，你总是闲不下来，只要还有一丝的光和热，就要奉献给家庭，奉献给社会。我希望你能放下肩头的担子，好好安享你的晚年。还未完成的心愿，就让年轻人们去拼、去闯、去继承吧。

在你70岁寿辰来临之际，我还想对你说：健康是享受真正幸福的第一要素，请你放下心中的包袱，开开心心地去面对生活的每一天。你的健康是全家人的心愿，也是我们大家共同的心愿。

最后，我再次代表各位战友，祝你福如东海长流水、寿比南山不老松！

知青集体生日祝酒词

【场合】知青生日宴会。

【人物】领导、知青。

【致词人】×领导。

【妙语如珠】你们是不折不挠的一代：你们曾经用辛勤的汗水催绿了这里的山山水水；你们曾经用彻夜的不眠去补习文化、提高素养；你们用辛勤的工作去应对文凭、专业以及年龄为你们设置的种种障碍。

亲爱的朋友们：

大家好！

今天是×××年××月××日，我们在这里共同为30年前下乡的知青们庆祝生日。让我们首先祝福他们生日快乐、身体健康、合家幸福。同时，我也代表主办方向在座各位的光临表示热烈的欢迎和衷心的感谢。

30年前，诸位知青还正当年少，他们怀着勃勃的热情，充分响应祖国的号召，一颗红心，两种准备，离开自己生活多年的家乡，到祖国的各地安了家。

当年的他们怀抱着热烈的赤子之心，祖国哪里需要他们，他们就到哪里去。背上行囊，奋勇向前，无论生活多么艰辛、条件多么恶劣，他们从来不退缩，不抱怨。以他们青春的汗水和热血，为祖国的建设作出了巨大的贡献。

如今，当年到我市下乡的知识青年已经到了天命之年，他们有的在这里安家落户，有的则回到了自己的家乡。今天，我们大家重新聚在一起，圆了多年来相聚的愿望，共同庆祝知青们的生日。亲爱的知青们，你们如今回到自己曾经奋斗过的地方，看到当年破败的村庄，如今已是高楼大厦，一定会倍加激动和欣慰吧。

30年了，你们没有忘记××市的一山一水、一草一木，没有忘记曾经战斗和生活过的这片神奇的土地和人民。你们是不折不挠的一代：你们曾经用辛勤的汗水催绿了这里的山山水水；你们曾经用彻夜的不眠去补习文化、提高素养；你们用辛勤的工作去应对文凭、专业以及年龄为你们设置的种种障碍。

逝去的往事如今都已化成最美好的回忆，你们共同葆有着那一段最为珍贵的无悔记忆、青春年华。你们用坚韧和执着书写着自己的人生，同时也踏着更为坚定的步伐昂首走向未来。今天，我们再一次相聚，让我们为无悔的青春，为胜利的喜悦，也为在座各位的幸福安康，干杯！

属相祝酒词

相术是一门学问，是经过多少代沉淀下来的宝贵财富。子鼠、丑牛、寅虎、卯兔、辰龙、巳蛇、午马、未羊、申猴、酉鸡、戌狗、亥猪，十二生肖的背后个个都有故事讲，性格特征、人生运势、事业、爱情、家庭、金钱、为人处世、缺点等都有一套有章可循的定律。

每个宝宝于何年出生决定他属于何种属相，也就是说对应一个属相特征。俗话说，宁可信其有，不可信其无。在宝宝生日宴会上，如能旁征博引相术的种种"定律"，将宝宝的属相与未来做一番宏伟展望，无不成为整场宴会的点睛之笔。另外，妙用与属相有关的成语、歇后语、谚语等，如"龙马精神""力壮如牛""虎背熊腰"等，在生日宴会上对宝宝的面相、精气神、毅力等给予肯定与夸奖，同时提出对宝宝的期望，展望宝宝的未来。这样既打动宝宝的父母亲，也令在场宾朋印象深刻。

最后，祝词人应祝福宝宝并表达自己对宝宝的爱，感谢亲朋好友的关照。

鼠年生宝宝生日宴祝酒词

【场合】生日宴会。

【人物】小寿星及其父母、亲朋好友。

【致词人】宝宝的父亲。

【妙语如珠】其实人生就是这样，有苦有甜，有快乐有悲伤，有释怀也有迷茫。我想在座的各位都能深深体会人生幸福的来之不易，也都认真地总结过这幸福背后的深刻含义。

各位来宾、各位亲友，女士们、先生们、朋友们：

大家中午好！

今天是我家宝贝××一周岁的生日，小家伙还从未一下子见到这么多的亲朋好友，在这里，我代表一家三口，对各位亲朋好友的到来表示衷心的感谢和热烈的欢迎！

回首过去的一年，我心里有太多的感触。自从宝宝出生，我一边上班，一边伺候老婆，一边照顾孩子，没睡过一个好觉，没得到过一刻的清闲。但在这一年里，我体会到了做父亲的幸福，感受到了生活的充实，更体味到了家的含义。虽然辛苦，但倍感幸福，值了！

宝宝属鼠，《十二生肖》中写道：属鼠的人的精明、灵气、冷静、机警、有远见，喜好提问，独具慧根，有敏锐的观察力，记忆力超群；遇到困难能乐观对待，并利用机智解决问题，渡过难关。宝宝，在爸爸的心目中，你永远是最棒的！爸爸希望你长大后能以超群的智慧显现于众，精心规划自己的人生，实现自己的梦想！

看见宝宝一天天长大，我心里有说不出的高兴，常言道人逢喜事精神爽，现在无论做什么事我都精力十足。

在这难忘的日子里，我要特别感谢一个人，三百六十五个日日夜夜，她才是最辛苦的人，她——就是我贤惠善良的妻子××。自从有了孩子，妻子辞去工作，专心照顾宝宝。在她的精心呵护下，宝宝长得白白胖胖，健健康康。除此之外，妻子还要料理家务，每天为我准备早餐。对于妻子，我有太多的感动和感激，今天，借着宝宝的生日宴，我将心中埋藏已久的话说出来："老婆，你辛苦了！过去的一年让我深刻意识到，家里没有你万万不行。老婆，你是我和孩子的精神支柱，我和孩子永远爱你。"

其实人生就是这样，有苦有甜，有快乐有悲伤，有释怀也有迷茫。我想在座的各位都能深深体会人生幸福的来之不易，也都认真地总结过这幸福背后的深刻含义。今天是我儿子的周岁生日，借此机会，我把我们全家所有的祝福送给大家，祝愿各位家庭美满、事业顺心、生活幸福。谢谢！

牛年生宝宝生日宴祝酒词

【**场合**】生日宴会。

【人物】小寿星及其父母、亲朋好友。

【致词人】宝宝母亲。

【妙语如珠】尽管现在对小宝贝说什么话都仿若是在"对牛弹琴"，但看着他忽闪忽闪的大眼睛，从那里读到的是孩子特有的天真纯净，一种从未有过的幸福感总能传遍全身。

各位来宾、各位亲友，女士们、先生们：

大家中午好！

转眼之间，一年过去了，我家的宝宝××已满一岁。一年前，我和×× 初为人母，初为人父，对于我俩来说，算是碰到难题了。××，属牛，别看小家伙还小，可是他属牛的倔脾气绝不输人，每天都会大哭大闹几次，我们没有一天能休息好。不但如此，小家伙还影响了邻居们的休息，在此，我代表全家对各位邻居表示歉意，并谢谢大家这一年来对我们的体贴和关照！ 同时，我代表一家×口人对各位亲朋好友的到来表示热烈的欢迎，对你们带来的祝福表示衷心的感谢！宝宝会在你们的祝福下，茁壮成长！

这一年来，宝宝打乱了我们的正常生活，原本井井有条的日子被完全打破，生活的节奏一下子变得混乱起来。要说感触最深的，非睡眠莫属了，我们以往的作息时间全部打乱，可以说是儿子什么时候睡，我和丈夫也跟着什么时候休息，有时一晚上还会醒来好几次。当然，还有一个巨大的变化，就是老公经过这一年的磨炼已经会做饭，会洗衣，会疼人了，在这里，我要对我亲爱的老公由衷地说一声："老公，你辛苦了！"但话又说回来，为了能把这只"小牛"抚养成人，我们再苦再累也无怨无悔！尽管现在对小宝贝说什么话都仿若是在"对牛弹琴"，但看着他忽闪忽闪的大眼睛，从那里读到的是孩子特有的天真纯净，一种从未有过的幸福感传遍全身。

我已经为宝宝制订了一系列开发计划，希望我的宝宝能快快长大，成为一个响当当的人物，成为爸妈的骄傲。

借儿子的周岁生日这个机会，

我也把我们全家所有的祝福送给大家，希望各位能一生一世享受在幸福之中，并祝各位身体健康、工作顺利、合家欢乐、万事如意！请我们共同举杯，为宝宝的茁壮成长，干杯！

虎年生宝宝生日宴祝酒词

【场合】生日宴会。

【人物】小寿星及其父母、亲朋好友。

【致词人】母亲的朋友。

【妙语如珠】愿宝宝能像小老虎掀门帘——经常给咱们露一手，要像绝壁上的爬山虎——敢于攀高峰，愿宝宝拥有溢彩的岁月、璀璨的未来、绿色的畅想、金色的梦幻！

各位来宾、各位亲友，女士们、先生们：

大家晚上好！

作为××最要好的朋友，看到她现在拥有这么漂亮乖巧的宝宝，我真的替她感到由衷的高兴！祝贺你，××！在此，我也要特别感谢××的丈夫××，他在婚礼上对××许的诺言一一实现，我从××

的脸上看到了幸福，读到了你们的爱情！谢谢你给我的好姐妹带来的幸福！同时我代表他们×口之家对各位的光临表示热烈的欢迎和真诚的感谢。

××宝宝，今天是××月××日，是你一周岁的生日，阿姨，特地给你送来香甜的蛋糕，祝愿你生日快乐、美梦成真、吉祥如意！

我和××是挚友，是知己，一起上学，一起找工作，一起快乐，一起悲伤，在别人的眼里我俩早已成为形影不离的好朋友。身为好朋友，我是××幸福的见证人！我见证了××与××的相识、相知、相爱，见证了他们走入婚姻殿堂的神圣时刻，见证了他们爱情结晶诞生的温馨时刻。还记得去年这个时候，当我在产房里第一次看到这个虎宝宝时，我激动的心情不能用语言来表达！宝宝拥有白皙的皮肤，浑圆的脸蛋，水汪汪的大眼睛，两只小拳头还紧紧握着，小嘴喷喷有声，我当时就跟××说，孩子长大后肯定是一个漂亮的公主！

生肖分析上说这种属相的宝宝往往有魄力，拥有动人的风韵，天生丽质，人见人爱，富于正义感，男性外刚而内柔，女性则外柔而内刚，具有组织才能，富于发明，有革命性的开拓精神，热心公益，等等，××宝宝将来一定巾帼不让须眉！

在这里，我要送去对宝宝的期望，希望宝宝拥有虎的勇敢、虎的威武、虎的坚强、虎的霸气、虎的力量，愿宝宝能像小老虎掀门帘——经常给咱们露一手，要像绝壁上的爬山虎——敢于攀高峰，愿宝宝拥有溢彩的岁月、璀璨的未来、绿色的畅想、金色的梦幻！祝愿宝宝在今后的人生中，永远拥有清澈的蓝天、丰收的大地、多彩的生活、美丽的花季！

××，恭喜你们能有一个这么可爱乖巧的女儿，祝愿你们可爱的小天使、我们大家心中的小精灵，生日快乐、一生幸福、健康平安！

来吧！朋友，让我们高举酒杯，为这个幸福的家庭，干杯！为我们的美好未来，干杯！

兔年生宝宝生日宴祝酒词

【场合】生日宴会。

【人物】小寿星及其父母、亲朋好友。

【致词人】母亲。

【妙语如珠】在我心里，她的呵呵傻笑，比天堂唱诗班里天使的歌声还优美；她的哭闹，比马赛曲还激昂；而她的一颦一笑，更是将我整日整夜的思绪紧紧相牵。

尊敬的各位长辈、各位来宾、各位亲友：

大家晚上好！

在我女儿××生日之际，我代表一家三口对各位的光临，对各位送来的礼物和带来的祝福表示衷心的感谢，谢谢你们！

此时此刻我有很多话想对女儿说，只是担心她听不懂。但今天，在这个特殊的日子里，我要当着所有亲朋好友的面，对我的宝宝说，××，你是爸妈的骄傲，爸妈永远爱你！

女儿属兔，到今天已经整整两岁了，看她那可爱的小模样，皮肤白白嫩嫩，眼睛大而有神，冰雪聪明，邻居夸××，说她是月宫里玉兔下凡，越看越漂亮。我也不谦虚了，谢谢大家的夸奖了！记得上次看属相分析，说属兔的人喜爱祥和舒适的生活，因此在平和的环境之下越能发挥其优雅的气质，喜好文化艺术，特别是文学。说起爱好文学，女儿现在就有些表现了，在她又哭又闹的时候，我读读童话故事，她就安静下来，我很是奇怪，也许这就叫天赋吧。等她再大些，我会重点培养她学习文学，希望宝宝将来成为一个文才出众、才华横溢的人。

在我心里，她的呵呵傻笑，比天堂唱诗班里天使的歌声还优美；她的哭闹，比马赛曲还激昂；而她的一颦一笑，更是将我整日整夜的思绪紧紧相牵。生活上有再多的困难，再多的烦恼，我只要一看到女儿，一切都烟消云散了。我相信这里所有的父母都有此感受，否则也没有含到嘴里怕化了，捧在手里怕摔了的溺爱。当然我绝不会溺爱××，希望她做个有思想、独立性强的女孩！也希望各位亲朋好友给我传授教育经验，感激不尽！

这两年，我体会到了做母亲的光荣与幸福，也感受到了做母亲的辛苦，更感悟到了身为母亲的使命。在接下来的岁月中，我会尽心尽力，把我的女儿养育成人，让她做一个对社会有用的人！

在此，请大家共同举杯，祝我女儿二周岁生日快乐！并衷心祝愿大家身体健康、工作顺利、万事如意！干杯！

龙年生宝宝生日宴祝酒词

【场合】生日宴会。

【人物】小寿星及其父母、亲朋好友

【致词人】宝宝的爷爷。

【妙语如珠】回想起去年的××月××日，我现在还能感受到那份欣喜，当我把××抱在手中的时候，第一次体会到了当爷爷的幸福！

各位来宾、各位亲友，同志们：

大家晚上好！

今天是我小孙子××一岁生日的大喜之日，这小家伙就喜欢热闹，看，又嘿嘿笑呢，想必是向大家打招呼！在这里，我代表全家感谢各位亲朋好友的光临，向各位带来的祝福与礼物表示衷心的感谢！

自××出生以来，我就觉得自己好像年轻了不少，做什么事情都精力十足，也总喜欢在众人面前显摆显摆小孙子，尤其对我孙子的属相赞不绝口。不知大家听出来没有，小孙子××之所以叫这个名字，也是和他的属相有关，说到这里，我就在这里给大家讲讲龙这个属相的故事。

古代相术上记载，大多数属龙的人，人品高，刚毅，有强烈的上进心，遇到困难时，绝对不会轻易妥协放弃，气宇不凡，有着大富大贵的命运。口说无凭，纵观中国几千年历史，许多帝王，例如明朝开国皇帝朱元璋、名将马超、名相班超等都出生于龙年，由于他们具有属相龙的特质，再加上自身努力，终于成就了一生的伟业。但是，如果仅仅抱着碰运气、等运气的态度，再好的属相也没用，所以，我和孩子的爸妈设计好了培养方案，只希望孩子快快长大，为我×家争光耀祖。

回想起去年的××月××日，我现在还能感受到那份欣喜，当我把××抱在手中的时候，第一次体会到了当爷爷的幸福！转眼间，一年过去了，××已经有足足×公斤重，×公分高了，现在小孙子能叫我爷爷了，每次听他说，心里都美滋滋的。我希望小孙子快快长大，将来成为对社会有用的人，为爸妈，为爷爷奶奶争光！今天前来的各位都是我们家最尊贵的客人，希望大家吃得尽兴，喝得尽兴，玩得尽兴！在此，我也衷心地祝愿各位工作愉快、家庭幸福、万事如意！

在这个欢庆的时刻，我也喝上一杯，来，各位亲朋好友，让我们举杯，为××一岁的生日，干杯！愿他天天快快乐乐，茁壮成长！

蛇年生宝宝生日宴祝酒词

【场合】生日宴会。

【人物】小寿星及其父母、亲朋好友。

【致词人】宝宝的父亲。

【妙语如珠】人逢喜事精神爽，月到中秋分外圆！

尊敬的各位来宾、各位亲友，女士们、先生们：

大家晚上好！

118

俗话说，"人逢喜事精神爽，月到中秋分外圆！"今天是我们全家最为开心的时刻，这不仅仅是因为我的女儿迎来了周岁生日，更为重要的是能有这么多亲朋好友前来捧场和我们在这个月圆之夜举杯把盏、共度良宵，实在是人生一大乐事。在这个幸福的时刻，我代表全家祝各位亲朋好友中秋节快乐，对各位的到来表示衷心的感谢！

现在我的生活并没有因为女儿的降临而手忙脚乱，相反，倒是感受到了前所未有的充实和幸福，也许这就是当父亲的骄傲吧！面对我拥有的这些幸福，我要特别感谢我家的功臣——老婆。在这里，我要对老婆深深地说一句："老婆，你辛苦了，我会永远爱你，疼你！咱们一起好好培养我们的女儿。"此外，我还要感谢我的女儿，感谢她给我带来的如此惬意的生活。

现在宝宝还小，等她长大，我们会根据她的个人爱好和兴趣去给予积极引导，希望她能靠自己的能力，走出一片属于自己的天地，到那个时候，再邀各位前来共庆。

最近，电视上又在放映那部耳熟能详的根据民间传统故事改编的电视连续剧——《新白娘子传奇》，我又禁不住诱惑，重新看了一遍，再一次被其中所蕴含的真爱和那份醉人的执着打动，故事的女主角白素贞，虽真身是条白蛇，但她本身没有丝毫的邪恶，有的仅仅是对真爱的执着，对正义的维护，这种精神被人深深的钦佩和赞誉。我的宝贝女儿于×××年××月××日生，属蛇。相比别的宝宝，她很听话，不哭闹，这点让我们夫妻俩省心不少。记得上次在网上看到，属蛇的人性格文雅细腻、诙谐，具有周密的思考力，立定志愿后必定勇往直前，坦诚，智商高，具有审美感，是个艺术天才。属蛇的人有这么多优点，好期待女儿快快长大！希望她能拥有白娘子的美丽和善良，拥有白娘子身上的优秀品质，更希望她能做一番轰轰烈烈的事业，敢爱敢恨，追求自己的梦想。

不好意思，说到女儿总是有说不完的话，希望今夜，大家玩得尽情，吃得尽兴。现在我提议，让我们共同举杯，祝我的女儿早日成才，祝各位身体健康，万事如意！干杯！

马年生宝宝生日宴祝酒词

【场合】生日宴会。

【人物】小寿星及其父母、亲朋好友。

【致词人】宝宝的父亲。

【妙语如珠】虽然在照顾宝宝的过程中有些辛苦，但更多的是享受宝宝带来的快乐。当听到他咿咿呀呀之声，当看到他憨憨笑容之时，当他伸出两手让我抱抱时，幸福的感觉漫过全身。

尊敬的各位来宾、各位亲友，女士们、先生们：

大家晚上好！

一年前的今天，我荣升为父亲，一年后的今天我以父亲的名义，邀请各位亲朋好友共庆宝宝一周岁的生日。首先，我代表×家族向各位的到来表示热烈的欢迎，并对大家送来的礼物表示衷心的感谢！

×××年××月××日××分××秒，当孩子降临的那一刻，当我抱着这个刚出生的小生命的那一刻，当我握着他小手的那一刻，我告诉自己，"我做父亲了"。

别看宝宝小，他简直就是窝里的马蜂——不是好惹的。他该睡觉的时候不睡，哭闹的时候无论我们怎么逗他都无济于事。虽然在照顾宝宝的过程中有些辛苦，但更多的是享受宝宝带来的快乐。当听到他咿咿呀呀之声，当看到他憨憨笑容之时，当他伸出两手让我抱抱时，幸福的感觉漫过全身。

宝宝属马，所以说今晚的生日宴会可说是骑马背包袱——全在马身上了。借此机会，我来谈谈属马人的性格。这个属相的人往往豪爽，活泼，推断力强，头脑灵活，机智，迅速，对任何事都很坦率，正直，并且有极好口才。浑身充满活力的马，喜欢在充满挑战的社会中闯荡，永远静不下来，总是以飞快的速度过生活。这样的人不仅事业心强，宜于把握商机，而且交友广阔，与他人相处十分融洽。另外，我们中国人所崇尚的民族精神——龙马精神，就是一种奋斗不止、自强不息、进取向上的精神，这里的龙马指的是仁马，作为炎黄子孙的化身，它不仅代表了华夏民族的主体精神，而且还具有神采俊逸、潇洒昂扬的形象，希望儿子能秉承这种精神，追寻自己的梦想！

今天举行此次宴会就是希望能和大家一同分享哺育子女的辛酸和快乐，并希望能从各位身上学到宝贵的教育经验。在此，我先致以诚挚的谢意！

最后，祝愿××宝宝在今后的人生道路上，一马平川、一马当先、一帆风顺！让我们共同举杯，一起为宝宝一周岁的生日，干杯！

羊年生宝宝生日宴祝酒词

【场合】生日宴会。

【人物】小寿星及其父母、亲朋好友。

【致词人】宝宝的父亲。

【妙语如珠】我怀着一种既激动又紧张的心情等待着宝宝的降临，上天保佑他们母女平安，在××点我的小宝贝降生了！全家充满了浓浓的幸福感，在每个亲朋好友的心里撒上了灿烂和辉煌。

尊敬的各位来宾，女士们、先生们、朋友们：

大家晚上好！

今天是我家小公主××一周岁的生日，首先，我祝福我的宝宝生日快乐，希望她茁壮成长，早日成为一名亭亭玉立的少女。同时，我代表我们全家，谢谢各位在百忙之中抽身前来道贺，并对各位的到来表示热烈的欢迎！

时光飞逝，转眼之间一年过去了。××与刚出生相比，高了，胖了！现在的小公主，身高××厘米，体重××斤，医生说个子中上，体重中等，发育正常。虽然宝宝现在还不会独自走路，可已经会说很多话了，什么妈妈，爸爸，爷爷，等等，看着我家宝贝正在茁壮成长，我心里有着说不出的欣喜。去年的××月××日，我怀着一种既激动又紧张的心情等待着宝宝的降临，上天保佑他们母女平安，在××点我的小宝贝降生了！全家充满了浓浓的幸福感，在每个亲朋好友的心里撒上了灿烂和辉煌。谢谢你，小宝贝！

我家宝宝属羊，她的皮肤可谓

洁白如瑕、晶莹剔透、白里透红，可谓是个人见人爱的大眼睛、双眼皮的白雪公主。为了记录宝宝美好的人生时刻，特举行这个生日party，也为了感谢各位亲朋好友长久以来对我们的关照，我们特别向前来道贺的人准备了一份精美的小礼物，是手工做的小羊羔娃娃。众所周知，在中华民族传统文化中，羊象征着吉祥如意，在古代文字中，也有以"羊"代"祥"的先例，比如古器物上的铭文将"吉祥"多作"吉羊"便是最好的例证。作为家畜，羊也是深受人们的喜爱，作为生肖，属羊的人不乏文人学者，仁人志士，富豪巨商。我想这多少与属羊柔和而稳重，有深厚的人情味，重仁义，具有细腻的思考力，有毅力的个性有关。我希望借着这个小小的礼物，祝各位亲朋好友吉祥如意，幸福万年长！

在这喜庆的日子里，愿我的小公主在今后的日子里，无论学习还是生活，都能继承我们×家族好的家风，一生平安，幸福，快乐！

来，让美酒漫过酒杯，为小公主的一周岁生日，干杯！

猴年生宝宝生日宴祝酒词

【场合】生日宴会。

【人物】小寿星及其父母、亲朋好友。

【致词人】宝宝的阿姨。

【妙语如珠】有句歇后语说，孙猴子跳出水帘洞——一切好戏在后头，阿姨相信，××，永远都是最棒的，所有亲朋好友都会看着你长大，看着你成功，都会给你鼓励与支持。

尊敬的各位来宾、各位朋友：

大家晚上好！

今天是我可爱外甥××一周岁的生日，欢迎各位亲朋好友的到来，感谢各位送来的礼物与祝福，谢谢你们！我这个做阿姨的要郑重其事的在这里向我人见人爱、聪明伶俐的小外甥送上一份生日的祝福，祝××宝宝，天天快乐，一生幸福，生日快乐！

站在这里，我的眼睛总是不由自主地望向那个小家伙，他实在太调皮了！想想我姐姐在怀孕的时候，这小家伙就不是个老实的主儿，一猜就是个调皮聪明的小子。记得××刚出生时就足足有×公斤重，生性好动。为了好好呵护小宝贝，我们一家人天天围着××转，姐姐，姐夫，爸爸，妈妈，齐上阵，可是谁也哄不了，他一会儿哭，一会儿闹，总之，没有让人消停过一会儿。这也许与他属猴有关，我在书上看到属猴的人大多幽默机智，他能以处事不变的态度悠闲自在地生存在险恶的环境中，并在遇到困难的时候化险为夷。而他的小小的优越感不仅常常让他克服困难，甚至可帮助他脱离险境。另外，他们往往活泼、才能常超越人群，人缘好，处事敏捷，自信心强，手脚灵活，善于模仿，开放，性格宽厚。这还真的挺像外甥的个性！

××带给我们的更多的是快乐，他使姐姐和姐夫更加幸福、恩爱，爸爸妈妈的生活也更加充实，俩人每天眼里就只有小孙子了，我呢，更是觉得干什么事都有劲，精力充沛，活力四射，好像是小家伙感染了我似的。

有句歇后语说，孙猴子跳出水帘洞——一切好戏在后头，阿姨相信，××，永远都是最棒的，所有亲朋好友都会看着你长大，看着你成功，都会给你鼓励与支持。

最后，让我们共同举杯，祝××生日快乐，祝各位亲朋好友身体健康，合家欢乐，万事如意！干杯！

鸡年生宝宝生日宴祝酒词

【场合】生日宴会。

【人物】小寿星及其父母、亲朋好友。

【致词人】父亲的朋友。

【妙语如珠】看着挂满小动物的×××大厅，我仿佛又回到了充满童趣的昭昭岁月，在这个喜气袭人的大厅内，我们欢聚一堂，共同庆祝××小宝宝一周岁生日。

尊敬的各位来宾、各位朋友，女士们、先生们：

大家晚上好！

看着挂满小动物的×××大厅，我仿佛又回到了充满童趣的昭昭岁月，在这个喜气袭人的大厅内，我们欢聚一堂，共同庆祝××

小宝宝一周岁生日。首先，请允许我代表大家向孩子家人的这次盛情邀请表示衷心的感谢！并祝愿×××宝宝生日快乐！

我和孩子的爸爸××可算是铁哥们，打小一起长大，见证了他和××的甜蜜婚姻，见证了××做爸爸的幸福时刻。记得去年这个时候，当××第一时间告诉我他当爸爸的喜讯时，我迅速赶到医院，看到宝宝的那一刻，我真替××感到高兴！小宝宝，集中了父母的优点，皮肤白白净净，鼻子挺挺的，眼睛水灵灵的。宝宝属鸡，就不得不让我想到这句歇后语，鸡公头上的肉——将来准是个官！××宝宝将来一定是一位聪明伶俐、英俊潇洒、思维敏捷、勇敢坚强的好男儿。

在有关相术的书上看到，属鸡的人往往对任何事情都充满好奇、时时在寻找新鲜事物，并且讨厌一成不变的生活，喜欢与众不同、梦想远大，表现力强，观察力强，为人温和，谦虚而谨慎，有强烈的经济观念。我希望宝宝长大后具有以上所有优点，成为一个有理想、有抱负、有能力的人。

现在，让我们举杯，衷心祝愿这个美满幸福的家庭，年年兴旺、日日和睦、时时快乐、刻刻平安！也祝愿大家生活幸福美满，事业顺心，万事如意！干杯！

狗年生宝宝生日宴祝酒词

【场合】生日宴会。

【人物】小寿星及其父母、亲朋好友。

【致词人】主持人。

【妙语如珠】在这个欣欣向荣的季节里，我们迎来了××小宝贝一周岁的生日，各位×家的亲朋好友欢聚一堂，其乐融融，真是"鹊唱晨祝周岁喜，家欢风送众亲临！"

尊敬的各位来宾、各位朋友，女士们、先生们：

大家晚上好！

在这个欣欣向荣的季节里，我们迎来了××小宝贝一周岁的生日，各位×家的亲朋好友欢聚一堂，其乐融融，正是"鹊唱晨祝周岁喜，家欢风送众亲临！"我很荣幸能主持××宝宝的生日Party，××先生特意举办此次盛宴，一是庆祝宝宝的生日，二是为了感谢众亲友对××一家这一年的帮助，首先，我代表××一家对各位的光临送上最热烈的欢迎和最衷心的感谢！

小宝贝名叫××，此名取自于××，有着×××的韵意，这也不难看出父母对宝宝的期望。小宝贝属狗，说来也奇怪，我好像和属狗的人特有缘，我的大多数朋友都是这个属相，据我所知，属狗的人往往具有认真、努力、真诚的特性，为人正直，守规矩，有责任感，对上司、长辈敬重，工作认真，他们总是以小心谨慎的态度来面对事物，处事谨慎，是一个大方、处处为人设想的忠心朋友。此外，宝宝的家族有很多风云人物！孩子的爷爷才高八斗，学富五车，孩子的奶奶是文艺界的精英，孩子的爸爸是公司的一把手，妈妈是文学界人才，我相信宝宝有这先天的优良基因，又有着后天的生活环境，宝宝一定能继承和发扬祖辈父辈的优良作风，成为响当当的人物，做社会的栋梁之才！

看看这个幸福的大家庭，我都有些羡慕了，今天的主角，××小宝宝，我代表你的父母和所有亲朋好友为乖巧的你送上一份美好的祝愿，愿××宝宝茁壮成长，愿微笑天天与你相伴，愿快乐带着你自由飞翔，幸福一生，早日成为父母的骄傲，成为响当当的人物！

一年前的今天，宝宝来到了这个世界上，一年后的今天，宝宝足足有×斤重了，身长××厘米了，正在健康地长大！让我们共同举杯，祝宝宝生日快乐，祝他们一家幸福美满！干杯！

猪年生宝宝生日宴祝酒词

【场合】生日宴会。

【人物】小寿星及其父母、亲朋好友。

【致词人】宝宝的奶奶。

尊敬的各位来宾、各位朋友，女士们、先生们：

今天是×××年××月××日，是我小孙女××的一周岁生日的大喜日子，对于我说更是个十分特别的日子。因此，我诚邀各位亲朋好友，欢聚在×××酒店，畅谈家常，共度良宵！在这里，我代表一家×口，向各位的到来表示热烈的欢迎，对各位送来的礼物表示衷心的感谢！

××，是我儿子×××和儿媳×××爱情的结晶，是我们×家唯一的一个猪宝宝，更是我家的掌上明珠了。还记得，××××年××月××日，当儿子告诉我××怀孕的喜讯时，我激动得话都说不出来了。天天盼，日日想，终于在去年的这个时候盼来了我的宝贝孙女！当我在产房看到××顺利降生时，当我摸到××细嫩的皮肤时，当我将××抱在怀里时，我哭了，可我的心里美滋滋的。还记得，我们为了给宝宝起个有韵意的名字，翻遍了各种书籍，最终给宝宝起名××，取自×××，就是希望宝宝能和××一样××××。

我家的小公主在猪年出生，是名副其实的猪宝宝，书上说属猪的人诚恳、宽厚、慷慨，胸襟开朗，感情丰富，纯情可爱，经济观念发达，喜欢与别人分享他所拥有的一切，并乐在其中。猪还是财富的象征，所以有些地方至今还有"肥猪拱门"民俗。在民间故事上，诚实、可靠、本分等美称都集中在猪的身上，在我们中国人的眼里，猪还是一位传送福气的使者。你们看她白嫩嫩、圆乎乎、胖墩墩的脸就知道她是世界上最有福相的小宝宝了。

今天宝宝的茁壮成长离不开儿媳的细心照料，虽说一家人不说两家话，但婆婆还是要对你衷心地说一声，谢谢你，辛苦了，你可是咱家的大功臣啊！

最后，我们举杯，为我亲爱的小孙女××一岁的生日，干杯！

满月宴祝酒词

满月宴会是为了庆祝婴儿的健康诞生。孩子的健康成长是每一个父母长辈最大的期待，因此满月宴祝词的着力点应当在于对孩子的健康、快乐、成长等方面的祝福。其中，除了表达真诚的祝愿，还可以表达殷切的期待，例如，作为孩子的爷爷，可以这样说："借着这个契机，我也祝愿小孙儿活活泼泼、健健康康；祝愿他无忧无虑、茁壮成长。希望小孙儿能够早日成长为国家的栋梁之才，为祖国的繁荣昌盛、美丽富强贡献出自己的一份力量。"情感真挚、饱满，得体合宜。

此外，还可以根据祝词人的不同身份采取个性化的祝词方式，比如说，孩子的妈妈可以这样说："作为一名新妈妈，我至今仍手忙脚乱、措手不及。每天的轮流喂奶、换尿片、洗澡、逗宝宝玩耍……这一切烦琐而重复的工作，似乎没有停息。我想，这是每位母亲都必须经历的，也只有经历这些，才能成为一名合格的母亲。"身为母亲，与大家一同分享育儿的经历和感受，无疑最具感染力的，真情实感，可以让人感同身受，引起大家的共鸣。

男婴满月祝酒词

【场合】满月宴会。

【人物】宝宝及父母、亲朋好友。

【致词人】母亲。

【妙语如珠】我们希望你能够茁茁壮壮、健健康康的成长，用心走好将来的每一步，无论遭遇怎样的坎坷，都积极乐观地面对。

亲爱的各位来宾朋友们：

大家早上好！

今天是我们的小宝宝××的满月宴，非常感谢大家深情厚谊前来参加。在此，我代表全家对各位的光临表示热烈的欢迎和真挚的谢意。

一个月前，小宝贝降临人世。听到那一阵阵哭啼，我们的激动之情难以言表。爸爸妈妈一直盼望着他的到来，他的降生，为我们全家带来了无限的欢乐。

记得他刚出生时，只有5斤重。闭着小眼睛躺在妈妈的怀里，就像小兔子一样。瘦瘦小小的，叫人看了好心疼。这段日子以来，他很努力地吃奶，乖乖地按时睡觉，慢慢的，慢慢的，他的小脸蛋变得圆圆鼓鼓的，脸颊还透着一丝健康的红晕。他的手臂原来是瘦骨伶仃的，现在也变得浑圆浑圆。短短的一个月，他从一个精瘦的小家伙变成一个白白胖胖的宝宝了。你知道吗，爸爸妈妈都很为你高兴，也很为你自豪。我们的小宝贝健康快乐地成长，就是爸爸妈妈最大的心愿。

今天，在这么多爷爷奶奶、叔叔阿姨们面前，小宝贝显得格外有精神。他时而笑个不停，时而滴溜滴溜地转着他的大眼睛。看来，小家伙也在为大家的到来感到高兴。有这么多长辈们的祝福，小宝贝一定可以快快乐乐、健健康康地成长。

宝宝，妈妈想对你说：亲爱的儿子，你已经顺顺利利地走过了生命中的第一个月了。你是爸爸妈妈的小宝贝，是我们最疼爱的孩子。我们希望你能够茁茁壮壮、健健康康的成长，用心走好将来的每一步，无论遭遇怎样的坎坷，都积极乐观地面对。这就是爸爸妈妈对你的最大的期望。

最后，爸爸妈妈再次祝你满月快乐，希望你在今后的每一天都能像今天这样开心快乐、平安健康！

女婴满月祝酒词

【场合】满月宴。

【人物】宝宝及父母、亲友、嘉宾。

【致词人】宝宝父亲的挚友。

【妙语如珠】今朝同饮满月酒，他日共贺耀祖孙。

各位来宾、亲朋好友：

大家晚上好!

千金千金不换,喜庆掌珠初满月。

百贵百贵无比,乐得头冠贺佳年。

今天是××先生的千金满月的大喜日子,在此,我代表各位宾朋向××先生表示真挚的祝福。同时受××先生委托,代表他们全家对在座亲友的到来表示热烈的欢迎。

人生主要有两大内容,一是事业,一是生活。对我们的朋友××先生来说,事业上步步高升,一帆风顺,前程似锦。在生活上,他婚姻美满,喜得爱女。××先生事业、生活双丰收,真让人羡慕,我们在这里衷心地祝福他!

父母的心愿只有一个,望子成龙,望女成凤。为此凤愿,××夫妇特为爱女取名××,有快乐成长、吉祥如意的深刻含义。爱是心的呼唤,爱是无私的奉献,××夫妇给予孩子全部的爱。相信在这样充满爱的环境下长大,宝宝一定会是一个有爱心的孩子。

今朝同饮满月酒,他日共贺耀祖孙。

作为××先生的朋友,看到他拥有这样一个美丽可爱的小天使,

我们都为他感到由衷的高兴。而对"小天使"我们也都怀有万分疼爱的心情。在这里,请允许我代表大家对小天使说,你的满月就是我们大家快乐的节日,愿你身体健康、快乐成长!

最后,让我们共同举杯,祝福××先生的千金、我们大家的小天使早日成长为亭亭玉立的少女。也祝大家全家幸福,万事如意!干杯!

满月宴父亲祝酒词

【场合】满月宴。

【人物】宝宝及父母、来宾。

【致词人】宝宝父亲。

【妙语如珠】 今天以我儿子满月的名义相邀各位至爱亲朋欢聚一堂,菜虽不丰,却是我们的一片真情,酒纵清淡,却是我们的一份热心。若有不周之处,还望各位海涵。

各位来宾、各位亲友、各位朋友:

我的宝贝儿××,一个月前,来到了这个世界上。首先,感谢我的太太,我的母亲,我的父亲,一

齐照顾了我们的心肝宝贝。同时，我对各位的到来表示热烈的欢迎，对各位的祝福表示衷心的感谢。

儿子，爸爸妈妈想要告诉你，等你长大后，一切都要有准备。现在，你还可以开心的躺在我们的怀里，无忧无虑地生活，因为爸爸妈妈会给你一片安详的天空。但在你长大的过程中，你必须学会独立，并对未来的生活、学习和工作做好准备，这样才能闯出一番属于自己的天地。

在过去的时光中，当我们感悟着生活带给我们的一切时，我们越来越清楚人生最重要的东西莫过于生命。为人父母，方知辛劳。在抚育××的三十天里，我和妻子已经尝到做父母的艰辛，也体悟到我们的父母在养育我们时是多么地不易。在这里，我要对父母说，爸妈，你们辛苦了！谢谢你们对我的养育，以及对宝宝的爱护！

在过去的日子里，在座的各位朋友曾给予我们许许多多无私的帮助，让我感到无比的温暖。在此，请允许我代表我们全家向在座的各位亲朋好友表示十二万分的感激！

今天以我儿子满月的名义相邀各位至爱亲朋欢聚一堂，菜虽不丰，却是我们的一片真情，酒纵清淡，却是我们的一份热心。若有不周之处，还望各位海涵。

让我们祝愿这个新的生命、祝愿我们的小少爷健康成长，更祝愿各位朋友的下一代，在这个祥和的社会中茁壮成长，成为国家栋梁之材！也顺祝大家身体健康，快乐连连，全家幸福，万事圆圆！

满月宴母亲祝酒词

【场合】满月酒宴。

【人物】宝宝及其父母、亲朋好友。

【致词人】母亲。

【妙语如珠】有时候，在他睡着的时候，我常常一个人闭目遐想，想到宝宝再长大一点，等他能够在餐桌上大口吃饭，等他会搂着我的脖子说"妈妈我爱你"的时候，我总会笑出声来。

各位亲戚、朋友：

今天是我家宝宝满月的日子，承蒙各位长辈、亲朋前来道贺，在此，且让我先代表我的宝宝和家人，向你们表示热烈的欢迎和深深的谢意。

一个月前，伴随着一阵阵清脆响亮的啼哭，宝宝像天使一样来到了这个世界，而我，也正式成为一名母亲。

曾经，我对身为母亲的感受作过许许多多的想象，我的心中一遍又一遍地闪现母亲的身影，而母亲恬静幸福的笑容，也一次又一次地在我的脑海中划过。那么身为母亲，到底有着什么样的感受？如果有人问我这样的问题，我想，我会这样回答：成为母亲，是心灵上的一次成长，从此，你的肩上多了一份责任，心中也多了一份情感依托。怀抱着宝宝，你似乎拥有整个世界，满心的幸福感比任何时候都要强烈。

作为一名新妈妈，我至今仍手忙脚乱、措手不及。每天的喂奶、换尿片、洗澡、逗宝宝玩耍……这一切烦琐而重复的工作，似乎没有停息。我想，这是每位母亲都必须经历的，也只有经历这些，才能成为一名合格的母亲。有时候，在他睡着的时候，我常常一个人闭目遐想，想到宝宝再长大一点，等他能够在餐桌上大口吃饭，等他会搂着我的脖子说"妈妈我爱你"的时候，我总会笑出声来。亲眼看着宝宝一天一天地成长，我想，这就是身为母亲最大的期待和心愿。

在今天这个欢聚的时刻，我祝愿我的宝宝健健康康、快快乐乐地成长。也祝愿在座的各位家庭美满、幸福安康！

让我们共同举杯，为所有的宝宝都能拥有更为美好的明天，干杯！

满月宴爷爷祝酒词

【场合】满月宴会。

【人物】宝宝及其父母、亲朋好友。

【致词人】爷爷。

【妙语如珠】每一个孩子的出生都代表一个家庭新的希望，小孙儿的到来，同样也使得我们整个家庭的风貌焕然一新。

各位亲朋好友：

大家晚上好！

非常感谢各位在百忙中前来参加我的小孙子××的满月酒宴。各位的光临让×某不胜感激。我在这里首先代表全家，向你们表示热烈的欢迎和深深的谢意。

我们全家人都不会忘记这个重要时刻，××××年××月××日上午××时××分，这是我的小孙儿××的生辰。他刚出生时仅有5斤重，就像一只可爱的小猫。他的来临给我们全家带来了无限的欢乐。可以说小宝宝是上天赐予我们家的最好的礼物。

今天，亲朋好友齐聚一堂，共同庆祝小宝宝的满月之日。每一个孩子的出生都代表一个家庭新的希望，小孙儿的到来，同样也使得我们整个家庭的风貌焕然一新。这么多天来，家里每个人的脸上都挂着幸福的笑容，不管干什么都特别起劲。如今有了这么多的幸福和喜悦，我禁不住同大家一同分享。在这个特别的日子里，我也说上几句吉祥话。我祝愿还没有找到对象的小青年们早日找到心目中的另一半；祝愿刚结婚的小两口小日子和和美美，早日生个胖娃娃；祝愿中年人工作顺利、家庭幸福；祝愿老年人多子多孙、儿孙满堂。

借着这个契机，我也祝愿小孙儿活活泼泼、健健康康；祝愿他无忧无虑、茁壮成长。希望小孙儿能够早日成长为国家的栋梁之才，为祖国的繁荣昌盛、美丽富强贡献出自己的一份力量。

最后，我也祝愿在座的各位好友亲朋家庭和美、幸福安康！薄酒素餐，不成敬意，希望大家吃好、喝好。

谢谢大家！

满月宴姥爷祝酒词

【场合】满月酒宴。

【人物】宝宝及其父母、亲朋好友。

【致词人】姥爷。

【妙语如珠】一个月前，小宝贝呱呱坠地，她的哭啼就像最动听的乐曲，为我们全家带来了最美好的消息。

尊敬的各位来宾朋友，亲爱的各位女士、先生：

大家晚上好！

今天，亲朋好友们欢聚一堂，共同庆祝我的外孙女××的满月之喜。在这短短一个月的时间里，外孙女每一天都有新的变化、新的进步，这30天，则标志着她成长的一个里程碑。今天，有各位亲朋好友共同见证这个特别的日子，我的内心充满了喜悦和感激。在这里，我首先祝贺我的外孙女××满月快乐，同时，我也代表小外孙女儿和全家人，向在座各位亲朋好友百忙中前来道贺，表示热烈的欢迎和深深的谢意。

一个月之前，小宝贝呱呱坠地，她的哭啼就像最动听的乐曲，为我们全家带来了最美好的消息。她的到来，为这个家庭带来了可喜的变化，为我们的生活注入了新鲜的活力。有了这个宝贝外孙女儿，我和她的姥姥成日里乐得合不拢嘴，平时单调的生活，似乎一下子充满了乐趣。

在这个特别的日子里，我要特别地感谢我的女婿和亲家全家，感谢他们在我的女儿怀孕期间对她的悉心照顾，感谢他们一直以来的包容和体谅。我的女儿拥有如今这样的幸福生活，和你们全家人的用心呵护是分不开的。因此，我要代表我的爱人，我的女儿和小外孙女儿，在这里真诚地对你们道一声感谢。

最后，请让我们共同举杯，祝福小宝贝健健康康、快快乐乐地成长，祝福她拥有一个和谐美好的未来。让我们为她能顺应天时、地利、人和，德智体美和谐发展，为她能够早日成为国家和社会需要的有用之材，同时也为在座各位来宾的身体健康、工作顺利、家庭美满、阖家欢乐，干杯！

满月宴干妈祝酒词

【场合】满月酒宴。

【人物】宝宝及其父母、亲朋好友。

【致词人】干妈。

【妙语如珠】在这个美好的日子里，我要代表我的爱人，向亲爱的干女儿和她的全家表示最衷心的祝贺，祝福他们全家永远拥有无数的欢声和笑语，祝福她们在孩子的健康成长中体味到无尽的欢乐。

尊敬的各位来宾朋友；女士们、先

生们：

大家晚上好！

今天是小宝贝××满月的日子，作为她妈妈的好朋友，同时也是××小宝贝的干妈，我的内心十分喜悦。小宝贝的到来，不仅给她的家人，同时也给我和她的干爸爸带来了无尽的欢乐，在她健康地成长了30天的时刻，我们更是难以抑制内心的激动之情。此时此刻，我很高兴能够在这里为干女儿献上祝福，我和你的干爸爸都衷心地祝贺你满月快乐，祝愿你健健康康、快快乐乐地成长！同时，也谨让我代表小宝贝和她的家人，向在座各位好友亲朋的亲切光临，表示最热烈的欢迎和最衷心的感谢！

我和我干女儿的妈妈××是从小到大一起长大的朋友，同时也是高中同学。看着××建立了自己幸福的家庭，如今拥有了这个聪明可爱的小宝宝，我为她感到分外的安慰和欣喜。在今天这个特别的日子里，能够作为小宝宝的干妈出席这次聚会，我更是感到万分荣幸。虽然我还没有自己的孩子，却提前品尝到了身为一名母亲的激动和欣

喜。从今往后，我和我的爱人一定会像对待自己的孩子一样，真诚地关心和呵护我们的干女儿，我们愿意为可爱的小宝宝奉献出全部的爱。

在这个美好的日子里，我要代表我的爱人，向亲爱的干女儿和她的全家表示最衷心的祝贺，祝福他们全家永远拥有无数的欢声和笑语，祝福他们在孩子的健康成长中体味到无尽的欢乐。

在这里，我提议，让我们共同举杯，为小宝宝的满月快乐，为她的健康成长，为她在今后无数个日日夜夜里都能够顺顺利利、快快乐乐，同时，也为在座所有朋友的健康快乐，干杯！

满月宴接生医生祝酒词

【场合】满月宴。

【人物】宝宝及父母、接生医生、亲友。

【致词人】接生医生。

【妙语如珠】宝宝出生前后的生活是截然不同的，作为父母，要积极地面对各种问题，不要自怨自艾，更不要因此吵架。

尊敬的各位朋友：

大家晚上好！

很高兴应××夫妇之邀，前来参加宝宝的满月宴会，在此，我真诚的祝贺宝宝健康地走过了一个月的人生旅程。

一个月前，宝宝在××医院由我接生，当时，他体重6斤，身长51厘米，非常健康。刚才我已看过宝宝，他现在的情况同样很正常，很健康。

宝宝的降临给这个幸福的家庭带来了成倍的幸福，增添了无数的欢笑。不过幸福、喜悦之时，还要注意正确地喂养宝宝。下面几条需要××夫妇引起注意：

首先，坚持母乳喂养。母乳中的酶和其他物质既有利于婴儿消化，又有利于营养物质的吸收；而且，来自母体的抗体可增强婴儿的抗病能力。吃母乳的小孩不易感染腹泻、食物过敏反应、百日咳以及其他呼吸系统疾病。

其次，调整心态。宝宝出生前后的生活是截然不同的，作为父母，要积极地面对各种问题，不要自怨自艾，更不要因此吵架。请记

住，收获双倍幸福的同时，也要承受加倍的艰辛。此外，和谐温馨的家庭氛围有利于孩子健康成长。

最后，我祝愿宝宝在爸爸妈妈的正确喂养下健健康康，茁壮成长。

谢谢！

双胞胎满月长辈祝酒词

【场合】满月酒会。

【人物】宝宝及其父母、亲朋好友。

【致词人】爷爷。

【妙语如珠】承蒙上帝的特别眷顾，在我年逾古稀之时，上天居然赐给了我一对可爱的双胞胎孙子，人生如此，可以无憾矣！

尊敬的各位来宾、各位朋友，亲爱的女士们、先生们：

大家晚上好！

今天是我俩孙子的满月之日，感谢各位在百忙中拨冗前来道贺。在此，我首先代表全家人向在座所有的亲朋好友表示最热烈的欢迎和最诚挚的谢意，感谢你们为这俩小孙子带来的祝福。

我和我的老伴一直都希望能够早日抱上孙子，一个健康可爱的孩子，是全家人的开心果，是全家人的希望，会为整个家庭带来勃勃的生机，以及无尽的欢声和笑语。谁曾想，承蒙上帝的特别眷顾，在我年逾古稀之时，上天居然赐给了我一对可爱的双胞胎孙子，人生如此，可以无憾矣！

一个月前，这对小宝贝就像一对小天使，手牵着手来到这个世界上。而我们的生活中自从有了他们，也发生了翻天覆地的变化。两个小宝贝的一举一动，牵动着我们的心，也影响着我们的生活。如今，一家老小成天到晚围着他们团团转，忙得焦头烂额，可倒也是乐在其中。

一下子得到了两个孙子，我们在欢乐欣喜之余，自然深感肩头的责任重大。我们要尽心尽力地教育和培养这两个宝宝，努力使他们健康成长，早日成为国家的栋梁之材，为祖国的建设和发展作出自己的贡献。对此，欢迎大家前来监督视察，也请大家放心。

最后，我想再次向大家对小宝贝们的关心和爱护表示深深感谢。祝各位工作顺利、家庭幸福，同时也祝愿我们的小宝贝们健健康康、快快乐乐！

让我们共同举杯，为小宝贝们的茁壮成长，也为我们大家的幸福美满，干杯！

双胞胎满月主持人祝酒词

【场合】双胞胎满月宴会。

【人物】宝宝及其父母、亲朋好友。

【致词人】主持人。

【妙语如珠】花萼相辉开并蒂，埙箎齐奏叶双声。一个孩子的降临，总是会给一个家庭带来无尽的欣喜和欢乐，而一对双胞胎小宝贝的到来，则更是好事成双。

尊敬的各位领导、各位来宾，亲爱的女士们、先生们、朋友们：

大家晚上好！

今天是×××年××月××日，是我们的小主人公××小宝贝和××小宝贝满月的大好日子。在这样一个美好而特别的日子里，我们欢聚一堂，共同为两位小宝贝送上最真诚的祝福。在这里，我首先祝贺两位聪明可爱的小宝宝满月快乐，祝福他们健康成长。同时，谨让我代表两位小宝贝和他们的爸爸妈妈，向在座各位来宾的亲切光临，表示最热烈的欢迎和最衷心的感谢。

我是××礼仪公司的主持人××，今天能够在这里主持两位双胞胎小宝贝的满月宴会，我感到万分的荣幸。花萼相辉开并蒂，埙篪齐奏叶双声。一个孩子的降临，总是会给一个家庭带来无尽的欣喜和欢乐，而一对双胞胎小宝贝的到来，则更是好事成双。我想，他们的爸爸妈妈爷爷奶奶叔叔阿姨们在知道这个幸福的消息之时，一定笑得合不拢嘴吧。

转眼之间，一个月过去了，然而两位小宝贝的降临所带来的欢乐祥和的氛围却丝毫没有减退。看着两位小宝贝转眼间长得白白胖胖的，爸爸妈妈的喜悦之情更是有增无减。迎来双胞胎小宝贝的降临，是多少个家庭所真诚祈望的，而如今，这份天大的福气降临到了这个幸福的家庭中，我们都为他们感到

无比的开心和快乐。

在这里，我衷心地祝愿两位小宝贝平平安安、健健康康、快快乐乐地成长。未来的成长道路上，他们俩能够相依相伴，相互扶持，相互鼓励，各自为对方注入勇气和力量。对于这一对聪明可爱的小宝贝的光明而美好的未来，我们大家都充满期待。

在此，我提议，让我们共同举杯，为双胞胎小宝贝的健康成长，为他们的美好明天、幸福未来，为他们早日成长为祖国的栋梁之才，干杯！

满月宴主持人祝酒词

【场合】满月宴会。

【人物】宝宝及其父母、亲朋好友。

【致词人】主持人。

【妙语如珠】你是新时代的希望，是阳光下的花儿，我们期待着你像雄鹰展翅，像船舶起航，展翅翱翔，乘风破浪！

各位来宾、各位亲友，女士们、先生们：

大家早上好！

今天是××××年××月××日，是××先生和××女士的孩子××满月的日子，在这和煦的春风中，我们相聚在这里共同为他庆贺。在这里，谨让我代表××全家，向在座各位亲友们百忙中前来光临，致以热烈的欢迎和衷心的感谢。

每一个孩子都是新的希望，每一个孩子的降临，都使整个家庭充满了欢乐的色彩，同时，每个孩子的到来，也使我们的国家、我们的社会增添了新的力量。如今，我们的祖国正处于蓬勃发展的新时期，可谓朝气蓬勃、日新月异。××小宝贝出生在这个美好的时代，真是喜逢盛事。我们所有人都期待他快快长大，早日为祖国的建设添砖加瓦，早日成为祖国的栋梁之材。

希望是猎手的利箭，是骑士的快马；希望是开拓者创新的动力，是奋斗者的源泉。希望使猎手射中疾驰的猎物，使骑士在战场上英勇搏杀；希望使开拓者常葆开拓进取的精神，使奋斗得以撷取胜利的果实。希望我们的小宝贝××，未来能够像利箭一样飞驰，像快马一样奔腾，永远带着最强大的动力和最饱满的精神，去追逐那胜利的源泉。

你是新时代的希望，是阳光下的花儿，我们期待着你像雄鹰展翅，像船舶起航，展翅翱翔，乘风破浪！

亲爱的朋友们，让我们共同举起手中的酒杯，为小宝贝××献上最真诚的祝愿，愿他健健康康、快快乐乐；愿他朝气勃发，意气昂扬；愿他如烈日下的和风，如冬日里的暖阳；愿他早日放飞梦想，放飞希望，去追逐明天的太阳。朋友们，让我们为××小宝贝的满月快乐，也为在座所有朋友的幸福安康，干杯！

周岁宴祝酒词

周岁宴的祝词与满月宴一样，着重点在于表达和传递对孩子的真挚祝福以及殷切期待。有的周岁宴上会举行诸如"抓周"等各具特色的仪式，可以因地制宜，加以采用。

抓周是小孩周岁时举行的一种预测前途和性情的仪式，它充满了趣味性，同时也寄托了长辈们对孩子的期待。主持抓周的祝酒词应当注意调动现场的气氛，配合着宝宝的一举一动，生动灵活地作出评价，将祝福与期待结合，突出祥和美好的氛围。

我国传统上有许多风俗礼仪，一个新生儿的诞生，会经历产儿报喜、三朝洗儿、满月礼、百日礼以及周岁宴，等等，其中以周岁宴最为隆重。周岁宴上的抓周仪式是调动气氛和营造氛围的一个很好的方式，抓周祝词也是周岁生日祝词的一个经典的例子。应当结合抓周仪式的特征，通过祝词使全场的气氛推向一个高潮。

周岁生日父亲祝酒词

范文一

【场合】周岁宴。

【人物】小寿星及父母、亲友、嘉宾。

【致词人】父亲。

尊敬的各位来宾、亲朋好友：

大家好！

非常感谢大家在百忙之中来参加我儿子的周岁宴会，对此，我和我妻子向各位表示最热烈的欢迎和最衷心的感谢！

此时此刻，我的内心无比激动和兴奋，为表达我此时的情感，我要向各位行三鞠躬。

一鞠躬，感谢大家能亲身到××酒家和我们分享这份喜悦和快乐。

二鞠躬，感谢生育我们、养育我们的父母。为人父母，方知辛劳。××今天刚满一周岁，在过去的365天中，我和妻子尝到了初为人母、初为人父的幸福与自豪，但同时也真正体会到了养育儿女的辛劳。今天在座的有我的父母，还有岳父、岳母，对于他们××年的养育之恩，我们无以回报。今天借这个机会向他们四位老人深情地说声：你们辛苦了！衷心地祝你们健康长寿！

三鞠躬，感谢我们的亲朋好友、单位的领导同事。正是有了各位的支持、关心和帮助，才让我们感到生活更加甜蜜，工作更加顺利。也衷心希望大家能一如既往地支持我们、帮助我们、关注我们。

今天以我儿子一周岁生日的名义相邀各位至爱亲朋欢聚一堂，菜虽不丰，却是我们的一片真情；酒纵清淡，却是我们的一份热心。若有招待不周之处，还望各位海涵。

让我们共同举杯，祝各位身体健康、万事如意！谢谢！

范文二

【场合】周岁宴。

【人物】小寿星及父母、亲友、嘉宾。

【致词人】父亲。

【妙语如珠】很多角色是要自己亲自扮演过后才能去深刻体会的，不为人父为人母，是永远无法体会父母对自己的那一份拳拳之心的。

各位来宾、各位亲友：

大家好！

首先对大家今天光临我女儿周岁的宴会表示最热烈的欢迎和最诚挚的感谢。

今天是一个风和日丽、吉祥如意的好日子，此时此刻，我们的心情非常激动，因为今天，我们全家高兴地迎来了我们共同的血脉——我们亲爱的小宝宝的周岁纪念日。

××今天刚满一周岁。在过去的365天里，我和我爱人尝到了初为人父、初为人母的幸福感和自豪感，同时也体会到了养育儿女健康成长的无比辛劳。今天，我想说的话很多，想感谢的人也很多。

首先，我要感谢我的父母，还有岳父、岳母。所谓"养儿方知父母恩"，父母恩比山重比海深！很多角色是要自己亲自扮演过后才能去深刻体会的，不为人父为人母，是永远无法体会父母对自己的那一份拳拳之心的。双方父母对于我们20多年的养育之恩，以及对孩子从出生到现在无微不至的关怀，我们无以为报，虽然他们从不曾索求回报。今天借这个机会，我要向他们四位老人深情地说声："谢谢你们，祝愿你们健康长寿！"

其次，我要感谢我的爱人。在这段日子里，是她尽心尽力地担负着做母亲的职责，全心全意地照顾着孩子，既担心宝宝饿着，又担心睡觉时宝宝着凉。为了孩子的健康成长，她熬进了心力。她的温柔和坚韧，将母爱阐释得淋漓尽致。在此，我要对她说声："老婆，辛苦了！"

再者，我还要对在座的各位朋友表示感谢。在过去的日子里，你们曾给予了我许许多多无私的帮助，让我感到无比的温暖。在此，我谨代表我们全家向在座的各位亲朋好友表示万分的感激！

今天，为表我们对大家的感谢，特备下简单的酒菜，请君共享。酒虽清淡，却是我们的一份浓情；菜虽不丰，却是我们的一番心意。如有不周之处，还请多多包涵。

最后，让我们举杯共饮，祝大家工作顺利，合家欢乐，谢谢！

周岁生日母亲祝酒词

范文一

【场合】周岁生日宴会。

【人物】小寿星及父母、来宾。

【致词人】母亲。

【妙语如珠】在你成长的道路上，我们会一直守护你，呵护你，让你少走岔路，引导你走向最美好的人生。

各位长辈，各位亲朋：

大家好！

今天，我们欢聚一堂，共同祝贺我的女儿××一周岁生日。首先，我代表我们全家对各位的光临表示衷心的感谢和热烈的欢迎！

××××年×月××日，女儿××刚满一周岁。一年前的今天，伴随着一声响亮的啼哭，我和我的爱人怀着喜悦的心情迎来了我们爱情的结晶；一年前的今天，我做了母亲，××做了父亲。当我们看见宝宝的那一刻，心中充满了兴奋与激动之情。

宝宝的到来给我们夫妻俩带来了欢乐，命运让我们注定成为幸福的一家人。在此，我要对女儿说，宝宝，今天你一周岁了，像小鸟初展新翅；明天，你就要像雄鹰一样展翅飞翔、鹏程万里！

说实话，××的到来让我们又欢喜又担忧，欢喜的是宝宝终于来到我们身边，担忧的是，我们唯恐没有足够的能力，以最好的条件养育她。但是，我们夫妻俩会竭尽所能营造一个温馨的、充满爱意的家，让宝宝快乐地成长。

初为人母，没有育儿经验的我们多少有些手忙脚乱。多亏爸爸妈妈、公公婆婆、热心的同事以及邻居的细心帮助，我们喂养宝宝的技术越来越娴熟，在此，我代表我们夫妻二人对各位表示衷心的感谢，

谢谢你们长期以来对宝宝的关怀与帮助！

女儿，尽管你现在还在牙牙学语，还在蹒跚学步，不懂妈妈说些什么，但妈妈仍想对你说几句心里话："××，爸爸妈妈之所以给你起这个名字，就是希望你能健康快乐的长大，勇往直前，追寻自己心中的梦想。爸爸、妈妈、爷爷、奶奶、外公、外婆及所有的亲人朋友会给予你帮助与支持，不论任何时候，任何地点。在你成长的道路上，我们会一直守护你，呵护你，让你少走岔路，引导你走向最美好的人生。加油，好女儿，你会是我们家族的骄傲！"

朋友们，让我们共同举杯，让芳香的美酒漫过酒杯，希望我的宝贝女儿××美丽善良、聪慧可爱，同时，祝愿大家身体健康、生活幸福、万事如意，干杯！

范文二

【场合】周岁生日宴会。

【人物】小寿星及父母、亲朋好友。

【致词人】母亲。

【妙语如珠】宝宝的降临，为

我们的生活带来了春天的气息。她就像一阵清风，可以瞬间吹散我们心中的阴霾。

尊敬的各位长辈、各位来宾，亲爱的朋友们：

大家晚上好！

今天是我女儿一周岁的生日宴会，感谢大家前来参加。在此，我谨代表全家向在座的各位表示最热烈的欢迎和最衷心的感谢！

一年前的今天，伴随着清脆而响亮的哭啼，我的女儿降临到这个家庭，她给我们带来了许许多多的欢乐，而我们的爱和生命，从此便有了延续。如今，她满一岁了。一周岁的宝宝就像晨光里的露珠，晶莹剔透，散发着动人的光芒；一周岁的宝宝就像含苞欲放的花骨朵，娇嫩欲滴，散发着芬芳；一周岁的宝宝，就像蒙蒙的春雨，带来了新生的气息；一周岁的宝宝，就像天边的一朵云彩，悠悠然飘过，带给你美丽的心情。

宝宝的降临，为我们的生活带来了春天的气息。她就像一阵清风，可以瞬间吹散我们心中的阴霾。不管爸爸妈妈的工作多么忙，压力多么大，只要看见宝宝，所有的烦恼都顿时消散。如果宝宝展露出那天真可爱的笑容，爸爸妈妈心里比吃了蜜糖还要甜。

照顾宝宝的过程教会了我该如何成为一个称职的妈妈，而从中我也体会到了身为一名母亲所独有的快乐。宝宝在我的怀里沉睡时，就像一个纯洁可爱的小天使。她淘气玩耍的时候，则像一个天真活泼的小精灵。宝宝成长过程中的点点滴滴都在我们心中留下了深深的烙印。我们永远也忘不了她的每一次哭闹、每一次欢笑，更忘不了她出生一年的时光里，这个初来乍到的小天使给我们的生活带来了多么大的变化。

今天是宝宝一周岁的生日，在这里，我非常高兴地祝福我的孩子健康快乐地成长，希望在未来的日子里，她能够一步一个脚印地走好生命的每一步，并有欢乐常伴左右。

请让我们共同举杯，为宝宝，也为在座各位的幸福安康，干杯！

周岁生日爷爷祝酒词

【场合】 周岁生日宴会。

【人物】 小寿星、亲朋好友。

【致词人】 爷爷。

【妙语如珠】 孩子，是你的降生，给爷爷奶奶、爸爸妈妈及姑姑叔叔们带来这无数的欢笑和希望，你就是上天派来的快乐天使，是我们所有人快乐的来源，是我们全家欢笑的制造者。

在座的各位亲戚朋友：

大家下午好！

首先，我代表家人向你们表示最热烈的欢迎和最衷心的感谢。

今天是我的小孙儿×××的一周岁生日。我的心情就像今天的天气一样，格外舒畅。

还记得去年的这个时候，小孙儿刚刚出生，他是那么的瘦小，让我这个当爷爷的心疼得呦。这一年以来，我们全家人都用心地照料他，如今的他白白胖胖的，也更加惹人喜爱了。

这个小孙儿很淘气，也很喜欢笑，每当看到新鲜的小玩意儿，总是咯咯咯咯地笑个不停。自从有了他，我们家总是充满了欢声笑语。而我也终于在这古稀之年体会到含饴弄孙的乐趣。

还记得小孙儿还未出世的时候，我们全家人都焦急得盼望着他的降临，不管是他的爸爸妈妈、叔叔婶婶、姑姑舅舅还是我和老伴儿。耐心等待了十个月，当他终于来到人间的时候，我们手忙脚乱，显得不知所措。一家老小围着这个小宝贝团团转，忙得焦头烂额。即便如此，我们都认为再苦再累也值得。

今天，小孙儿×××满一周岁。在这里，我要对我的小孙儿说，孩子，是你的降生，给爷爷奶奶、爸爸妈妈及姑姑叔叔们带来这无数的欢笑和希望，你就是上天派来的快乐天使，是我们所有人快乐的来源，是我们全家欢笑的制造者。我们希望你能快快长大，早日成长为祖国的栋梁之才！

在这个美好的时刻里，让我们共同举杯，为小孙儿的健康成长，

144

也为在座各位好友亲朋的家庭幸福，干杯！

周岁生日外公外婆祝酒词

【场合】周岁生日。

【人物】小寿星、亲朋好友。

【致词人】外公。

【妙语如珠】冬至一阳生，春雨春风可期待，试看抓周兆。时来周岁满，成才成德又何迟，当怀跨灶才。

各位亲戚：

今天是我最疼爱的小外孙××的周岁生日，我代表我们全家谢谢各位出席今晚的周岁酒宴，感谢大家的深情厚谊。借此机会，也谢谢大家以往对我们一家人给予的关心与帮助。

××的出生是我们×家和×家的大喜事，因为他是我们心中的小太阳，是我们精神与生命的无限寄托。记得××××年××月××日晚，我和他外婆一夜未眠，心中默默祝福小宝宝平安降生。××号上午，宝宝终于来到了这个世界上。

转眼间，宝宝就满一岁了。现在的他白白胖胖，十分可爱。今天是××的第一个生日，我们相信不久的将来，他将是一个聪明能干、学识渊博、永远向前的小"骏马"。我们盼望着他茁壮成长，早日成才。

听女儿、女婿说，他们在互联网上开办了孩子的网页，上面记录孩子从出生到现在成长的点点滴滴。希望在座的各位有时间上网看看，不仅是继续关怀他，还可以交流生活状况，最主要的是待孩子长大后，让他永远记着你们的恩和爱，并以此激励他不断地学习和奋斗。

为表达我和外婆对孩子的期望，现附上一副对联。

冬至一阳生，春雨春风可期待，试看抓周兆。时来周岁满，成才成德又何迟，当怀跨灶才。

最后，请大家举杯，为孩子的健康成长、幸福快乐，为大家的工作顺利、阖家欢乐，干杯！

周岁生日主持人祝酒词

【场合】周岁生日宴会。

【人物】小寿星、亲朋好友。

【致词人】主持人。

【妙语如珠】伴随着美好的春天，我们同时还迎来了××小宝贝一周岁的生日，他就像破土而出的嫩芽，在春雨的滋润下健健康康地成长。

尊敬的各位领导、各位来宾，亲爱的女士们、先生们：

大家早上好！

岁月带着滚滚的车轮，驶入了又一轮的春秋冬夏。当枝头上长出细细的嫩芽，花骨朵儿含苞待放，当鸟儿带来第一声鸣叫，细细的雨儿润物无声，我们欣喜地发现，春天来了。伴随着美好的春天，我们同时还迎来了××小宝贝一周岁的生日，他就像破土而出的嫩芽，在春雨的滋润下健健康康地成长。在这里，迎着春日的暖阳，我们衷心地对他说一声：生日快乐，愿你的成长旅途中永远充满春的气息。在此，也谨让我代表××小宝贝和他的爸爸妈妈，向在座各位来宾的光临，表示最热烈的欢迎和最诚挚的谢意！

今天，对于××小宝贝和他的全家人来说，都是个不同寻常的，值得纪念的日子。这是他人生中的第一个生日，也是他健康成长的第一个里程碑。在这个特别的日子里，我们要共同见证他的抓周仪式。这个仪式，承载了全家人对他的期待，承载了所有人对他的祝愿。就让我们共同见证，预测小宝贝将有一个怎样的幸福未来。

朋友们，吉时已到，现在我宣布：激动人心的抓周仪式现在开始！

我们的礼仪小姐已经把八件物品陈列在台上，这八件物品，具有不同的含义，分别代表着八种职业，小宝贝抓到了哪一件物品，就预示着他将来可能从事相关行业。让我们一同来看看——

第一件物品是一本厚厚的书，如果小宝贝抓到了它，就表示他将来会饱读诗书，成为一名学者，或者作家。第二件物品是一枚硬币，代表着富贵与吉祥，小宝贝如果抓到了它，那么他未来一定会大富大贵，成为一名成功的商人。第三件物品是一张信用卡，如果小宝贝抓到了它，那么将来很可能成为一名银行家或者金融家。第四件物品是一个乒乓球，如果小宝贝抓到了它，那么他将来可能成为一名杰出的运动员，还很可能是一名像刘国梁这样优秀的国手呢。第五件物品是一枚印章，如果小宝贝抓到了它，那么将来可能就会成为一名政府的工作人员，人民的父母官。第六件物品是一块积木，如果小宝贝抓到了它，那么他将来就可能会是一名建筑师或者设计师。

现在，我们可爱的小宝宝已经被抱到了台上，他已经东张西望地开始寻找目标了。他到底会抓到什么呢，让我们拭目以待。

看，小宝贝在精挑细选之后，终于抓起了一个乒乓球，看来，我们聪明可爱的××小宝贝未来将成为一名杰出的运动员了。让我们共同为他鼓掌，为这位明日之星而鼓掌！

激动人心的抓周仪式结束了，带着我们满满的祝愿，小宝贝回到了妈妈的怀抱。

最后，让我们共同举起手中的酒杯，为小宝贝健健康康、快快乐，为小宝贝无忧无虑、快快长大，也为在座各位朋友的幸福安康，干杯！

周岁生日父亲好友祝酒词

【场合】周岁生日。

【人物】小寿星、亲朋好友。

【致词人】父亲好友。

【妙语如珠】成为一名父亲，对于每个男性来说都是人生中的一大关卡，一大考验。成为一名父亲，就意味着肩上多添了一副担子，对于家庭又多了一份责任。

在座的各位来宾；朋友们、女士们、先生们：

大家晚上好！今天是我的好友××的宝贝儿子××一周岁的生日。我很高兴能在这里为××小宝贝献上祝福。在此，谨让我代表在座的所有朋友，祝贺××小宝贝周岁生日快乐，祝他平平安安、快快乐乐、健健康康。同时，我也代表小宝贝和他的家人，向所有的来宾致以最热烈的欢迎和最衷心的感谢！

还记得小宝贝刚刚出生的时

候，他的爸爸第一时间给我打了电话，告诉我这个令人喜悦的消息。他当时那兴奋的语气，我如今还清清楚楚地记得，我想，那就是每个爸爸都会拥有的初为人父的喜悦吧。想必，这位新爸爸那幸福而喜悦的心情，至今还仍未消退。作为你的朋友，我们都衷心地为你感到高兴，为你拥有这么聪明可爱的小宝贝感到高兴。

成为一名父亲，对于每个男性来说都是人生中的一大关卡，一大考验。成为一名父亲，就意味着肩上多添了一副担子，对于家庭又多了一份责任。从普通男子到父亲的转变，或许会改变一个人的人生观，以及他对幸福的感受，每一个初为人父的人，都需要重新调整自己的心态，重新审视自己的人生，回顾过去，展望未来，好好地规划未来所将承担的所有责任以及将要走的道路。

××，从你近一年来的表现来看，你是尽职尽责的，我在这里恭喜你成为一名合格的父亲。你拥有一个这么健康可爱的孩子，拥有一个这样温馨和睦的家庭，拥有一对

这样疼爱你的父母，拥有这么多关心和爱护你的朋友和家人，我们都十分羡慕，希望小宝贝的成长，能够使你的幸福生活更添一层缤纷的色彩。

最后，我衷心地祝福我们的小宝贝生日快乐！希望你未来的每一天都是快乐的、健康的、心情舒畅的，也希望这个幸福和睦的大家庭，在未来的日子里，日日兴旺、年年如意！

谢谢大家！

周岁生日来宾代表祝酒词

【场合】周岁生日宴会。

【人物】小寿星、亲朋好友。

【致词人】来宾代表。

【妙语如珠】我们相聚在一起共同为她庆生，为她带来最真诚而美好的祝福。

亲爱的女士们、先生们、朋友们：

大家晚上好！

今天是××小宝贝一周岁的生日。我们相聚在一起共同为她庆生，为她带来最真诚而美好的祝福。作为来宾的代表，同时也是她

的父母的好朋友，我谨在此代表各位来宾祝贺她生日快乐。同时，我也代表××小宝贝和她的家人，对在座各位朋友的亲切光临表示最热烈的欢迎和最衷心的感谢。

很高兴在××小宝贝的周岁生日时能够在这里代表各位献上祝福。作为她的爸爸妈妈多年来的好友，看到他们拥有这样一个冰雪聪明、乖巧可爱的女儿，我由衷地为他们感到高兴。对于××小宝贝，我们都怀有疼爱之情，你的生日，也是我们大家的节日，而你健康快乐地成长，将是我们大家共同的心愿。

还记得一年前的这个时候，××小宝贝降临到了人世，她的爸爸妈妈和所有的新爸爸、新妈妈一样充满了激动和喜悦。他们第一时间和我们一同分享了这个幸福的消息，为我们大家都带来了无比的欢乐。转眼一周年，如今看到你已经从一个瘦瘦小小的婴孩，长成了白白胖胖的小天使，我们这些叔叔阿姨、爷爷奶奶的心中，别提有多高兴了。我们都希望你能够永远健健康康、快快乐乐地成长，快快长大，早日出落成一个漂漂亮亮的大姑娘。

今天在座的各位朋友有许多是我未曾谋面的。我们素不相识，却有着××小宝贝作为共同的纽带将我们紧紧联系在了一起。我们因为对她的共同的爱，而有了如今相见相识的缘分，对于这一切，我们都倍感珍惜。

我提议，让我们共同举起酒杯，为××小宝贝的快乐幸福，为她有一个灿烂似锦的前程，干杯！

老人生日祝酒词

对长辈进行生日祝愿时，我们常常会说："愿你们福如东海、寿比南山"，可见，福与寿对于老年人来说是最为珍贵的，在进行老年人生日祝词时，应当紧紧围绕这两个主题。使对福与寿的祝愿，成为整篇祝词的基调。

祝词的风格，可以是多种多样的，比如说，可以热情洋溢，可以深情款款，也可以感人至深。这几种风格，可以说都是很好的选择。可以根据祝词人与寿星的关系，作出具体的选择和判断。

通常，一篇好的老年人生日祝词，应当是饱含着满满的情意、满满的祝愿，最好是温馨中满怀感激，在热情中传递祝愿。有时候，为了烘托气氛，不妨使用一些较为煽情感人的话语，酿制温馨的现场氛围，例如，"如今，岁月的痕迹已经爬上了父亲的额头，岁月的沧

桑染白了父亲的鬓角，他虽然已经不再年轻，但是他的血脉在我们子辈们身上流淌，他的精神在我们后代们身上延续……"

同时，还应当注意传递积极的信息，给老寿星以健康向上的引导和鼓励，例如："岁月可以夺走我们的健康，却无法夺走我们积极乐观的心态。"积极与乐观，将是老年人祝寿词的一个潜在基调。

60 岁生日宴寿星祝酒词

【场合】60大寿生日宴会。

【人物】寿星、亲朋好友。

【致词人】寿星。

【妙语如珠】最让我值得庆幸的是，我遇到了一位全心全意地爱着我的人生伴侣，拥有了一双乖巧懂事的儿女。此生有你们相伴左右，可以说我的这一辈子都可以无憾了。

尊敬的各位来宾、各位朋友，亲爱的女士们、先生们：

大家晚上好！

今天是我60岁的生日，承蒙各位亲朋好友厚爱，百忙中亲自前来道贺，对此，×某不胜感激。在这里，请让我代表全家人，向在座的所有朋友们，致以最热烈的欢迎和最真挚的感谢。

我们的先贤孔子曾经说过：吾十有五而志于学，三十而立，四十而不惑，五十而知天命，六十而耳顺，七十而从心所欲、不逾矩。我活了这么一大把年纪，已经度过了志于学之年、而立之年、不惑之年和知天命之年。如今迎来了六十花甲，到了耳顺之年，人生之路，也已经走完了大半程。这六十年来，我经历了不少风雨，遭遇了不少坎坷，而细数这六十年来的得与失，个中甘苦，似乎难以一语道尽。

然而这么多年来，最让我感到欣慰，最让我值得庆幸的是，我遇到了一位全心全意地爱着我的人生伴侣，拥有了一双乖巧懂事的儿女。此生有你们相伴左右，可以说我的这一辈子都可以无憾了。

近年来人们常常传唱一首歌："常回家看看"，如今我已经老了，对事业和生活都不再有过多的追求，唯一的愿望是孩子们能够常回家看看。正如这首歌里头所写到的：

常回家看看回家看看，
哪怕帮妈妈刷刷筷子洗洗碗，
老人不图儿女为家做多大贡献呀，
一辈子不容易就图个团团圆圆；
常回家看看回家看看，
哪怕给爸爸捶捶后背揉揉肩，
老人不图儿女为家做多大贡献呀，
一辈子总操心就奔个平平安安。

今天儿女们亲自为我张罗这次生日宴会，有这么多亲戚朋友都来为我道贺，我的内心十分的感动。让我们共同举杯，为了血浓于水的亲情，为了无价的爱情和友情，为了我们之间永远也割不断的纽带，干杯！

60 岁生日宴儿子祝酒词

【场合】60大寿生日宴会。

【人物】寿星、亲朋好友。

【致词人】儿子。

【妙语如珠】岁月的痕迹已经

爬上了父亲的额头，岁月的沧桑染白了父亲的鬓角，他虽然已经不再年轻，但是他的血脉在我们子辈们身上流淌，他的精神在我们后代们身上延续，他给了我们积极生活、自强不息的勇气。

尊敬的各位嘉宾、各位朋友，亲爱的女士们、先生们：

大家晚上好！今天是家父的60岁寿辰，诚蒙各位亲朋好友厚爱，冒着严寒和风雪前来为家父祝寿，我们全家人都十分感激。在这里，我首先要对我最敬爱的父亲说一声：祝您生日快乐！同时，我也代表父亲和全家人，向在座各位长辈以及各位亲朋好友的到来，致以最热烈的欢迎和衷心的感谢！

六十花甲，60大寿对于我们传统的中国人来说，是一个异常重要的日子，同时也是人生中的一个里程碑。这几十年来，家父扛着生活的重担，为了全家人的幸福而吃苦受累、四处奔波，含辛茹苦把我们兄弟几个养大。如今，我们的孩子出世了，家父又把全部的爱都倾注到了孙子孙女们身上。他这一辈子都在为他人付出，为他人奋斗，他用自己的艰辛汗水，换来了全家人的安逸和幸福。如今，岁月的痕迹已经爬上了父亲的额头，岁月的沧桑染白了父亲的鬓角，他虽然已经不再年轻，但是他的血脉在我们子辈们身上流淌，他的精神在我们后代们身上延续，他给了我们积极生活、自强不息的勇气，我们一定会把他的品行和风貌一代又一代地传递下去。

在这个特别的日子里，我还要特别感谢我们的母亲，感谢您多年来对父亲的悉心照顾，对子女们的用心呵护，感谢您几十年如一日地侍奉长辈，抚养子女，几十年如一日地任劳任怨，默默付出。作为子女的我们，最大的心愿便是你们两位老人能够健健康康、快快乐乐地安享晚年，能够享受儿女承欢膝下的天伦之乐。

在这里，我要对你们说："爸爸妈妈，你们辛苦了，感谢你们的养育之恩，我衷心地祝愿你们福如东海长流水、寿比南山不老松。"

让我们共同举杯，为父亲生日快乐，也为父亲母亲安享晚年，干杯！

60 岁生日宴学校领导祝酒词

【场合】寿宴。

【人物】寿星、学校领导、老师。

【致词人】校领导。

【妙语如珠】如今，年届花甲的他仍默默坚守在一线，他的无私奉献和敬业精神，为自己的职业生涯涂上了浓墨重彩的一笔。

尊敬的×××老师、尊敬的各位来宾，女士们、先生们：

大家好！

今夜，星光摇曳，灯火璀璨。在这样一个美好的夜晚，我们迎来了×××老师的生日！我们在这里欢聚一堂，共同庆祝×××老师六十华诞快乐。

在此，我代表××学校向各位尊敬的嘉宾、各位敬爱的老师、各位亲爱的同学们的到来，表示热烈的欢迎和真诚的感谢，感谢你们多年来对××学校的关心与支持，感谢你们多年来对×××老师的理解和帮助。谢谢大家！同时，也请允许我代表到场的各位嘉宾、老师和

同学，祝×××老师健康长寿，阖家幸福。

×××老师是××学校的王牌教师和杰出的代表。"一个人的成就，在于日积月累；一个人的成功，在于坚定执着。"自参加工作以来，×××老师呕心沥血、辛勤耕耘，在他人生的年轮上画下了太多优美的散发着墨香的曲线。几十年来，他为社会培养了大批的优秀学子，为××学校作出了突出的贡献。

×××老师是我们教师的楷模。如今，年届花甲的他仍默默坚守在一线，他的无私奉献和敬业精神，为自己的职业生涯涂上了浓墨重彩的一笔。他亲切的教诲，恰如清凛凛的泉水，在师生们心灵的河床里，潺潺流动。他的精神、他的品质、他的性格影响着身边所有的人。他是我们××人的骄傲，我们××人为有这样的好老师而感到自豪。

最后，我代表××学校全体师生再次向×××老师表示深深的感谢，并祝福×××老师福如东海，寿比南山！借此机会，我也代表

××学校向辛勤奋战在教学第一线的全体教职员工致以最崇高的敬意，向勤奋好学、勇攀高峰的莘莘学子表示最亲切的慰问，祝大家身体健康、心想事成。愿我们把这一美好的时光永远珍藏在自己的记忆里，干杯！

60岁父母生日宴女儿祝酒词

【场合】 60大寿生日宴会。

【人物】 寿星、亲朋好友。

【致词人】 女儿。

【妙语如珠】 白发朱颜登上寿，丰衣足食享高龄。

尊敬的各位来宾、各位朋友，亲爱的女士们、先生们：

大家晚上好！

今天是××××年××月××日，是我的父母60岁的生日。在这个喜庆的日子里，我们欢聚在一起，一同和我的父母度过这个人生中重要的日子。在这里，我首先祝贺我的父母生日快乐，同时，我也代表父母和全家人，向各位亲朋好友深情厚谊前来道贺，表示最热烈的欢迎和最衷心的感谢。

父母的健康是儿女最大的心愿。如今，我的爸爸妈妈的身子都还十分硬朗，看到他们如此精神矍铄地参加今天的宴会，作为女儿的我感到十分的欣慰。

在宴会开始之前，妈妈兴高采烈地对我说，好久没有看到这么多亲戚朋友聚在一起了，今天真开心。是啊，老人家都喜欢热热闹闹的，今天，大厅里高朋满座，各位亲朋好友的到来，为我的父亲母亲带来了许许多多的欢乐。在这里，我再次向你们表示衷心的感谢，希望你们今后可以常来家里坐坐，和我的父亲母亲话话家常，我们全家都欢迎你们的光临。

今天是我父母的生日，同时是我们这个大家庭的节日。父母对子女们的付出，是子女们一生都无法报答的。在这特别的时刻，我要代表兄弟姐妹，向二老真挚地道一声感谢，感谢你们赐予了我们生命，感谢你们多年来的养育之恩，感谢你们无私的呵护和谆谆的教诲，感谢你们使我们感受到家庭的温暖和人间的温情。

各位亲朋好友，让我们共同举

起手中的酒杯，为父亲母亲福如东海长流水、寿比南山不老松，为他们东海添筹春秋高矣，南山采菊风致悠然，为他们白发朱颜登上寿，丰衣足食享高龄，也为在座所有亲朋好友的身体健康，家庭美满，干杯！

66岁生日宴老同学祝酒词

【场合】寿宴。

【人物】寿星、亲友、来宾。

【致词人】老同学。

【妙语如珠】风风雨雨66年，阅尽人间沧桑，岁月的痕迹悄悄地爬上了他的额头，将老人的双鬓染成白霜。

尊敬的各位嘉宾、亲爱的各位朋友，女士们，先生们：

大家好！

今天是×××年××月××日，农历××月××日。在这喜气洋洋的时刻，我们迎来了××先生66岁寿诞庆典。××酒店高朋满座，宾客满堂，福气满满，万事圆圆。

在这里，我首先代表所有老同学、所有亲朋好友向老寿星××先生送上最真诚、最温馨的祝福，祝他福如东海，寿比南山，健康如意，福乐绵绵，笑口常开！

风风雨雨66年，阅尽人间沧桑，岁月的痕迹悄悄地爬上了他的额头，将老人的双鬓染成白霜。他一生中积累的最大财富是他那勤劳善良的朴素品格、宽厚待人的处世之道、严爱有加的朴实家风。"严于律己、宽以待人、认真工作、发愤图强"，简单的话语，让儿女、孙子孙女们镂刻在心，永记不忘。老人的辛苦没有白费，在他的教育下，子女们都已长大成人，为老人赢得了无上的光荣。如今老寿星一家是三世同堂，正可谓儿子孝，儿媳乖，女儿贤，女婿强。目前均已长大的孙子孙女、外孙外孙女都是学校的佼佼者。

女士们，先生们，各位来宾，夕阳无限好，黄昏情更浓。六六大顺，圆满人生。嘉宾旨酒，笑指青山来献寿。百岁平安，人共梅花老岁寒。今天，这里高朋满座，让寒冷的冬天有了春天般的温暖。最后让我们献上最衷心的祝愿，祝福老人家寿诞快乐，春晖永绽！祝福在座的所有来宾身体健康、工作顺利、阖家欢乐、万事如意!

请大家开怀畅饮,一醉方休!

70岁生日宴寿星祝酒词

【场合】寿宴。

【人物】寿星、亲友。

【致词人】寿星。

【妙语如珠】生活经历告诉我:只要一个人懂得乐观、感恩、不屈不挠,就会收获幸福。

各位亲友、来宾:

大家晚上好!

非常感谢亲友们百忙之中专程前来,欢聚一堂为我祝寿,我本人,并代表家族子女对诸位表示热烈的欢迎和诚挚的谢意!

子女、亲友为我筹办这次寿宴,我的心里非常高兴,使我感受到亲友的关怀和温暖,也领略了子女孝敬老人的深情厚谊,使我能够尽享天伦之乐!

当年,我和父亲在农村曾经度过一段困苦的日子。一晃,几十年过去了。我走过了多半生并不平坦的人生之路,历经磨难自强不息,

在亲友的鼓励帮助下,随着社会的进步,我终于走出困境,直到荣归故里颐养天年。在这里,我最想感谢的人是身边这位与我一路走来的妻子,她是一位典型的贤妻良母,勤俭持家,任劳任怨。在我最困难的时候不离不弃,与我共患难。

生活经历告诉我:只要一个人懂得乐观、感恩、不屈不挠,就会收获幸福。有位名人说"生活中不缺少美,而是缺少发现美的眼睛"。的确,快乐和幸福遗落在生活的每个角落,它需要我们去不停地追求、寻找。

最后,我再次对各位的光临表示感谢,祝各位亲友万事如意,前程似锦!干杯!

70岁生日宴女儿祝酒词

【场合】寿宴。

【人物】寿星、亲友、来宾。

【致词人】女儿。

【妙语如珠】七十年的风雨,七十载沧桑,我们的老人早已是白发苍苍,两鬓斑白,但他依然精神焕发,笑口常开,老人这种豁达的精神态度激励着我们笑对一切磨难。

尊敬的各位领导、各位来宾，女士们、先生们：

大家晚上好！

今天是××年×月×日，农历×××月××日，在这喜庆的日子里，我们高兴地迎来了我敬爱的父亲70岁的寿辰，在这里我谨代表我们全家，向所有光临寒舍参加我父亲寿诞的各位来宾朋友表示热烈的欢迎和衷心的感谢！

我的父亲虽然是一位普普通通的工人，但他为人厚道，胸怀宽广。回顾他××年的生活经历，在这里我可以非常自豪地说：他的一生是开拓进取的一生，他的一生是奉献的一生，在我们子女心中更是不平凡的一生！

我的父亲一生劳苦功高。他虽然没有读过一天孔孟之学，但他却从不疏于在精神和语言上对我们进行教导、支持和鼓励。老人的严格管教为我们的人生奠定了良好的起点；老人永不气馁的坚持和高标准的要求，激励着我们在事业上开拓进取，从而有了我们今天的成功。

父亲对我们无私的爱，我们终身都难以报答。在此，我代表所有的兄弟姐妹向您表示：我们将牢记您的教诲，承继您的精神，忠孝传代，遗风子孙，团结和睦，刚毅进取，事业有建树，生活更富庶。使全家生活蒸蒸日上。我代表我们兄妹给您鞠躬了！

父亲不仅对我们子女呵护备至，他对远在老家的亲戚朋友们，也给予了无微不至的关怀。他用实际行动鼓励他们在××开创事业，并提供力所能及的帮助。在他的鼓励和支持下，我们的老乡和亲戚朋友在老家都过上了好日子。

俗话说："人生七十古来稀"。七十年的风雨，七十载沧桑，我们的老人早已是白发苍苍，两鬓斑白，但他依然精神焕发，笑口常开，老人这种豁达的精神态度激励着我们笑对一切磨难。最后让我们共同祝愿老人：福如东海，寿比南山，年年有今日，岁岁有今朝。

再次感谢各位亲朋好友的到来，为加深彼此的亲情、友情，让我们共同举杯畅饮长寿酒，喜进长乐餐，并祝大家能够在这里度过一个美好、欢快的夜晚。

谢谢大家！

70 岁生日宴外孙祝酒词

【场合】寿宴。

【人物】寿星、亲友。

【致词人】外孙。

【妙语如珠】 外公、外婆朴实无华，但在我们晚辈的心中他们是神圣的、伟大的！

尊敬的外公、外婆，各位长辈、各位来宾：

大家好！

今天是我敬爱的外公70大寿的好日子。在此，请允许我代表我的家人，向外公、外婆送上最真诚、最温馨的祝福！向在座各位的到来致以衷心的感谢和无限的敬意！

外公、外婆在几十年的人生历程中，同甘共苦，相濡以沫，品足了生活酸甜，在他们共同的生活中，结下了累累硕果，积累了无数珍贵的人生智慧，这就是他们勤俭朴实的精神品格，真诚待人的处世之道，相敬、相爱、永相厮守的真挚情感！

外公、外婆朴实无华，但在我们晚辈的心中他们是神圣的、伟大的！我们的幸福来自外公、外婆的支持和鼓励，我们的快乐来自于外公、外婆的呵护和疼爱，我们的团结和睦来自外公、外婆的殷殷嘱咐和谆谆教诲！在此，我作为代表向外公、外婆表示：我们一定会牢记你们的教导，承继你们的精神，团结和睦，积极进取，在学业、事业上都取得丰收！同时请你们放心，我们一定会孝敬你们安度晚年，百年到老。

让我们共同举杯，祝二老福如东海，寿比南山，身体健康，永远快乐！

75 岁生日宴儿子祝酒词

【场合】生日宴会。

【人物】寿星、亲朋好友。

【致词人】儿子。

【妙语如珠】人间最重是真情。乌鸦反哺，恋母情深；百草扑朔，落叶归根。

尊敬的各位来宾、各位朋友，女士们、先生们：

大家晚上好！

今天是家父的75岁大寿，承蒙

各位顶风冒雪、深情厚谊前来道贺，在下不胜感激。在此，且让我代表家父和全家人向你们表示最热烈的欢迎和最诚挚的感谢！

人间最重是真情。乌鸦反哺，恋母情深；百草扑朔，落叶归根。中华民族自古以来都有着提倡孝道的传统美德，正所谓百善孝为先，父亲母亲含辛茹苦地把我们养大，他们给予我们的恩情是身为儿女的我们无论如何也偿还不了的。

天底下所有的父爱和母爱都是伟大的，我的父亲同样是一位伟大的父亲。一直以来，是他用坚强的臂膀扛起了生活的重担，给了我们全家人一个温暖舒适的港湾。如今父亲老了，额头上爬满了沧桑，臂膀也不再孔武有力，然而他却依然是我们内心的依靠。只要有父亲在，我们就觉得充满了力量，他的鼓舞和教诲一遍又一遍地在耳边响起，任何艰难险阻，都无法阻挡我们前进的方向。

从前，一直是父亲在照顾我们，如今孩子们都已长大，该轮到我们来照顾父亲。在事业和家庭上，请您放心，我们绝不会辜负您的期望。身为儿女的我们，会努力为您营造一个幸福的晚年，正如您当初给了我们快乐的童年。

今天是父亲的生日，在座的亲朋好友齐聚一堂，共同庆贺，为父亲带来许许多多的祝福。亲朋相聚，倍感温馨。对此，我们都至为感激。薄酒素餐，不成敬意，希望大家都吃好喝好。

在此，让我们举起手中的酒杯，为家父生日快乐、健康长寿，也为各位的家庭幸福，前程似锦，干杯！

80岁生日宴来宾代表祝酒词

【场合】寿宴。

【人物】寿星、家人、来宾。

【致词人】来宾代表。

【妙语如珠】在阿姨过"米寿"（88岁为米寿）和"茶寿"（108岁为茶寿）时，大家还能聚集在一起，揽明月、邀清风，举杯庆贺南山寿，开怀畅饮万年觞。

尊敬的各位来宾、各位亲朋好友：

春秋迭易，岁月轮回。今晚，大家踏月而来，济济一堂，为××

先生的母亲共祝80大寿。在这里，我首先代表所有老同学、所有亲朋好友向××先生的母亲送上最真诚、最温馨的祝福，祝阿姨福如东海长流水，寿比南山不老松。

风风雨雨80年，阿姨阅尽人间沧桑，她一生积蓄的最大财富就是她那勤劳、善良的人生品格，她那宽厚爱人的处世之道，她那严爱有加的朴实家风。这一切，伴随她经历了坎坷的岁月，更伴随她迎来了晚年生活的幸福。

而最让阿姨高兴的是，这笔宝贵的财富已经被她的爱子××先生所继承。多年来，他叱咤商海，以过人的胆识和诚信的品质获得了巨大成功。

哲学大师冯友兰先生在自己85岁生日时说："何止于米？相期以茶。"今晚我借花献佛，把这句话送给阿姨，祝她健康长寿。我希望，也相信，在阿姨过"米寿"和"茶寿"时，大家还能聚集在一起、揽明月、邀清风，举杯庆贺南山寿，开怀畅饮万年觞。

现在，让我们共同举杯，祝福老人家生活之树常绿，生命之水长流，寿诞快乐！

祝福在座的所有来宾身体健康、工作顺利、万事如意！

谢谢大家！

90岁生日宴主持人祝酒词

【场合】寿宴。

【人物】寿星、亲友、主持人。

【致词人】主持人。

【妙语如珠】福与天地同在，寿与日月同辉。

尊敬的各位来宾、各位亲朋好友：

大家好！

今天是×××年×月×日，农历×月××。在这个喜庆祥和的日子里，我们迎来了××老人90岁的寿辰。值此欢庆之际，各位亲朋好友前来祝寿，使老寿星的90大寿倍增光彩。在此，我代表老寿星及其子孙对各位的光临，表示最热烈的欢迎和最衷心的感谢！

此刻，福星高照满庭庆，寿诞生辉合家欢。能够担任今天寿诞庆典仪式的主持人，我感到非常荣幸。在这欢聚的美好时刻，请允许我代表所有来宾祝××老人家生日快乐，福与天地同在，寿与日月同辉。

老寿星把"清白做人，与世无争"作为人生的座右铭。他当过××、××、××等，但不管干哪一行，他待人总是亲亲热热，说话和和气气，靠信誉生财，凭良心致富！

老先生还经常扶贫济困，友好四邻；他尊老爱幼，重亲情，讲友情，使老亲故友保持来往，代代相传！老先生的美名传遍十里八乡。

××老先生虽然只读过几年书，但他一生以读书为乐，更以书中的警句名言勉励子孙耿直做人、勤奋学习、努力工作、贡献社会。

在这高寿庆典之际，在这温馨的时刻，让我们怀着浓浓的情意，向老人献上一份美好的祝愿。祝愿××老人永远幸福，永远快乐，一年更比一年好。愿我们年年有今日，岁岁有今朝。同时，祝在座的各位年年岁岁开心，岁岁年年幸福。

让我们共同举杯畅饮长寿酒，喜进长乐餐！干杯！

90岁生日宴女儿祝酒词

【场合】寿宴。

【人物】寿星、亲友、来宾。

【致词人】女儿。

【妙语如珠】人生七十古来稀，九十高寿是福气；与人为善心胸宽，知足常乐顺自然！

各位至亲，挚友：

大家晚上好！

公历×××年××月××日，我们的父亲××——一个极普通的农民有幸欢度第90个生日。这正是：90华诞，洪福齐天！值此举家欢庆之际，各位本家、亲属、嘉宾、邻居、朋友也前来祝寿，使父亲的90大寿倍增光彩。我代表父亲及其子孙对各位的光临，表示最热烈的欢迎，最衷心的感谢！

人生七十古来稀，九十高寿是福气；与人为善心胸宽，知足常乐顺自然！

我们的父亲在90个春秋寒暑中，阅尽世道沧桑，尝遍人间苦辣酸甜，欣逢盛世，安度幸福的晚年！

我们的父亲总把"诚实做人，老实做事"作为行动指南。他当店员、做小商，他当社员、作出纳，待人友善，诚实守信，依靠自己的双手致富、发展！

我们的父亲虽然只有小学文化，但功底却不浅。他喜欢看报，关心国家大事；他以读书为乐，他更以书中的警句名言勉励子孙耿直做人，勤奋学习，努力工作，为家族增光，为社会做贡献！

今天，在欢庆我们的父亲90华诞之际，近在他身边的子孙亲人，远在祖国各地以及国外的儿孙后代，有的前来、有的写信、有的致电，且都准备了礼物，都发自内心地用不同方式祝福他老人家：福如南河长流水，寿比巍峨凤凰山！

今天，在欢庆我们的父亲90高寿之时，我代表他老人家的儿子、儿媳、女儿、女婿及其孙辈后代，衷心地恭祝各位本家、亲属、嘉宾、邻居、朋友：诸事大吉大利，生活美满如蜜！为庆贺我们的父亲90华诞，为加深彼此的亲情、友情，让我们共同举杯畅饮长寿酒，

喜进长乐餐！

90岁生日宴侄子祝酒词

【场合】寿宴。

【人物】寿星、亲朋好友。

【致词人】侄子。

【妙语如珠】岁月可以夺走我们的健康，却无法夺走我们积极乐观的心态。

亲爱的大伯：

今天是您90岁寿诞的大喜日子。作为您最疼爱的侄子，看到您的身体如今依旧这样健朗，我感到万分的激动和喜悦。在这里，我衷心地祝贺生日快乐，祝愿白发朱颜登上寿，丰衣足食享高龄。

光阴飞逝，岁月如梭，不知不觉中，您已经度过了生命中的90个春秋。如今，您已经白发苍苍，脸上爬满了岁月的印痕和沧桑。而您曾经的小侄子，如今也已年过古稀，也已经敲响了人生的晚钟。

此时此刻，我的脑海中不断地闪过我们过去一同度过的那些日子。还记得小时候，您十分疼爱我，而淘气的我总是喜欢骑在您的

脖子上，让您带我去镇上赶集。等到我开始上学识字，在家里头念书最多的您便成了我学业的监督人，在昏黄的油灯下，您带着我一同写大字，在微白的晨光中，我们一同摇头晃脑地读着之乎者也。这些过去的岁月，如今依然历历在目。后来，我到外地求学，我们依然保持着书信的联系，在这个过程中，您对我的人生道路给出了无数的指引。一直以来，您既是我最亲爱的大伯，也是我最知心的朋友。我们之间的感情，是我一生中所最为珍视的。

您得享90高寿，是上天对您的眷顾，也是对我们全家人的眷顾。您的健康长寿，是我们全家人最大的心愿。在这个春暖花开的季节里，您和往年一样迎来了自己的生日，但是今年的生日，却是在轮椅上度过的。但是，岁月可以夺走我们的健康，却无法夺走我们积极乐观的心态。如今，我也是上了年纪的人，就让我们俩共勉吧，振奋精神，常保持积极乐观的生活态度，在晚年的时光中，散发出最后的光和热，不要留下任何的遗憾。

最后，我想再对您说一声：大伯，生日快乐！愿幸福和快乐，常伴您的左右！

百岁生日宴来宾祝酒词

【场合】寿宴。

【人物】寿星、亲友。

【致词人】来宾代表。

【妙语如珠】春耕夏耘，含辛茹苦，秋收冬藏，四季辛忙。

尊敬的各位来宾、各位朋友，女士们、先生们：

大家好！

今天是×××年×月×日，我们在此欢聚，恭祝××老先生百岁大寿。

喜气饶宅生，瑞霭罩华堂。祥云笼烟树，华气飘山庄。

××老先生可谓阅尽人间世事沧桑，饱览人间大小文章。老先生生性质朴，为人善良，居家贤孝皆称颂，处事公正共赞扬。一生勤劳务农事，精耕细作麦禾香。春耕夏耘，含辛茹苦，秋收冬藏，四季辛忙。勤俭持家，家道兴旺，邻里和睦，帮亲济友，功德无量，十里八乡赞慈祥。勤俭忠信，德高望重，克己奉公，干群赞颂。耕读传家孙辈个个成才，书香门第儿女人人争光。四里八邻，人人称赞老人厚道，千家万户，各个传诵老人善良。名闻洛孟，誉满嵩邙。邙山巍巍颂功德，洛水潺潺贺韶光。和睦家庭百事顺，善良老人福寿长。

喜今日××老先生百岁华诞，真是花甲又添四十岁月，古稀更添三十春光，南极星辉，光照寰宇，彭祖含笑，喜满华堂。自古道寿登期颐，喜称人瑞，年到百岁，松青鹤唱。

贤孙七人，各个贤孝，老人笑口常开，重孙成群，个个聪明，老人心情舒畅。吉星高照，五世同堂。

全家庆高寿喜在心间，笑上眉梢，亲友贺松龄，欢声笑语，亲情满山庄。

会当绝顶，一览众山，百岁妙谈清风正气浩。

天垂江月，万山朗雪，百岁梅花依然傲群芳。

来，大家举起手中盛满祝福的酒杯，恭祝××老先生长寿健康，福祉无疆。青松不老，家运兴旺。

妙言佳句

四字词语

九如之颂　松柏常青　福如东海
寿比南山　南山献颂　日月长明
祝无量寿　鹤寿添寿　福禄双星
日月偕老　天上双星　双星并辉
松柏同春　华堂偕老　桃开连理
鸿案齐眉　鹤算同添　寿域同登
椿萱并茂　家中全福　东海之寿
南山之寿　河山同寿　南山同寿
天保九如　如日之升　海屋添寿
天赐遐龄　寿比松龄　寿富康宁
王母长生　福海寿山　北堂萱茂
慈竹风和　星辉宝婺

佳联妙对

福如东海长流水，寿比南山不老松。

松龄长岁月蟠桃捧日三千岁，鹤语寄春秋古柏参天四十围。

愿献南山寿年齐大衍经纶富，先开北海樽学到知非德器纯。

绿琪千岁树杖朝步履春秋永，明月一池莲钓渭丝纶日月长。

寿考征宏福闲雅鹿裘人生三乐，文明享大年逍遥鸠杖天保九如。

燕桂谢兰年经半甲上寿期颐庄椿不老，桑弧蓬矢志在四方君子福履洪范斯陈。

瑶池春不老设悦遇芳辰百岁期颐刚一半，寿域日开祥称觞有莱子九畴福寿已双全。

七尺伟然，戴天履地，贺同学喜行冠礼。九州大地，兰馨桂馥，愿大家都是栋梁。

椿萱并茂，庚婺同明。表松寿色，丹桂丛香。

双寿共道，两星齐明。夫妻偕寿，庚婺双辉。

碧梧翠竹，福寿双全。
椿萱并茂，松柏同春。

河山并寿，日月双辉。家中全福，天上双星。

博爱人长寿，钟情月久圆。

斑衣人绕膝，白首案齐眉。

朝霞辉翠柏，时雨润苍松。

灵椿逢细雨，慈竹润和风。

孪生臻百福，双寿纳千祥。

合欢花常艳，伉俪寿无疆。

交柯树并茂，合卺筵同开。

椿萱夸并茂，日月庆双辉。

膝花歌渭水，椿树笑蟠桃。

凤侣双飞翼，鸾俦百岁春。

瑶草奇葩不谢，青松翠柏常青。

梅竹平安春意满，椿萱昌茂寿源长。

双星共献齐眉寿，二老欢承益寿杯。

风和璇阁恒春树，日暖萱庭长乐花。

南极星辉牛斗度，北堂萱映凤凰枝。

椿萱并茂交柯树，日月同辉瑶岛春。

百寿图中昭日月，长生座上敬爹娘。

荷莲香送清和月，棠棣祥开吉庆花。

花果重新娱晚景，寿星双庆颂遐龄。

园林娱老儿孙好，夫妇同耕日月长。

瑶觞春介齐眉寿，锦砌晖承绕膝花。

并蒂花开瑶岛树，合欢酒进碧筒杯。

父母双寿增五福，儿孙云集祝百龄。

青山不老双新寿，绿水长荣一世人。

赠长辈祝福

安逸静谧的晚年，一种休息，一种愉悦，一种至高的享受！祝您福如东海长流水，寿比南山不老松！

满脸皱纹，双手粗茧，岁月记载着您的辛劳，人们想念着您的善良；在这个特殊的日子里，祝您福同海阔、寿比南山，愿健康与快乐永远伴随着您！

爱你，谢谢你，还要声声不断祝福你，因为母亲能做到的一切你都做到了。祝你生日快乐！

你的生日让我想起你对我的体

贴，还有你为我所做的一切。我只希望你所给予我的幸福，我将同样回报给你。祝福你事事顺心，幸福无边！

你用母爱哺育了我的魂魄和躯体，你的乳汁是我思维的源泉，你的眼里系着我生命的希冀。我的母亲，我不知如何报答你，祝你生日快乐！

你是大树，为我们遮蔽风风雨雨；你是太阳，为我们的生活带来光明。亲爱的父亲，祝你健康、长寿。生日快乐！

当我忧伤时，当我沮丧时，我亲爱的父亲总在关注着我。你的建议和鼓励总能使我渡过难关，爸爸，谢谢你的帮助和理解。愿你的生日特别快乐！

梦中萦怀的母亲，你是我至上的阳光，我将永远铭记你的养育之恩——值此母亲寿辰，敬祝你健康如意，福乐绵绵！

满头花发是母亲操劳的见证，微弯的脊背是母亲辛苦的身影……祝福年年有，祝福年年深！

你用优美的年轮，编成一册散发着油墨清香的日历；年年，我都

会在日历的这一天上，用深情的想念，祝福你的生日。

心底的祝福是为了你的寿辰，但爱却整年伴随你左右！

爸爸，在这特殊的日子里，所有的祝福都带着我们的爱，拥挤在您的酒杯里，红红的，深深的，直到心底。

夕阳无限好，晚霞更美丽。

值此春回大地、万象更新之良辰，敬祝您福、禄、寿三星高照，阖府康乐，如意吉祥！

"满目青山夕照明"，愿您老晚年幸福，健康长寿！

您年事虽高却勤劳不辍，祝您生活之树常绿，生命之水长流！

愉快的情绪和由之而来的良好的健康状况，是幸福的最好资本。祝您乐观长寿！

欢乐就是健康，愉快的情绪是长寿的最好秘诀。祝您天天快乐！

愉快的笑声——这是精神健康的可靠标记。愿您在新的一年中天天都愉快，日日有笑声。

愿您永远跟朝阳、春天结伴，像青草漫野那样充满生机。

您是经霜的枫树老更红，历尽

悲欢，愈显得襟怀坦荡。衷心祝愿您生命之树常青。

您心灵深处，积存着一脉生命之泉，永远畅流不息。祝您长寿！

愿您的人生充满着幸福，充满着喜悦，永浴于无尽的欢乐年华。

让美丽的朝霞、彩霞、晚霞一起飞进您的生活，这就是我的祈愿！

赠晚辈祝福

因为你的降临，这一天成了一个美丽的日子，祝你生日快乐！

花的种子，已经含苞，生日该是绽开的一瞬，祝你的生命走向又一个花季！

深深祝福你，永远拥有金黄的岁月，璀璨的未来！

青春的树越长越葱茏，生命的花越开越艳丽，在你生日的这一天，请接受我对你的深深祝福。

今天，像小鸟初展新翅；明天，像雄鹰鹏程万里。愿你拥有愉快的生日！

你是祖国的花朵，也是家里的花朵，支支灿烂的烛光，岁岁生日的祝福，幸运的你，明天会更好！

今天你18岁了，告别了幼稚，走向了成熟。但求天真不要随之而去，让纯真的童心与青春结伴而行。

18岁，花一般的年龄，梦一样的岁月，愿你好好地把握，好好地珍惜，给自己创造一个无悔的青春，给祖国添一份迷人的春色。祝福已化成音符，在今天这个特殊的日子里为你奏响。

16岁的花，开满大地；16岁的歌，委婉动听。每个人都有16岁，愿你在16岁生日的清晨，迈开你强健的步伐，走向未来！

在一个人的生命历程里，17岁的花季只有一次，让我们把它书写在日记里，永远散发出记忆的芬芳。

你是一首小诗，也是一朵花，抒情是你的本质，浪漫是你的天性。我相信，你的前程将开满鲜艳的花朵，散发最迷人的青春气息。祝你生日快乐！

愿你像那小小的溪流，将那高高的山峰作为生命的起点，一路跳跃，一路奔腾，勇敢地、勇敢地奔向生活的大海。

愿你像颗种子，勇敢地冲破泥

沙，将嫩绿的幼芽伸出地面，指向天空。

聪明的人，今天做明天的事；懒惰的人，今天做昨天的事；糊涂的人，把昨天的事也推给明天。愿你做一个聪明的孩子！愿你做一个时间的主人！

在嫉妒的浪尖越过，是强者；在吹捧的峡谷中冲出，是智者。愿你智勇双全。

我九分庆幸，一分妒忌，你们睁开眼就是花的世界，一下子就沉浸在幸福里；我一声祝贺，九声期冀，愿你为后人创造更美的天地！

亲爱的孩子，你有着最令人羡慕的年龄，你的面前条条道路金光灿灿，愿你快快成长起来，去获取你光明的未来。

不要说一天的时间无足轻重，人生的漫长岁月就由这一天一天连接而成；愿你珍惜生命征途上的每一个一天，让每天都朝气蓬勃地向前进。

赠爱人祝福

用我满怀的爱，祝你生日快乐，是你使我的生活有了意义，我对你的情无法用言语表达，想与你共度生命每一天。

你是世界上最幸福的男人（女人）！有一个爱你的老婆（老公）守着对你一生一世的承诺，每一年的今天陪你一起走过！亲爱的，生日快乐！

今天有了你世界更精彩，今天有了你星空更灿烂，今天因为你人间更温暖，今天因为你我觉更幸福！

为了你每天在我生活中的意义，为了你带给我的快乐幸福，为了我们彼此的爱情和美好的回忆，为了我对你的不改的倾慕，祝你度过世界上最美好的生日！

特别的爱，给特别的你，愿我的祝福像阳光那样缠绕着你，真诚地祝愿健康和快乐永远伴随你，生日快乐！

我没有五彩的鲜花，没有浪漫的诗句，没有贵重的礼物，只有轻轻的祝福，祝你生日快乐！

在宁静的夜晚，点着暗淡的烛光，听着轻轻的音乐，品着浓浓的葡萄酒，让我陪伴你度过一次难忘的生日。

在这个特别的日子里，我没有

别的话，只想你知道，每年今天，你都会感到我的爱，永远的爱！

岁月总是愈来愈短，生日总是愈来愈快，友情总是愈来愈浓，我的祝福也就愈来愈深。愿你的每一天都如画一样的美丽。生日快乐！

感谢上苍在今天给了我一个特别的礼物，就是你。长长的人生旅程，有你相伴是我一生的幸福。祝你生日快乐！

赠朋友祝福

一年一度，生命与轮回相逢狭路，我满载祝福千里奔赴，一路向流星倾诉，愿你今天怀里堆满礼物，耳里充满祝福，心里溢满温度，生日过得最酷！

祝福加祝福是很多个祝福，祝福减祝福是祝福的起点，祝福乘祝福是无限个祝福，祝福除祝福是唯一的祝福，祝福你生日快乐！

愿你的生日充满无穷的快乐，愿你今天的回忆温馨，愿你今天的梦想甜美，愿你这一年称心如意！

愿电波驾着我的祝福、幸福、好运送给你。祝你生日愉快！天天愉快！青春、阳光、欢笑……为这属于你的日子，舞出欢乐的节拍。祝你生日快乐！

羡慕你的生日是这样浪漫，充满诗情画意，只希望你的每一天都快乐、健康、美丽。生日快乐！

愿我的祝福萦绕你，在你缤纷的人生之旅，在你飞翔的彩虹天空里。祝：生日快乐！天天好心情！永远靓丽！

愿祝福萦绕着你，在你缤纷的人生之旅，在你永远与春天接壤的梦幻里。祝你：心想事成！幸福快乐！生日快乐！

送你一瓢祝福的心泉，浇灌你每一个如同今日的日子！

愿你在充满希望的季节中播种、在秋日的喜悦里收获！生日快乐！步步高升！

日光给你镀上成熟，月华增添你的妩媚，生日来临之际，愿朋友的祝福汇成你快乐的源泉……

大海啊它全是水，蜘蛛啊它全是腿，辣椒啊它真辣嘴，认识你啊真不后悔。祝生日快乐，天天开怀合不拢嘴。

第四章

家常酒

亲情祝酒词

亲情祝词通常在家庭聚会上使用，其特点是轻松随意中流露出浓浓的情意。家庭聚会是一个较为温馨的场合，或是大家族的聚餐，或是小家庭的聚会，又或者是亲友之间的小聚。亲情祝词的遣词造句以及内容重点，应当依据祝词人以及受祝者的关系的不同进行调整和选择。亲情祝词通常运用在父子母女之间、恋人之间、翁婿之间或者亲家之间等，长辈对晚辈的祝词着重表达爱意和劝勉，晚辈对长辈则表达敬意以及对健康的祝愿，若是在爱人之间，则应着重表达爱意。

文风的选择同样也是多种多样的，或者谦恭有礼、文质彬彬（通常是幼对长），或者风趣幽默、妙趣横生（通常是长对幼或者同辈之间），再或者温情脉脉、浪漫多情（通常是恋人之间）……然而，这些也仅能作为参考，根据特定的对象作出具体而灵活的判断才是最重要的。

父亲祝酒词

【场合】家庭聚餐。

【人物】一家人。

【致词人】父亲。

【妙语如珠】真正的大人物是那种成就了不平凡的事业却仍然像平凡人一样生活的人。

儿子：

你马上就要大学毕业，进入社会。作为过来人，爸爸想告诉你，年轻人，尤其是刚毕业的大学生，不要有做伟大人物的念头。

生活中那些深谙做人之道的人，大都是在社会群体中能够摆正自己位置的人。把自己看成比别人高人一等的人，是世界上最愚蠢的人。有时我们的烦恼来自我们有颗狂妄自大的心。一个人如果妄自尊

172

大，把谁都不放在眼里，一切皆以自我为中心，那么他一定会一天到晚被烦恼重重包围着。若一个人太自负了，就很容易陷入一种莫名其妙的自我陶醉之中，变得自高自大起来。他会无视所有人对他的不满和提醒，终日沉浸在自我满足之中，对一切功名利禄都要捷足先登，这样的人永远也得不到人们的理解和尊重。自傲者对自我失去了客观评价，觉得在这个世界上唯我最大，舍我其谁，一副不知天高地厚的架势，以显示自己伟大的魄力和气度。可是靠说空话解决不了任何问题，人们尊敬的是那些脚踏实地干实事的人，而不是自吹自擂的说谎专家。其实越伟大的人越会谦卑待人，人们也越会敬重他。

真正的大人物是那种成就了不平凡的事业却仍然像平凡人一样生活的人。他们虚怀若谷，从来不会因为自己腰缠万贯而盛气凌人，从来不会见人就喋喋不休地诉说自己是如何成功和发迹的。他们也从不痛恨自己的同人是"居心叵测之人"，他们只是"不以物喜，不以己悲"，平和地做着自己该做的事

情。二十几岁的男人也许会有对未来的憧憬，也许会有对梦想的渴望，也许你在学校里有着不俗的成绩，也许你的家庭背景很显赫。但是，千万不要因此而觉得自己了不起，也不要幻想着有一天自己可以成为伟大的人物。步入社会就是一个新的开始，过好平凡的每一天，走好脚下的每一步，这样才会一点点向成功靠近，最终走向成功。

儿子，无论做人还是做事，都要务实。现在，爸爸敬你一杯酒，希望你踏踏实实做人，老老实实做事，凭借你自己的努力获得成功。干杯！

母女祝酒词

【场合】家庭聚会。

【人物】家人、亲朋好友、来宾。

【致词人】母亲。

【妙语如珠】人生竞争道路窄，平静以待自然宽。

各位来宾、各位亲友：

大家好！

今天，在我的女儿××即将要去××，到××的一家公司荣任

××之际，我十分感谢各位亲友，××的各位同学、朋友多年来对她的支持和关爱。尤其是大家对她的殷切嘱托和祝福，不但让××一生受益，而且也让我们这些亲人为之感动。我相信，大家平日对她的关心和今天对她的祝福，都必将化为她前进的动力，困难时的勇气，伤感时的慰藉，努力奋斗的根基，通向成功之路的阶梯！

作为××的母亲，我既希望她壮志凌云，鹏程万里，更要祝福她平平安安。因为最大的幸福莫过于既有事业的成功，又有平安相伴。这是天下所有母亲的最大心愿！

在这个人海如潮、红尘滚滚的社会中，我希望我的女儿平静安定，勤恳劳作，辛勤耕耘，不存侥幸，一分付出一分收获，懂得平平淡淡才是真、安安乐乐才是福的道理。希望她正确对待现在取得的成功，继续努力，善待自己，善待人生，得意时淡然，失意时泰然，居逆境而超脱，遇忧愁能自解。

人生竞争道路窄，平静以待自然宽。有了母爱，有了同学、朋友的挚爱，她一定能在竞争中到达胜利的彼岸。同时，我也在这里祝福那些和她同年龄的年轻人，希望你们事业学业业有成，路程前程程平安。所以，这杯酒，既祝愿我的女儿，也祝愿在座的每个年轻人平安、幸福、快乐，谢谢！

兄弟祝酒词

【场合】家庭聚餐。

【人物】一家人。

【致词人】哥哥。

【妙语如珠】马来西亚有句谚语说"天上的繁星再多也数得清，自己脸上的煤烟却看不见"，意思就是：一个人只会关注别人，而不关注自己。

弟弟：

现在你是一名大学生，哥哥有些话想对你说。生活中，我们习惯把自己的短处隐藏起来，口中念念有词地说着别人的缺点。用不同的眼睛看自己和别人。殊不知在交际中，我们对待别人的态度直接影响别人对我们的态度。当你指出周围人的不足时，觉得处处有人与自己作对，这时不妨反省一下自己平时的态度和行为，从心理上作出改变。

首先，要学会自知。若要了解自己行为的得失，则必须用"自知"的镜子来自照。反省如同一面明镜，在反省的明镜中，自己的本来面目将显现无余。一个人眼睛不要总是盯着别人，重要的是要先认识自己，从反省中认识自己，从自知的镜子中了解自己的真面目。

其次，要知过能改。一个人有过错不要紧，只要能改过就好，如果有过错而不肯改，这就是大过，真正的过错。有些人犯了错，却不肯承认，因为他怕因此而失了面子。如果能够消除傲慢的习气，就会生出悔过自新的勇气来。时常反省自己的过失，发现了错误，就要及时改正，切切实实地做事。比如，害了盲肠炎的病人，就要把那段肠割掉，以除后患。一个人有了过失，也要用反省、忏悔的快刀把它切除。

马来西亚有句谚语说"天上的繁星再多也数得清，自己脸上的煤烟却看不见"，意思就是：一个人只会关注别人，而不关注自己。聪明的人会反省错误，吸取教训，然后坚毅地忘掉过去，从零开始，以更大的劲头、更热忱的心态去弥补损失，而不是一味地指责别人。

弟弟，希望你能记住哥哥今天说的话。在大学的生活中，要努力提高自己，不要一味挑剔他人。打磨最优秀的自己，你才能走好未来的路。

来，哥哥敬你一杯，祝你学业有成，身体健康，吉祥如意，干杯！

夫妻祝酒词

【场合】友人聚会。

【人物】家人、好友。

【致词人】老婆。

【妙语如珠】友情的酒洒向前程的路，一定能使一切坎坷化为坦途，真诚的祝福化作缕缕春风，送他春风得意，一路畅行！

各位来宾、各位朋友：

我和我老公十分感谢各位在他即将远涉重洋奔赴××之际，用家乡的美酒为他饯行。友情的酒洒向前程的路，一定能使一切坎坷化为坦途，真诚的祝福化作缕缕春风，送他春风得意，一路畅行！

同时我也希望我老公在赴××的日子里，常常记起我们在一起生活的快乐时光，那一件件琐事，一颗颗爱的水滴，汇合成情的海洋；一个个互相关爱的细节，组合成美丽的陆地；一片片深情，一句句爱语，把我们的心紧紧地连在一起，在每个想念的地方靠岸，让思念的羽翼，带着温馨的祝福随时飞向彼此的心底。让我们手牵着手，跨过大洋，共度人生的湍流，共披人生的荆棘。

亲爱的，希望你牢记，不论遇到什么困难，自信和乐观是使人进取和追求的乐曲，坚韧和顽强是成功的阶梯，成功者最重要的是具有敢于拼搏的决心和勇气。命运的建筑师就是不懈奋斗追求的你。任何时候，我都会与你携手共赴人生的盛宴。

朋友们，让我们共同举杯：

为我老公在这个时刻即将走向新的征程，迎接新的希望；为各位的事业有成，前程似锦，干杯！

恋人祝酒词

【场合】友人聚会。

【人物】情侣、好友。

【致词人】男朋友。

【妙语如珠】我爱你，愿意做你身旁的一株木棉，不管冰雹还是风雨，都用生命护着你。

各位女士、各位先生：

××，我爱你爱得热烈、痴狂。但我爱你，绝不学攀缘的凌霄花，借你的高枝炫耀自己；也不学痴情的鸟儿，为绿茵重复单调的歌曲。我爱你，不要你做我的花朵，点缀我的屋子；也不要你像那一盏清茶，滋润我饱暖的肠胃。我爱你，你是我饥饿时的粮食，是我绝望中的希望，是我摸索时的火光，是我跌倒时身下的土地。

我要像晋北平原上的满面皱纹的老农那样来爱你。干旱的时候用汗水浇灌你，有冰雹的时候用佝偻的腰背遮蔽你。我粗糙的手掌抚过你青绿的叶片，你是我青年的希望，老年的期待。我要像云贵高原上扎着头帕的苗族妇女那样来爱你。点着星星的灯，拔去争夺你水分的杂草，披着月亮的斗篷，除去你枝上的蚜虫。我要像田间的少年那样爱你。夏天的烈日里我精疲力尽地倒在你的脚下；秋天的餐桌上我咀嚼着你，用我稚嫩的肠胃消化你。

我爱你，愿意做你身旁的一株木棉，不管冰雹还是风雨，都用生命护着你。

我爱你，为我在阳光下的注视，风中的倾听。我爱你，就像农民爱那老玉米。

这词儿是我背下的一段散文。它正好表达了我的心意。我爱你，就像农民爱玉米。爱得深沉，爱得真诚，爱得痴迷。请大家共同举杯：

为我爱××像农民爱老玉米，为我们大家的友情，干杯！

准亲家祝酒词

【场合】亲家相聚。

【人物】准新娘、准新郎、亲家。

【致词人】男方家人代表。

【妙语如珠】一根红线不仅成就了将要同床共枕蝴蝶双飞的夫妻，也成就了两家浓浓的亲情。

尊敬的各位来宾、各位亲朋好友：

今天我们有缘相聚，是命运的安排。一星期后，××先生、××小姐即将结一世良缘，我们为他们"新婚贺双美，齐乐庆百年"而由衷地祝福。同时，××两姓也喜"三星在户，五世其昌"，结秦晋之好。亲家相会，这是婚礼的前奏，也是两家结成亲缘关系的时刻。

一根红线不仅成就了将要同床共枕蝴蝶双飞的夫妻，也成就了两家浓浓的亲情。今天的聚会，是亲家相会酒，亲情酒。我们感谢造物主最精妙最合理的构思，由于××先生、××小姐的相爱结合，成就了××两家血缘接通上下古今，夫妻架联东西南北。由此而结成的亲情纵横交错、结实无比。

有了这段亲情，路与路平坦起来，心与心贯通起来，情与情融洽起来。四海之内，亲情悠悠，我们欢聚一堂的是亲友，溶在酒里的是浓浓的亲情。让我们共同举杯：

为鞭炮劈劈啪啪把亲家门渲染得红红火火，感情缠绕得亲亲切切紧紧密密。

为我们拥有如此美好温馨的亲情，干杯！

准新郎祝酒词

【场合】 婚礼前聚会。

【人物】 准新娘、准新郎、女方家人。

【致词人】 准新郎。

【妙语如珠】 青春的花纵然美丽，总有一天要悄然离去，岁月的路有春风拂面，也会有泥泞。

尊敬的爸爸妈妈、各位长辈、各位亲友：

大家晚上好！

说实话，此时此刻，我既激动又紧张。再过一星期，我和××的婚礼将在该酒楼举行。今天，我们欢聚一堂，在此，请大家接受我由衷的谢意！

感谢各位为我和××的婚事，为我们的幸福费心操劳，感谢你们为我们走进幸福之门发放了通行证。我能在你们的关爱下找到这样一位让我愿意和她倾心厮守一辈子的爱人，是我一生最大的幸福。

我会永远忠于她，忠于爱情。

人们说叶在恋爱时变成花，花在崇拜时变成果。我喜欢××的质朴、自然、诚挚、机敏和温情，还有那漂亮的面容。我也深知青春的花纵然美丽，总有一天要悄然离去，岁月的路有春风拂面，也会有泥泞。请各位长辈和亲人放心，今天我和她牵手同涉人生之旅，那么，我们就会像青山白云相厮守，一直到岁月尽头！像莎士比亚说的那样，为了爱她，我要和时间决斗，把她接上比青春更永久的枝头。

尊敬的各位长辈、亲爱的朋友们，请允许我代表我自己和××敬大家一杯酒，感谢各位长辈给予我们的浓浓亲情，请大家为我们祝福，同时也祝各位亲友身体健康，心想事成！谢谢！

家庭聚会长辈祝酒词

【场合】 新年家庭聚会。

【人物】 家人。

【致词人】 中年男性。

【妙语如珠】 合家团圆，对于每个家庭来说，都是一种恒久的期待和美好的愿望。

尊敬的各位长辈，各位兄弟姐妹，子侄、孙儿们：

大家新年好！

一年一度的新春佳节来临了，我们××家族欢聚一堂，在象征着吉祥如意的××大酒店，举行一次亲情融融的新春大聚会，这是大家都盼望已久的大聚会，我为能主持这次聚会而感到由衷的高兴和自豪。

我感到高兴的是，我们的孩子们都在逐渐地长大成人。看到他们拥有渊博的学识、丰富的知识、高大强壮的身体、幸福美满的生活，我仿佛看到了他们美好的明天，充满着无限希望和生机！

我感到自豪的是我们兄弟姐妹这一代人，都传承了父辈的优良传统和高尚品德。无论是在工作上还是在生活上，都有所成功和收获，用我们的行动和人格魅力，为我们的孩子们树立了良好的榜样。

随着年龄的增长，我们越来越觉得亲情难舍难分。合家团圆，对于每个家庭来说，都是一种恒久的期待和美好的愿望。由于我们居住在不同的城市，平时很难在同一时间聚齐。因此，这次家庭大聚会的主题，我们将它定义为回归和享受亲情。这次大聚会的目的就是让我们的长辈们在新的一年里过得开开心心、快快乐乐；让我们的孩子们有一次相互认识和交流沟通的机会，进一步加深我们兄弟姐妹之间的亲情，让我们的生活更加丰富多彩，更加有意义！

孝敬父母、尊敬长辈、勤俭持家是我们家族治家的好传统，我希望孩子们都要有孝心、爱心和责任心，要用一颗感恩的心去面对所有的人和事，在家要孝顺老人、尊敬父母，在学校和单位要努力学习和工作，做一名对社会有用的人才。

再多的话儿也表达不了我此刻激动的心情。最后，我衷心的祝福我们家族更加兴旺，长辈们都能健康长寿、福如东海；祝福我们兄弟姐妹家庭幸福、身体健康、万事如意！祝福我们的子侄们身体健康、事业有成、婚姻幸福；祝愿我们的孙儿辈们，青出于蓝胜于蓝，一代更比一代强！

家庭聚会晚辈祝酒词

【场合】新年家庭聚会。

【人物】家族成员。

【致词人】晚辈。

【妙语如珠】在生命的旅途中，感谢你们的扶持和安慰，让我们在疲惫时停留在爱的港湾，沐浴着温暖的目光；在困难时听到不懈的激励，在满足时理解淡然的和谐之美。

敬爱的长辈们：

晚上好！

新春共饮团圆酒，家家幸福贺新年。在今天这个辞旧迎新的日子里，我谨代表晚辈们，对在座的各位长辈说出我们的感谢和祝福。

在生命的旅途中，感谢你们的扶持和安慰，让我们在疲惫时停留在爱的港湾，沐浴着温暖的目光；在困难时听到不懈的激励，在满足时理解淡然的和谐之美。

各位长辈在过去的风雨岁月里经历了不少辛苦，沧桑已经耗走了你们太多的情感，我们把最真诚的祝福送给你们：新年来了，你们也该休息休息了，请接受我们的祝福，祝愿长辈们在新的一年里身体健康、心情愉快、生活幸福。

祝福送不完，话语道不尽。在此，我还要祝福我的兄弟姐妹，在新春佳节之际，祝你们趁着春风，扬起理想，创造自己的辉煌！

现在，请让我们大家共同举杯，祝我们在新的一年里一帆风顺，万事如意，心想事成，干杯！

友情祝酒词

无论是"伯牙绝弦",还是"管鲍分金",都赞颂了友情的可贵。友情不似亲情紧密,不似爱情浓郁,却因着那一份淡若水的情怀散发着无穷的魅力。

友情是多种多样的,很难有一个准确的诠释,友情祝词,便也因为人们在不同的人际关系中所扮演的复杂角色而变得丰富多彩。然而,无论是什么样的友情祝词,都应当表达一个共同的主题,即对这份友谊的珍视,以及对朋友的关怀。无论是同学之间、同乡之间、战友之间、师生之间还是网友之间,尽管在不同的友谊面前每个人扮演着不同的角色,但是每一份友谊都有着相同的本质。这期间有着对对方的欣赏,或是感恩,又或者是其他的某些情怀。

在友情祝词中,祝词人应当仔细思考自己与受祝者之间的关系,并以这种情感为基调,或是回忆共同的过往,或是细数相交之谊,或是表达对对方的欣赏,或是献上最真挚的祝愿……淡雅的情调和温馨的氛围,将帮助你作出一篇很好的友谊祝词。

中学毕业祝酒词

【场合】聚会酒宴。

【人物】中学时的老同学。

【致词人】×同学。

【妙语如珠】愿我们的同学之情永远像今天大厅里的气氛一样,炽热、真诚;愿我们的同学之情永远像今天窗外的白雪一样,洁白、晶莹。

各位同学:

时光飞驰,岁月如梭。毕业18年,在此相聚,圆了我们每一个人的同学梦。感谢发起这次聚会的同学!

回溯过去，同窗三载，情同手足，一幕一幕，就像昨天一样清晰。

今天，让我们打开珍藏18年的记忆，敞开密封18年的心扉，尽情地说吧、聊吧，诉说18年的离情，畅谈当年的友情，也不妨坦白那曾经躁动在花季少男少女心中朦朦胧胧的爱情；让我们尽情地唱吧、跳吧，让时间倒流18年，让我们再回到中学时代，让我们每一个人都年轻18岁。

窗外满天飞雪，屋里却暖流融融。愿我们的同学之情永远像今天大厅里的气氛一样，炽热、真诚；愿我们的同学之情永远像今天窗外的白雪一样，洁白、晶莹。

现在，让我们共同举杯：为了中学时代的情谊，为了18年的思念，为了今天的相聚，干杯！

高中毕业 20 周年祝酒词

【场合】高中毕业20周年同学会。

【人物】老师、同学。

【致词人】×同学。

【妙语如珠】深深的同学情就像陈年的美酒，愈久愈醇香，愈久愈珍贵；深深的同学情，就像人生情感世界里最绚丽的一道风景，为你呈递异彩纷呈的世界。

尊敬的老师、亲爱的同学们：

大家好！

20年后的今天，我们又相聚在了一起。高中毕业一阔别，便已是20个春秋，当年的毛头小子，如今都已步入中年。再回首，20年前那个凤凰花开的八月的夏日，业已带着馥郁的芬芳，永远地定格在了我们的脑海中。

还记得20年前的那段青涩岁月里，我们拽着青春的尾巴，尽情地享受这无悔的青春年华。那时候的我们充满了幻想，早已设想了10年、20年后再次相聚的情景。我们向往着在一番拼搏之后，各自带着汗水，带着沧桑，一同分享我们所有的辛酸与喜悦。奋斗的日子是让人向往的，20年前的我们，希望能够闯出自己的一片天地，而经过这20年岁月的洗礼，我们慢慢懂得了，其实平静的生活也别有一番味道。或许开始懂得享受生活，懂得细心体味生活中的每一种滋味，便是成熟的开始吧。

我们走过了这既漫长又短暂的20年，走过了人生中最美好的一段岁月，在这段时间里，我们用辛勤和汗水，努力追求和创造着自己的价值，并在其中体验了成功与失败的滋味。初尝人生的酸甜苦辣，我们愈发体味到了师生、同窗之间情谊的可贵。高中三年的情谊，恰如人生中一首情谊悠长的歌，魂牵梦绕，伴随着我们生命中每个阶段的历程，使我们即便在最艰难的时刻，内心的最深处还保留着那一丝温暖，那一丝希望。深深的同学情就像陈年的美酒，愈久愈醇香，愈久愈珍贵；深深的同学情，就像人生情感世界里最绚丽的一道风景，为你呈递异彩纷呈的世界。

金秋八月，我们再一次相聚在一起，我们一同回叙同学的情谊，彼此传递着心底最真诚的关怀与惦记。在这个美好的八月，我们拾起青春的回忆，整理自己的心情，怀抱着这最初的梦想，准备重新踏上人生和事业的征程。让我们记住这一刻吧，××××年××月××日，让我们的情谊，在这一刻化为

永恒！

谢谢大家！

大学室友聚会祝酒词

【场合】室友聚会。

【人物】室友。

【致词人】×室友。

【妙语如珠】自从我们踏进大学校园以来，宿舍就是我们共同的家。家是我们成长的土壤，它承载着我们的喜怒哀乐，为我们提供养料，为我们消愁解忧，帮助我们笑对坎坷和挫折！

各位室友：

大家好！

自从我们踏进大学校园以来，宿舍就是我们共同的家。家是我们成长的土壤，它承载着我们的喜怒哀乐，为我们提供养料，为我们消愁解忧，帮助我们笑对坎坷和挫折！

我们要爱这家里的每一样东西，即便是敝帚，我们也必定自珍；我们要爱这家里的高尚情操，虽不是贤人世家，但至少有过孔孟之道的醍醐灌顶；我们要爱这家里

良好的行为规范，追求明亮整洁。

家仿佛拥有一种魔力，将我们凝聚在一起。我们来自四面八方，虽然我们拥有不同的个性、风度和梦想，但我们神采奕奕、风度翩翩；我们才华横溢、慷慨有志；我们团结互助、为梦想而努力拼搏！我们是这家里最活跃的音符！在家里，我们学会了自尊、自重、自强、自立、不卑、不亢、不畏、不俗！

家是我们心灵的港湾，为我们遮风挡雨。当我们为繁重的学业而满身疲倦时，有阳光余香未除的床被带来的温暖；当我们为前途忧烦苦闷时，有来自室友的相互勉励；当我们遇到生活的挫折或感情的伤害时，有兄弟们的支持和寒暄！我们从陌生到相识，从相识到相知，从相知到相依，我们在相互关爱和呵护中成长。

总之，寝室作为我们共同的家，它给了我们很多很多，物质的互补，精神的鼓励，行为的规范，让我们感受到它无穷的魅力和给我们的爱！

我相信，许多年后，这些都将是一种珍贵的记忆，一种宝贵的财富，让我们充满无限的遐想与深深的陶醉。为此，我提议，为我们把自己的家——寝室建设得更好而干杯。

大学毕业聚会祝酒词

【场合】毕业聚会。

【人物】大学同学。

【致词人】×同学。

【妙语如珠】离别让心头有一丝丝的忧愁和悲壮，但我们拥有更多的快乐和豪情。

各位同学：

今宵我们欢聚一堂。虽然相聚之后是离别，但更多的是憧憬和希望。

四年前，我们从祖国的四面八方来到这里。四年的同窗生活，我们相亲相爱，一起走过了许多风风雨雨。

我们曾在教室里埋头苦读，我们曾在田径场上奋力拼搏，我们曾一起登上山巅狂欢……这点点滴滴，情深意长，我们一生都忘不了。在多年之后，当回想这一切时，我们依旧会记得校园里的良师益友，会记得那流金岁月里的成长故事。

离别让心头有一丝丝的忧愁和悲壮，但我们拥有更多的快乐和豪情，"十年寒窗苦，今朝凌云志"，我们就要怀着成熟的人生理念、丰富的专业技能踏上工作岗位了。

今天，让我们相约×年后重聚。×年后，希望我们在座的各位中既有金融业的骨干，又有军队里的精英，更有政界的骄子，我深信我们大家都将会在各自的岗位上作出一番骄人的业绩。无酒，何以逢知己；无酒，何以诉离情；无酒，何以壮行色。

让我们举起杯，为我们这四年的缘分，为我们的相约，为我们辉煌灿烂的明天，干杯！

大学毕业师生聚会祝酒词

【场合】大学毕业聚会。

【人物】老师、同学。

【致词人】×同学。

【妙语如珠】在这里，我们恣意挥洒着我们的青春，意气勃发地追求着我们的梦想，在这里，我们

一步一个脚印地共同成长。

亲爱的老师、同学们：

大家晚上好！

在这个星光璀璨的夜晚，我们相聚在一起，共叙我们大学四年来的友谊，共话我们即将到来的别离。四年的时光，说短也短，说长也长。长长的岁月积累了我们深厚的情谊，短短时光，不经意间，又该分离。

我们来自祖国的大江南北，为了对知识共同的追求，我们相聚在草色青葱的大学校园里。在这里，我们恣意挥洒着我们的青春，意气勃发地追求着我们的梦想，在这里，我们一步一个脚印地共同成长。还记得自习室里，我们安静自习，图书馆里，我们埋首书堆，田径场上，我们挥汗如雨，实验室里，我们探索未知。还记得那个中秋之夜的相聚，我们这些离家的学子相互诉说着对家乡的思念，相互传递着最温暖的情谊。

如今，我们又相聚在一起，今宵的聚首是为了明日的别离。朋友们，切莫伤心，切莫难过。我们就像母校

放飞的一群鸽子，本该到广阔的世界中去追寻和实践各自的梦想。今日的别离是为了来日更好的相聚。十年、二十年、三十年之后，当我们再次相聚在一起，可以畅谈人生、分享岁月，共话这些年来的所得与所失、付出与收获。那样的时刻，是多么令人期待，就让我们从这一刻开始做好准备，共同期待着人生的起航，期待着不久的将来的再次聚首吧。

来不及等待来不及沉醉
噢来不及沉醉
年轻的心迎着太阳
一同把那希望去追
我们和心愿再一次约会
让光阴见证让岁月体会
我们是否无怨无悔
再过二十年我们来相会
那时的山噢那时的水
那时祖国一定很美
但愿到那时我们再相会
那时的春噢那时的秋
那时硕果令人心醉

离别之际，让我们共同唱起这首歌，再过二十年，我们来相会。让我们共同举杯，为了美好的明天，为了二十年后的相聚，干杯！

同乡聚会祝酒词

【场合】同乡聚会。

【人物】同乡、嘉宾。

【致词人】×同乡。

【妙语如珠】这杯酒绝非陈年佳酿，更谈不上玉液琼浆，但它溶进了我们全体同乡的情意，喝下去，就会感到家乡的温暖、芳香！

亲爱的老乡们、来宾们：

大家好！

"年年岁岁人相似，岁岁年年花不同。"在这秋色宜人、合家团圆的美丽时刻，我们在××奋斗的××老乡在此团聚。

为了这次难得的相逢，本次聚会的组织者××同志不辞辛劳地为大家服务，我代表全体老乡对他表示衷心的感谢，也向所有参与今天聚会的老乡致以诚挚的祝福！

"独在异乡为异客，每逢佳节倍思亲。"但是现在，我们欢聚在一起，即使身在他乡，也不会感到孤寂。只要我们真诚地对待彼此，相信我们之间的情感会日益深厚。今天，我们在这里欢聚一堂，我提议，为我们这次的相聚和来日的重逢热烈鼓掌！

老乡见老乡，两眼泪汪汪，亲爱的同乡们，让我们把酒杯斟满，让美酒漫过杯边，让我们留下对同乡会的美好回忆，让我们留下对同乡的亲切关怀，让我们彼此的情谊留在心间，让我们将这杯酒一饮而尽！

今夜星光灿烂，今晚一夜无眠！这样的夜晚追溯着我们家乡父老的培养，准备着明天的起飞，璀璨的星光穿越时空，倾诉着对银河的依恋……

这杯酒绝非陈年佳酿，更谈不上玉液琼浆，但它溶进了我们全体同乡的情意，喝下去，就会感到家乡的温暖、芳香！

来，让我们共同举起这杯饱含千言万语的酒：祝大家家庭美满，爱情甜蜜，事业成功，前程似锦！愿我们的友谊地久天长！干杯！

战友情祝酒词

【场合】老战友聚会酒宴。

【人物】老战友们。

【致词人】×战友。

【妙语如珠】回望军旅，朝夕相处的美好时光怎能忘，苦乐与共的峥嵘岁月，凝结了你我情深意厚的战友之情。

各位首长，亲爱的战友们：

大家晚上好！

今天，我们××名亲如兄弟的老战友相聚在一起，如果说人生的岁月是一串珍珠，漫长的生活是一幅画卷，那么，我们的战友深情就是最亮丽的风景。

在这个欢聚时刻，我的心情非常激动，面对一张张熟悉而亲切的面孔，心潮澎湃，感慨万千。回望军旅，朝夕相处的美好时光怎能忘，苦乐与共的峥嵘岁月，凝结了你我情深意厚的战友之情。

二十年悠悠岁月，弹指一挥间。真挚的友情，紧紧相连，许多年以后，我们战友重遇，依然能表现出难得的天真爽快，依然可以率直地应答对方，那种情景让人激动不已。

如今，由于我们各自忙于工

作，劳于家事，相互间联系少了，但绿色军营结成的友情，没有随风而去，已沉淀为酒，每每启封，总是回味无穷。今天，我们从天南海北相聚在这里，畅叙友情，这种快乐将铭记一生。

最后，我提议，大家举杯，为我们的相聚快乐，为我们的家庭幸福，为我们的友谊长存，干杯！

建军节战友聚会祝酒词

【场合】建军节前夕聚会宴。

【人物】老战友们。

【致词人】×战友。

【妙语如珠】杨柳依依，我们折枝送友，举杯壮怀，我们相拥告别。

亲爱的战友们：

大家中午好！

值此建军节来临之际，我们××届战友欢聚一堂。

想当初，少年幻想、青年盼望在胸前开放出一朵大红花，我们在激动和喜悦中，拥抱了渴望已久的荣幸，实现了当兵梦，从军以来，我们把父老乡亲的叮咛，变成脚踏实地的行动，把领导的教诲、战友

的关爱、朋友的提醒化为激励追求的动能，才有军旅岁月一个又一个成功。

回望军旅，苦乐与共的峥嵘岁月铸造了你我情深意厚的友情。训练场上，你我摔打意志，林荫小路我们倾吐肺腑，比武练兵，大显身手。熠熠闪光的军功章，记录着我们长大的青春，这一切是我们永生难忘的回忆。

杨柳依依，我们折枝送友，举杯壮怀，我们相拥告别，在岁岁年年《送战友》的歌声中，在告别军旗的场景中，我们迈着成熟的步伐，带着梦幻、带着期待、带着祝福，走上了不同的工作岗位。在市场经济的大潮中，我们用军人敢于面对挑战，敢于攻坚克难，敢于争先创优的特有气质，拼搏弄潮，闯出了一条又一条闪光的道路。如今都已事业有成，在我们中间，有身居要职的领导；有财运亨通，具有开拓精神的厂长、经理，有其他岗位的社会中坚，并且，都拥有了幸福的家庭，这是我们彼此期盼和祝福的。

过去十年恍然如梦，好像是生

命中的一部分跨越了漫长的时空之隔，一如既往地停留在一个遥远而葱郁的地方，没有老去。如今，我们相聚在××，畅叙往情，真是令人感慨万千。时间没有磨平我们的战友情谊，岁月没有减弱我们的思念，相信这次聚会一定会使我们的情更浓，意更深。

最后，我提议共同举杯，为我们相聚快乐，为我们的家庭幸福，为我们的友谊长存干杯。

军转群祝酒词

【场合】战友聚会。

【人物】战友。

【致词人】×战友。

【妙语如珠】抚今追昔，我们感慨万千；展望前程，我们心潮澎湃。

亲爱的战友们：

光阴荏苒、岁月流逝，此时，抚今追昔，我们感慨万千；展望前程，我们心潮澎湃。

过去的一年，是我们完成由一名军人向一名地方建设者转变的一年，是我们全体转业军人迎接挑战、经受考验、努力克服困难、出色完成转业任务的一年。

过去的一年，是我们作为军转干部来说较为坎坷的一年，失意与得意、高兴与沮丧、欢笑与泪水陪伴着我们走过了这段路程。

今天，我们之所以能够克服种种困难，这一切都与全体转业干部所付出的艰辛和努力息息相关，与我们家庭的殷切关心密不可分。在此，我代表我们的队伍向××××军转群全体成员、向在座的各位以及你们的家属表示亲切的问候，向转业复员期间为大家提供服务、无私奉献的同志们表示衷心的感谢！

在未来的工作中会面临很多困难，但是我们要清楚地认识到：作为一名军人，要敢于迎难而上，在社会的大熔炉里早日完成自己质的飞跃。所以，进入地方工作单位以后，我们必须抓住新机遇，迎接新挑战，承担起历史赋予我们的神圣使命，勇于做一个在风口浪尖上拼搏的弄潮儿。

最后，让我们举起手中杯开怀畅饮，为了我们的美好未来，干杯！

师生聚会老师祝酒词

【**场合**】师生聚会。

【**人物**】老师、××班同学。

【**致词人**】×老师。

【**妙语如珠**】流水因为受阻而形成美丽的浪花，人生因为挫折才显得更加壮丽！

各位同学：

大家好！

此次毕业考试，我们班的全体同学以优异的成绩完成了学业，在即将离开母校之际，首先，老师向××班的全体同学表示热烈的祝贺！

即将走出母校的同学们，你们经过×年的学习和奋斗，圆满地完成了学习任务，共同走过了一条闪光的道路，在思想和能力方面都有了大幅度的提高，取得了丰硕的成果。在过去的读书生活中，我不主张你们喝酒，今天，在你们即将踏上新的人生之路时，老师以酒为你们祝福。

希望你们拿出拼搏精神，谦虚谨慎勤奋努力，走出一条辉煌的人生之路。人们说社会是个复杂的大集体，人生是一本难于读懂的教科书。我们就是要从人生这部大书中寻求更多的知识，实现人生的价值。流水因为受阻而形成美丽的浪花，人生因为挫折才显得更加壮丽！理想的鲜花在坚忍不拔中怒放，胜利的果实总是给历尽甘苦者品尝。

希望你们把大学毕业当成对学问追求的新起点，"子规夜半犹啼血，不信东风唤不回"，继续努力向生活学习，向实践学习，最终事业有成。

同学们，你们就要离开母校了，带着留恋与自豪，载着果实和希望，请大家共同举杯：为××班同学们勃勃树雄心行看跃马征途日，依依怀母校常忆毕业晚会时。祝你们百尺竿头初进步，九霄云路永领先！干杯！

师生聚会同学祝酒词

【**场合**】师生聚会酒宴。

【**人物**】大学时的老师、老同学。

【致词人】×同学。

【妙语如珠】无论人生浮沉与贫富贵贱，同学间的友情始终是纯朴真挚的，而且就像我们桌上的美酒一样，越久就越香越浓。

亲爱的老师们、同学们：

10年前，我们怀着一样的梦想和憧憬，怀着一样的热血和热情，从祖国各地相识相聚在××。4年里，我们生活在一个温暖的大家庭中，度过了人生中最纯洁、最浪漫的时光。

为了我们的健康成长，我们的班主任和各科任老师为我们操碎了心。今天我们特意把他们从百忙之中请来，参加这次聚会，对他们的到来我们表示热烈的欢迎和衷心的感谢。

时光荏苒，岁月如梭，从我们相识那天起，转眼间十个春秋过去了。当年十七八岁的青少年，而今步入了为人父、为人母的青年人行列。

同学们在各自的岗位上无私奉献，辛勤耕耘，都已成为社会各个领域的中坚力量。但无论人生浮沉与贫富贵贱，同学间的友情始终是纯朴真挚的，而且就像我们桌上的美酒一样，越久就越香越浓。

来吧，同学们！让我们和老师一起，重拾当年的美好回忆，重温那段快乐时光，畅叙无尽的师生之情、学友之谊吧。

为10年前的"千里有缘来相会"、为永生难忘的师生深情、为同学间纯朴真挚的友谊、为我们的相聚，干杯！

慰藉祝酒词

慰藉祝酒词，不管是安慰他人，还是自我劝慰，很重要的一点便是朴素真挚，以情感人。至于叙述方式，适宜选择夹叙夹议，有理有据，从平淡的叙述中照见真理，有时不妨引用警句或俗语，以加强说服力，例如，"人生欢乐有时、悲伤有时、得意有时、失意亦有时。人生的旅途不可能一帆风顺，人生在世亦不可能事事尽如人意。……所谓人生得意须尽欢，莫使金樽空对月。既然得意之时有限，失意之刻常在，我们何不在失意之时常常保持一颗乐观的心呢？"不仅文采盎然，而且妙趣横生。

有时候，为了达到更好的劝慰效果，使人们感同身受，不妨以自身为例，与他人分享自己的亲身经历，例如，对失业友人，可以这么说："我在大家中间是最年长了，也曾经有过下岗的经历，希望我的一些经验，能够对××有所帮助……"恳切真诚，无疑将起到很好的劝慰效果。

患病痊愈喜庆祝酒词

【场合】酒会。

【人物】亲友、同事五十余人。

【致词人】亲人。

【妙语如珠】有亲朋好友相依相伴，人生最大的幸福不过如此，相信只要有你们在，××先生今后无论经历什么样的考验，都能够鼓起勇气坦然面对，重新创造美好和幸福的明天！

同志们、朋友们：

今天，为庆祝我们的朋友××先生"重获"健康，我们相聚在一起。想必诸位都已经知道，××先生在今年年初时被本地医院初诊为

192

肝癌，当时，我们都不敢、也不愿相信这个可怕的消息，我们无论如何也不能够接受这样一个鲜活、乐观、充满活力的生命离我们而去。幸而上帝眷顾，××先生去北京复诊以后带回了好消息：初诊误诊，他只是肝部存在一些积水，并没有癌症，更没有性命之忧，只要好好休息，很快便能痊愈。

"宝剑锋从磨砺出，梅花香自苦寒来"，这一事件，不仅仅是对××先生以及作为亲朋好友的我们一次意志上的考验，还让我们真切体会到了生命的脆弱和可贵。这使我们明白该好好珍惜现在的生活，好好珍惜身边的一切，无论是亲情、友情、爱情，还是生命中一切小小的细节和感动，都值得我们用心珍藏。相信经历过这次意外，我们都将更加懂得享受生活。

在此，且让我代表××先生和他的家人，对所有关心、爱护和帮助他的亲朋好友，致以最诚挚的谢意！××先生经历人生的低谷之时，得到了你们无尽的支持和鼓励，如今他重新回到了正常的生活轨道，最不能够忘记的，依然是你们在患难中给予的关怀，以及温暖。有亲朋好友相依相伴，人生最大的幸福不过如此，相信只要有你们在，××先生今后无论经历什么样的考验，都能够鼓起勇气坦然面对，重新创造美好和幸福的明天！

让我们共同举杯：为××先生身体健康、前程无量；为所有亲朋好友对××先生的关心、爱护和帮助；同时也为诸位的身体健康、工作顺利、家庭幸福，干杯！

大难不死压惊祝酒词

【场合】劫后余生压惊宴。

【人物】亲朋好友。

【致词人】朋友。

【妙语如珠】我们相信，无论今后的工作、生活是铺满鲜花的路，还是荆棘坎坷的路，他必定都会一往无前，拥抱幸福而美满的明天。

尊敬的各位来宾、各位朋友，亲爱的女士们、先生们：

大家早上好！

今天是个特别的日子，是个格外值得庆贺的日子。我们的好朋友、好同事××先生在搭乘××航空公司的从××城市飞往××城市的××次航班时，飞机的部分零件发生故障，在几度低空盘旋后几近坠毁。后来，在所有机组人员和地面指挥中心的共同努力下，飞机终于在××城市安全迫降，机组全体人员毫发无损。这次空中历险，真可谓是有惊无险。如今，经历过生死关头的××先生终于又回到了我们身边，我们感到格外高兴，在此，请让我们首先共同祝贺××先生平安归来。人们都说大难不死，必有后福，相信××先生在今后的日子里必定能够一帆风顺、万事如意，必定能够在事业和家庭中都百尺竿头，更进一步。同时，谨让我代表××先生和他的家人，向在座各位的亲切光临，表示热烈的欢迎和深深的谢意！

如今，××先生重新回到了我们身边，我们对此倍感珍惜。想必××先生此时此刻，内心也是百感交集吧。他从死亡边缘走来，最近距离地体味了死亡的滋味，如今重新回归正常的生活，他必定更能够品味出人生的甘甜，更能够体会到生命的可贵。命运给了他再创辉煌

的机会，我们希望他能够从今往后好好拥抱亲人，拥抱朋友，拥抱生活，拥抱太阳。我们相信，无论今后的工作、生活是铺满鲜花的路，还是荆棘坎坷的路，他必定都会一往无前，拥抱幸福而美满的明天。

最后，请让我们共同举杯，为××先生大难不死，为××先生重新回到我们身边，也为××先生今后的幸福生活，干杯！

夫妻吵架劝慰祝酒词

【场合】夫妻吵架劝慰宴。

【人物】好友数人。

【致词人】好友。

【妙语如珠】有人说夫妻吵架拌嘴是在平淡的生活中加了一点盐，是生活的调剂，是一种情趣。我看这话有一定的道理，但是千万得把握住这个尺度，可别把情趣给变成闹剧了。

××，××：

今天，我们朋友几个把你们两位叫来，有一个特别的目的。不用我们多说，你们应该都很清楚吧。就是要劝你们夫妻两个言归于好。

希望你们能放下各自心中的不满，好好地谈一谈，把所有的问题都说开来。

你们开始"冷战"也有好几天了，作为你们的朋友，我们都看在眼里，急在心里。小两口之间，有什么芥蒂是不能放下的呢？你们看，××一生气就跑回了娘家，××这几天则是愁眉不展地闷在家里，班都没心思好好上了。你们小两口斗气，可把我们这些朋友给急坏了。看到你们都这么苦恼，可见你们心里都还惦记对方，在乎对方。如此相爱的两个人，又何必端着架子，都不肯主动低下头来认个错，赔个不是呢？其实，夫妻之间没有那么多的对错可言，平时吵架拌嘴，多为的是一些鸡毛蒜皮的小事。或许各人有各人的看法，公说公有理婆说婆有理，就像闽南语歌谣里头所说的"阿公要煮咸，阿嬷要煮淡，两个相打弄破锅"，但是，既然两个各自独立的人走在一起，下了决心要建立起共同的家庭，就必须得相互忍让，相互迁就，只要不是原则问题上的大是大非，任何事都可以灵活处之。这就是婚姻生活的智慧。

今天我们把你们夫妻俩请到这里，并不是要评论你们俩谁是谁非。小两口一块儿过日子，哪会没有几次小打小闹的，但是这一切都要适可而止，太过的话，会影响到夫妻感情。有人说夫妻吵架拌嘴是在平淡的生活中加了一点盐，是生活的调剂，是一种情趣。我看这话有一定的道理，但是千万得把握住这个尺度，可别把情趣给变成闹剧了。

今天，在各位朋友的面前，你们就牵个手，认个错，握手言和吧。来，让我们大家一同干了这杯酒。干了这杯酒，所有的伤心和不满都一笔勾销，抛到脑后，干了这杯酒，所有的生活都重新开始，干了这杯酒，未来的日子里一定会恩恩爱爱、和和美美。来，干杯！

为失业友人释愁祝酒词

【场合】友人失业释愁酒。

【人物】好友数人。

【致词人】好友。

【妙语如珠】记得有一位智者曾经说过，在遭遇困境时，千万不要把苦恼放大，而忽视了身边的快乐，忽视了金钱和地位都换不到的亲情、友情和爱情。

各位朋友：

前不久，我们的朋友××的单位因为经济危机裁员，他不幸下岗了，今天我们朋友几个聚在一起，一同喝喝酒、解解闷，为××出出主意，希望他能够早日摆脱低迷的状态，早日走出困境。刚才，大家都已经说了许多，现在，该我来和××说几句了。我在大家中间是最年长的了，也曾经有过下岗的经历，希望我的一些经验，能够对××有所帮助。

现在，下岗职工再就业是我们国家的一个重要课题，金融风暴的肆虐，让千千万万个家庭都面对着失业的困扰。如今，我们的朋友××很不幸地成为其中的一员。但是，塞翁失马，焉知非福。这虽然是老调重弹了，但是并不是没有道理。几年前，我刚下岗的时候，几个孩子都还在上学，不仅交不上学费，连平日里的吃穿用度都成了很大的问题。当时的我几乎绝望了，

朋友们劝慰的话，我也全都听不进去。后来，可以说是绝处逢生吧，在居委会的帮助下，我在小区里开了一家小店，刚起步的时候也是遇到了许多难处，但是这几年下来，慢慢地步入正轨了，我们的生活也有了好转，比起在之前的××工厂工作时，还宽裕了不少。现在孩子们都毕业了，我们身上的重担也终于可以放下了。所以说，所有的困难都是暂时的，人生哪有过不去的坎儿呀。兄弟，你一定要振作起来。现在好多人都主动下海，自己去打拼，请你相信，路不止一条，单位之外，还有广阔的前程在等着你呢。很多人有创业的梦想，但是守着铁饭碗总是不敢去拼去闯，现在你已经没有什么可顾虑的了，所以放手去干吧，你还年轻，不要害怕失败。

记得有一位智者曾经说过，在遭遇困境时，千万不要把苦恼放大，而忽视了身边的快乐，忽视了金钱和地位都换不到的亲情、友情和爱情。如今，你在事业上受到了挫折，但是不要忘了你还有一个幸福的家庭，有爱你的妻子和乖巧的

孩子，还有我们这一群在背后支持你的朋友。所以，振作起来吧，一切的烦恼都无法掩盖生活中的快乐。

我提议，让我们一同举起酒杯，为××振奋精神，重拾信心，为××在事业上早日开创出自己的一片天地，为他在家庭和事业上的双丰收，干杯！

为失恋友人解忧祝酒词

【场合】解忧酒。

【人物】好友数人。

【致词人】友人。

【妙语如珠】塞翁失马，焉知非福，这不啻是至理名言。亲爱的兄弟，我想要告诉你的，不是古来痴男怨女们聊以自慰的陈词滥调，而是真挚恳切的经验之谈。

各位朋友：

今天难得数位好友在此相聚，我们小酌几杯，共话情谊。酒逢知己千杯少，话不投机半句多，挚友相聚，尽可畅所欲言，无酒不欢，一吐心中不快，以抒胸臆。

××刚刚和女友分手，这几天

正沉浸在抑郁与忧愁之中。作为过来人，我想告诉你，失去所爱，有时候恰恰是幸福的开始。

正如莎士比亚所说，求爱的人比被爱的人更加神圣，爱神总是站在求爱者那一边。我想说的是，爱一个人往往比被一个人所爱更加幸福和快乐，真正拥有爱的人，才能够真正享受爱，所有的付出，难道不恰恰伴随着内心最大的满足么。

爱的力量是无限的，爱的能力永远不会饱和，只要你还没有失去自己，你便不会失去爱的权利，还有爱的能力。一朝放手，意味着时刻准备着重新牵手，意味着你很可能找到你的真爱。人们常说，命运关闭了你的一扇门，便会为你打开另一扇窗，难道不是么，有得必有失，有舍才有得。人们常常会计算恋爱失败的次数，而不去考虑曾经有过的那几段情感为你带来了什么，只有曾经爱过，并失去过，才能更加懂得珍惜，更加懂得如何去爱，才能明白该如何牢牢抓住下一段感情。塞翁失马，焉知非福，这不啻是至理名言。亲爱的兄弟，我想要告诉你的，不是古来痴男怨女们聊以自慰的陈词滥调，而是真挚恳切的经验之谈。我也曾经被命运所抛弃，但是伴随着一切磨砺而来的是人格和性情的不断成熟，慢慢地，我开始明白什么是真爱。

××，我希望你能够尽快走出这段感情的阴影，早日去拥抱一份新的爱情。在爱情的崎岖小路上，我们磕磕碰碰，但无论经历多少风雨，一定能够迎来绚烂的彩虹。只要你足够乐观，足够自信。

朋友们，让我们共同举杯，为××重新振作，迎接更加甜美的爱情，干杯！

宽慰面试失败者祝酒词

【场合】面试淘汰安慰宴。

【人物】好友数人。

【致词人】朋友。

【妙语如珠】我们都希望你用豁达的心胸去遮挡不愉快的阴影，一路高歌跃马扬鞭去追赶胜利的曙光。

亲爱的朋友们：

大家好！

我们有好一段日子没有见面了，今日小聚，我们有一个特别的目的，就是帮助我们的朋友××早日走出面试失败的阴影。

××一直是我们中间的一位出色的青年。他不仅才华出众，而且勤勉刻苦，他孜孜不倦的努力是我们大家有目共睹的。这次，他参加了国家公务员考试，以笔试第×名的成绩进入了复试，然而在10取1的残酷竞争中，他最终遭到了淘汰。对此，我们都为他扼腕叹息，这个结果着实令人惋惜。

但是，既然事实如此，我们只能坦然面对。××以优异的成绩顺利进入了复试，这本身已经证明了他的能力。然而正所谓尽人事，听天命。世事往往不是我们所能够控制的。在很多时候，尽管我们自身足够优秀，却仍旧难以避免地遭受失败的困扰。然而经历挫折，也是人们最终走向成功之路的重要条件。没有经历过风雨，怎能见到彩虹呢？

孟子说过，天将降大任于斯人也，必先苦其心志，劳其筋骨，饿其体肤，空乏其身，行拂乱其所为，所以动心忍性，增益其所不能。正所谓生于忧患，死于安乐。我想，有了这次经历，××将来一定能够在通往成功的道路上，披荆斩棘，所向披靡。××，我们都希望你用豁达的心胸去遮挡不愉快的阴影，一路高歌跃马扬鞭去追赶胜利的曙光。

每一个明天的成功都是今天的积累，每一个逆境都是通往成功的必经之门，每经过一个门都更接近于成功。今天的未能如愿是为将来更能如愿创造条件。让我们共同举杯，为我们亲爱的朋友化悲痛为力量，早日走出失败的阴影，为他前程似锦、飞黄腾达，为他早日到达成功的彼岸，干杯！

励志祝酒词

鼓励是一种"药轻则无效，药重则伤人"的"治疗"，要想鼓励人，必须"认真诊断，对症下药"，因此，励志类的祝酒词要注意以下要领：

首先，祝酒人要在言谈举止间表现出自信和诚恳，抓住对方的内心矛盾进行规劝，从而得到对方的认同、信任、依赖。只有被对方接纳，祝酒人的鼓励才会有良好的效果。

其次，得当的驳论是扫清鼓励过程中障碍的必要条件。需要鼓励的人，正是一种落后的心理障碍使他们坚固地封锁着自己，他们因为坚持"自卑的理由"，所以不敢上进。

最后，祝酒人应该还有一个"先破后立"的过程，就是要驳斥失望者停步或退却的"理由"，然后才可以鼓起他们奋进的意志。

励志酒的特点就是"晓之以理，动之以情"。情感的换位体验与道理的透彻说教，双管齐下，效果极为显著。

高考励志祝酒词

【场合】高考励志宴会。

【人物】三户家庭的成员。

【致词人】一位母亲。

【妙语如珠】年轻是我们的资本，成功是我们的追求，奋斗不止是我们的宣言，愈挫愈勇是我们的气魄。

亲爱的孩子们：

今天离高考只剩100天了，从今天开始，高考冲刺的战役将正式打响。十年砺剑百日策马闯雄关，一朝试锋六月扬眉传佳音。我们都进行了将近三年的勤奋学习、刻苦拼搏，如今，是我们向着梦想进发的时候了！

进入理想的大学是你们的梦想，没有经历过大学生涯的人生是缺憾的。正是象牙塔那神圣的光芒，吸引着莘莘学子马不停蹄地谱写梦想的乐章。

高三是人生中的重要驿站，在高三的岁月中，我们青春无悔，我们壮志满怀，我们以积极的心态迎接人生伟大的挑战。高三是享受拼搏、奋斗人生的最佳时光。花季少年，初生牛犊，指点江山，激扬文字，敢与天公试比高。年轻是我们的资本，成功是我们的追求，奋斗不止是我们的宣言，愈挫愈勇是我们的气魄。

亲爱的孩子们，在未来的这一百天里，我希望你们都能够一如既往地勤奋耕耘，将良好的学习风貌保持到高考前的最后一刻。把艰辛磨砺成利剑，驰骋于这竞争的时代，当希望之帆在心中升起之时，命运之船也即将起航，让我们一起风雨兼程，乘风破浪。无论我们的过去多么惨淡，无论我们的过去多么辉煌，我们都将在高三这一起跑

线上飞翔。无论路途多么艰辛，无论身心多么疲惫，我们都将携手并进，永不言败。

今日的誓师人，必将是明日的成功者。我们都深刻地明白，少壮不努力，老大徒伤悲。为了不让青春留下遗憾，让我们一起高呼：让暴风雨来得更猛烈些吧！翻过人生的这一页，等待我们的将是远大的前程和广阔的天地。

金鳞岂是池中物，一遇风雨便化龙。让我们在风雨中出发，奔向美好的人生殿堂！

大学励志祝酒词

【场合】大学生聚会。

【人物】同学。

【致词人】×大学生。

【妙语如珠】朋友们，不要再为落叶伤感，为春雨掉泪；也不要满不在乎地挥退夏日的艳阳，让残冬的雪来装饰自己的面纱；岁月可使皮肤起皱，而失去热情则使灵魂起皱。

亲爱的同学们：

大家好！

在座的各位都是象牙塔里的莘莘学子。我和大家一样，也是一名大学生。回首这几年来的校园生涯，我有许许多多的感慨。如何使大学生活过得充实而有意义，一直是我所思虑的。近来颇有所感，在这里同大家一起分享。

唯淡泊得以明智，唯宁静得以致远。淡泊宁静的生活是古来多少仁人志士的追求。经历过高考的轰轰烈烈，许多同学都向往着象牙塔里的宁静生活。对他们来说，象牙塔是个可以放慢脚步，安心休憩，享受生活的地方。于是乎，"与世无争"成为许多大学生的信条，无忧无虑成了许多学子的追求。

那么，这一份淡泊与宁静是否真的值得大学生们追求呢？在我看来，年轻人应该是充满朝气的一代，追求安闲与享乐虽不失为一种合理的人生态度，但这其中不免掺杂了许多岁月留下的疲惫与无奈。到底是什么使如今的许多大学生失去了热血沸腾与激情澎湃，是什么使他们丧失了生而为人所最值得珍重的追求与信仰，又是什么使他们看起来如此身心俱疲、老态龙钟？

试想，失去追求的热情与拼搏的汗水，难道不是年轻人最为可悲的么？

俗话说，如果你无法增加生命的长度，你可以设法延长它的宽度。这句话在告诉我们生命可贵的同时，还告诉了我们只有五彩缤纷的生活，才是最充实而有分量的。人生短暂，青春易逝。追求平淡的表面下，深深隐藏的是勇气的丧失和面对挑战时的恐惧，是犹疑，是无奈，是彷徨，是怯懦。这与古来圣贤所追求的内心的平静与淡泊又何止相距万里之遥？

大学生活对我们每个人来说都是生命中的重要驿站，时光不可倒流，光阴怎能虚度。著名女作家三毛曾经说过：即使不成功，也不至于成为空白。失败不是最可怕的，经历失败，你将收获磨砺，收获人生最宝贵的感悟，而面对空白，内心只能有沉重的空虚与无尽的迷惘。只要参与过、尝试过，生命便不会留下空白，人生便不会有遗憾。

朋友们，不要再为落叶伤感，为春雨掉泪；也不要满不在乎地挥退夏日的艳阳，让残冬的雪来装饰自己的面纱；岁月可使皮肤起皱，而失去热情则使灵魂起皱。 让我们拿出尝试的勇气，拿出青春的热情，大学四年毕业时，再回首，我们没有平淡、遗憾的青春。让我们的青春飞扬吧！

谢谢大家！

工作励志祝酒词

【场合】聚会。

【人物】领导、同事。

【致词人】领导。

【妙语如珠】人生最有意义的就是工作，与同事相处是一种缘分，与客户、生意伙伴见面是一种乐趣。

小赵：

你工作认真仔细，追求上进，在单位表现很突出。但美中不足的是，你喜欢抱怨，抱怨工作辛苦、乏味。之所以会这样，是因为你没有真正地热爱现在的工作。

如果把工作当作人生的乐趣，把它做得完美，你的成就感和信心就会愈来愈强，工作也会愈来愈顺

畅。有个美国记者到墨西哥的一个部落采访。这天是个集市日，当地土著人都拿着自己的物产到集市上交易。这位美国记者看见一个老太太在卖柠檬，5美分一个。老太太的生意显然并不太好，一上午也没卖出去几个。这位记者动了恻隐之心，打算把老太太的柠檬全部买下来，以便使她能高高兴兴地早些回家。当他把自己的想法告诉老太太的时候，她的话却使记者大吃一惊："都卖给你，那我下午卖什么？"人生最大的价值，就是对工作有兴趣。爱迪生说："在我的一生中，从未感觉是在工作，一切都是对我的安慰……"

乐业，是一名称职员工必须具备的一种职业精神。即使你的处境再不尽如人意，也不应该厌恶自己的工作，世界上再也找不出比这更糟糕的事情了。如果环境迫使你不得不做一些令人乏味的工作，你应该想方设法使之充满乐趣。用这种积极的态度投入工作，无论做什么，都很容易取得良好的效果。

每个人都应该学会热爱自己所从事的工作，即使你做的是一份不

太喜欢的工作，也要心甘情愿地去做，凭借对工作的热爱去发掘每个人内心蕴藏的活力、热情和巨大的创造力。国外一家报纸曾举办了一次有奖征答，题目是"在这个世界上谁最快乐"。主办方从数以万计的答案中评选出的四个最佳答案是：作品刚完成，自己吹着口哨欣赏的艺术家；正在筑沙堡的儿童；忙碌了一天，为婴儿洗澡的妈妈；千辛万苦开刀之后，终于挽救了危急患者生命的外科医生。看来，工作着的人才是最快乐的。确切地说应该是：把工作当作人生乐趣的人才是最快乐的。而从另一个角度来说，不快乐的人，往往是生活中那些不会从工作中寻找乐趣的人。

人们常常认为只要准时上班，按点工作，不迟到，不早退就是完成工作了，就可以心安理得地去领自己的那份工资了。可是，你的工作很可能是死气沉沉的、被动的。重要的是你能不能用一种新的目光来看待自己的工作，从中找到新的兴奋点，从而点燃工作的激情。工作在现代人生活中的分量愈来愈重，甚至成为衡量成功的重要准则。不管你为哪家公司、哪个老板工作，最好的方法就是把工作当成自己人生的乐趣。在今天，享受工作乐趣的方法很多，像科学家、运动员、艺术家、音乐家或演员，等等，他们都是以工作为乐的，因而能够取得瞩目的成就。要乐在工作，最好的方法，就是将它视为一种终生的成长历程。

人生最有意义的就是工作，与同事相处是一种缘分，与客户、生意伙伴见面是一种乐趣。人可以通过工作来学习，可以通过工作来获取经验、知识和信心，也可以通过工作来获取人生的乐趣。你对工作投入的热情越多，决心越大，工作效率就越高。当你抱有这样的工作热情时，上班就不再是一件苦差事，工作就变成一种乐趣，就会有许多人愿意聘请你来做你所喜欢的事。工作是为了自己更快乐！

小×，希望我今天说的话对你有所帮助。好了，多余的话我不说了，千言万语尽在酒中。让我们今天喝个痛快，喝得尽兴！

妙言佳句

亲情

外婆养大了我，却苍老了自己。

当父母用自己的双手呵护着自己的孩子的时候，一片永远也看不到风雨的天空，就在孩子们的头上铺展开来。这也是爱的天空。

父亲是挫折中的阵阵清风，当你惊慌失措时，为你梳理好零乱的思绪。

父爱，是一生的财富。父爱是山，呵护生命的火；父爱是火，点燃希望的灯；父爱是灯，照亮前行的路；父爱是路，引领你的一生。

水，就像孩子，他们成长着，但在父母的眼中，孩子永远是孩子。山，就像父母，虽然他们在一天天地老去，但在孩子的眼中，他们沉稳，能让人依靠，父母像大山，父母永远是父母。

人生短暂的征途上，给你快乐的是朋友，让你美丽的是爱人，然而给你温暖的，一定是你的母亲，她用她的所有为你释放出绵绵不尽的阳光。

随着年龄的增长，阅历的提高，我也才渐渐地明白了那株兰花。是的，它清香，它淡雅，尤其是它那特有的高贵气质，是谁也及不上的——正如那透明得完全可以感觉到的母爱，也是母亲所特有的。

母亲是冬夜中的棉被，当你瑟瑟发抖时，贴心的呵护和温暖使你安然入梦。

鸟儿羽毛丰满，便欲展翅高飞，不再依靠大鸟；果实已经成熟，便欲离开枝头，不再依靠大树；而我，无论身在何方，长大与否，最想依靠的，始终是您，我亲爱的母亲。

母爱是一缕阳光，让你的心灵即便在寒冷的冬天也能感受到温暖如春；母爱是一泓清泉，让你的情感即使蒙上岁月的风尘仍然清澈澄净。

爱情

父母那代人的情感世界中没有惊天动地的海誓山盟，却有让人羡慕不已的平淡幸福。

也许爱情是一部忧伤的童话，唯其遥远与真实，唯其不可触摸与欠缺，方可成就璀璨与神圣。

天平的一端放上爱情，另一边唯有放上生命。

衰老并不是真爱的对手，只要有真爱，她（他）在情人眼里永远年轻美丽。

真挚的爱情不是朝夕厮守，而是双方的心灵倾慕和感情交融。

爱情只是一朵开在心底的最朴素的花，如果你硬要给它加上任何点缀，那只能使这朵花变得虚伪，你加的东西越多，它越难看，直到面目全非，不再有爱情的影子。

什么是爱情？哲人说，爱情就是当你知道了他并不是你所崇拜的人，而且明白他还存在着种种缺点，却仍然选择了他，并不因为他的缺点而抛弃他的全部，否定他的全部。

"爱情不是花荫下的甜言，不是桃源中的蜜语，不是轻绵的眼泪，更不是死硬的强迫，爱情是建立在共同了解的基础上的。"只有建立在共同了解基础上的爱情才是牢固的，甜蜜的。

爱情是春天的雨。被爱情滋润过的地方总是显得生机勃发，每一丛杂草都娇艳欲滴，每一棵树苗都亭亭玉立。

我想象中的爱情，不是天际的乌云，不是沙漠上的枯树，不是风雨里的舞蹈，不是遥不可及的惦念。我只敢奢望一片绿叶散发的清幽，一茎花绽放的娇艳，一滴雨露折射的梦幻，一抹彩虹映衬的粲然。

友情

有些事不会因时光流逝而褪去，有些人不会因不常见面而忘记，在我心里你是我永远的朋友。

酒越久越醇，朋友相交越久越真；水越流越清，世间沧桑越流越淡。

不是每个人都能以心交心的，真正的朋友是不计较名与利的坦诚相待。

友谊的真谛在于理解和帮助，在开遍友谊之花的征途中，迈开青春的脚步，谱出青春的旋律吧！

千难万险中得来的东西最为珍贵，患难与共中结下的友谊必将长驻你我的心间。

人们常说，战友与同学的友谊是世界上两种最诚挚、最永恒的友谊，我们拥有其一，不应该感到幸福么？

在这阳光灿烂的节日里，我祝你心情愉悦喜洋洋，家人团聚暖洋洋，爱情甜蜜如艳阳，绝无伤心太平洋。

这是我们相识后的第一个春节，我要献上一声特别的祝福：愿你心似我心，共以真诚铸友情。

师生情

三年来，你用文学浸染了我，我正年少韶华正好，你浓，春色也浓；三年后，我在考场回忆你，你是一杯清水酒，你满，思念也满。

您是大桥，为我们连接被割断的山峦，让我们走向收获的峰巅；您是青藤，坚韧而修长，指引我们采撷到崖顶的灵芝和人参。

假如我能搏击蓝天，那是您给了我腾飞的翅膀；假如我是击浪的勇士，那是您给了我弄潮的力量；假如我是不灭的火炬，那是您给了我青春的光亮！

也许我们就是一粒粒砂砾，您用爱去舐它，磨它，浸它，洗它……经年累月，砂粒便成了一颗颗珍珠，光彩熠熠。

萤火虫的可贵，在于那盏挂在尾后的灯，只照亮别人；您的可敬，则在于总是给别人提供方向。

您的笑容如温暖的阳光，似乎可以穿越一切，舞蹈在清江边，徜徉于天柱山间；您的关怀如和煦的春风，似乎可以滋润一切，游历在鸣凤塔，定格在我的心间。

慰藉

失恋之所以痛苦，是因为对方的心收了回去，而自己的心还不肯回来。

一个人最大的破产是绝望，最大的资产是希望。

发光并非太阳的专利，你也可以发光。

自古英雄多磨难，从来纨绔少伟男。

人在旅途,难免会遇到荆棘和坎坷,但风雨过后,一定会有美丽的彩虹。我希望看到一个坚强的我,更希望看到一个坚强的你!

愿你一切的疲惫与不快都化为云烟随着清风而逝；愿你内心的静谧与惬意伴着我的祝福悄然而至。

愿你有许许多多美好的回忆能帮你度过那些不愉快的时光。

乐观就是披荆斩棘的一把刀,悲观则是阻道的石；乐观,幸福快乐,悲观,则无所事成。

世界如同一棵玫瑰花,悲观的人,只想到它的刺可怕；乐观的人,只想到它的香可爱。

生活中时常踮起脚尖,我们会过得犹如高贵典雅的芭蕾舞演员一般唯美。因为,这是一种昂扬向上的姿态,更体现了一颗积极乐观的心。

励志

与其临渊羡鱼,不如退而结网。

宝剑锋从磨砺出,梅花香自苦寒来。

吃得苦中苦,方为人上人。

不要等待机会,而要创造机会。

人总是在织梦、碎梦、希望、失望中生活。愿我们牢记：跌倒了,爬起来再前进!

平凡的人听从命运,只有强者才是自己命运的主宰。

愿我们都成为活跃的音符,谱写开拓的韵律,去叩醒一个个充满希望的明天。

要成功,你需要朋友；要非常成功,你需要敌人；要真正成功,你需要战胜自己。

知道自己能够做些什么,说明你在不断地成长；知道自己不能够做些什么,说明你在不断地成熟。

第五章

交际酒

送行祝酒词

让我们为今天的相聚、为明天的希望、为你我的健康、为大家的幸福，干杯！

将进酒，杯莫停。送行酒贵在情真意切，将离愁别绪与祝福共同寓于酒中。而欢送词就是主人在欢送仪式或宴会上向来宾发表的表示欢送的演讲，其主要功用与迎宾词除应用的时间、场合不同，并无实质性的区别。除内容而外，写法也与迎宾词大致相同。

总体来说，欢送词有以下两个显著的特点：

一是惜别之情。俗话说"相见时难别亦难"，中国人重情谊这一千古不变的民族传统精神在今天更显得金贵。欢送词要表达亲朋远行时的感受，所以依依惜别之情要溢于言表。当然格调不可过于低沉，尤其是公共事务的交往更应把握好分别时所用言辞的分寸。

二是口语性。同欢迎词一样，口语性也是欢送词的一个显著特点之一。遣词造句也应注意使用生活化的语言，使送别既富有情趣又自然得体。

在致欢送词时，一定要注意了解来宾来访期间的活动情况，访问所取得的进展（如交换意见，达成共识，签署了什么样的联合公报、发表了什么样的声明，有哪些科技、经济、贸易、文化及其他方面的合作等）。得悉了这些情况，欢送词的内容就会丰富而准确。

爱人送行祝酒词

【场合】给爱人送行。

【人物】夫妻、亲朋好友。

【致词人】丈夫。

【妙语如珠】希望你每天睡的地方有永恒的温暖，那里晴空丽日，暖如阳春，无雪无霜，无风无雨，那里有我的温暖为你衡温，有我的心跳为你催眠，那里有朋友真诚的祝福，无论天涯海角，我永远都和你在一起！

亲爱的老婆大人，各位朋友：

大家好！

在这美好的时刻，首先，请允许我代表我的爱人向各位的到来表示衷心的感谢和热烈的欢迎！感谢你们的一片真情，感谢你们带来的浓浓祝福，我相信大家真诚的话语会变成××勇往直前的强大动力，促使她学业有成，创造奇迹！

此情此景，我突然想起这句诗，"此情若问在之心，永世不变胜之金，相伴相随快乐日，指手相看白双鬓。"这是一位诗人为了表达对爱人忠贞不渝的爱而写的一首诗，现在，我把这首诗郑重的送给我的老婆大人！另外我要对老婆说，"××，有你的时候，你就是一切，没你的时候，一切都是你！"

××要去美国学习了，这是她人生中一段十分重要的旅程，是她靠着自己的辛苦付出得到的机会，是她工作的新起点。可是一想到老婆就要离开×个多月，心里多少有些不舍。依依不舍尽在不言中，千山万水总是情。但是再多的不舍我也只能化作对老婆的默默支持，加油吧，老婆，我是你强大的后盾，我相信凭着你的实力和努力会让你离心中的梦想更近，同时，我希望你到美国后，能学习好，生活好，休息好，希望你每天睡的地方有永恒的温暖，那里晴空丽日，暖如阳春，无雪无霜，无风无雨，那里有我的温暖为你衡温，有我的心跳为你催眠，那里有朋友真诚的祝福，无论天涯海角，我永远都和你在一起！

我提议，让我们共同举杯，第一杯酒，为××，我的老婆大人远涉重洋，一帆风顺，一路平安，干杯！第二杯酒，祝愿在座的亲朋好友一帆风顺、二龙腾飞、三阳开泰、四季平安、五福临门、六六大顺、七星高照、八方走运、九九同心！干杯！第三杯酒，为我们大家深厚的友谊，干杯！

送友人祝酒词

【场合】宴会。

【人物】友人。

【致词人】师兄。

【妙语如珠】踏上征途应聘之日，就是每一块生铁无限增值之时。

各位师傅、各位朋友、各位兄弟：

今天，各位师兄弟、各位朋友共同置酒为××兄弟去南方，应聘从事新的工作钱行。我们大家以这一大碗酒为他的远行壮行色、添豪情，以酒表达心声。

这碗酒里饱含了大家的祝福，大家的希冀，大家一起走过的这些日子里最珍贵的手足之情。在这离别之际，我要说，你从来都是咱们厂的精英。

所以我们希望你不论到哪儿，都别低估了自己。许多人未成大事，都是因为他们低估了自己的能力，妄自菲薄。世界著名企业家希尔顿曾说过，一块价值5元钱的生铁，铸成马蹄铁后可值10.5元，制成工业用的磁针之类能值3000多元，倘若制成手表发条，其价值就是25万元。你的潜力即使不足以制成发条，肯定也不只是块马蹄铁。

踏上征途应聘之日，就是每一块生铁无限增值之时。要正确估量自己的潜力，奋力拼搏，不懈努力，我们相信，你一定能创造出新的奇迹！现在请大家端起酒碗，以我们工人的豪迈，哥们的豪爽，手足的深情干了这碗壮行酒：

为祝××兄弟乘风破浪行万里，一路顺风，为他万事顺心，前程似锦，干杯！

老师送学生祝酒词

【场合】宴会。

【人物】老师、学生。

【致词人】老师。

【妙语如珠】人生天地间，困境、逆境寻常事，重要的是要有水的心情，水的柔韧性，水的涵养，水的可大可小的气度，水的奔流到海不复回的精神。

同学们：

今天是个难忘的日子，我们欢

聚在一起为你们祝福。明天，你们即将离开学习生活了三年的母校，走向更高的学府去深造。你们中学的台阶从这里走过，我相信，将来我们每一个老师都会为你们所取得的成绩而骄傲。作为语文老师，我要对你们说的是，人生的关键在于毅力，要有坚忍不拔的精神。你们看那流水，不懈地冲开阻挡它的高山，就是为了有一天能投奔江河。再看那雄鹰，不懈地搏击长空，那是它生命的意义，只有坚持，才是永恒。对于我们人类来讲，人生的真正价值在于不懈努力和奉献，为此，我祝福你们：

人生像金，要珍惜。金的特性是坚固、稀有和贵重。希望你们要珍惜时间，珍惜青春、爱情、生命。努力奋斗，你们就会充实、坚固、丰富、凝重——拥有金子一样的生命。

人生像木，要长进。一颗种子随风落下，不论石缝里，还是山岩下，不畏艰险的环境，饱吸阳光雨露，不畏风霜雷电，终于石破天惊，成长为一棵浓荫遮地的大树。

人生像水，要适应。水从容大度，不分昼夜奔流，能适应任何环境。适应也是克服，水滴石穿，这就是柔性、耐心。人生天地间，困境、逆境寻常事，重要的是要有水的心情，水的柔韧性，水的涵养，水的可大可小的气度，水的奔流到海不复回的精神。

人生像火，要投入。像火的燃烧，热情美丽。人生要做成几件事就得全身心地投入、付出、牺牲。燃烧自己，才能拥有生命的壮丽辉煌。

人生像土，要浑厚。土无处不在，土随遇而安，朴素无华，根基结实：贫贱不能移，富贵不能淫，威武不能屈，永远保持自己的本色。

请大家共同举杯，希望每一位同学像金子到哪里都发光；像树木永远奋发向上；像水流柔韧大度；像火焰永远热烈；像土地坚实浑厚。干杯！

出国留学祝酒词

【场合】送行宴会。

【人物】公司领导、同事。

【致词人】公司领导。

【妙语如珠】莫愁前路无知

213

己，天下谁人不识君。

亲爱的朋友们：

大家晚上好！

今天是一个令人欣喜而又值得纪念的日子，因为经过公司的决定，××同事将要出国发展学习。这既让我们为××同志能有这样的机会而感到高兴，也使我们对多年共事相处的同事即将分离感到难舍难分。

××同志作为公司的一名老员工，他忠诚企业、爱岗敬业、遵守公司各项规章制度，服从分配、尊重领导、与同事的关系和睦融洽，为人忠厚、思想作风正派。常说没有什么人是不可缺少的，这话通常是对的，但是对于我们来说，没有谁能够取代××的位置。尽管我们将会非常想念他，但我们祝愿他在未来的日子里得到他应有的最大幸福。

在这里我代表公司的领导和全体人员对××同志所作出的努力表示衷心感谢。同时公司也希望全体人员学习××同志这种敬业勤业精神，努力做好各自的工作。

"莫愁前路无知己，天下谁人不识君"。在此我们也希望××同志仍继续关心我们的企业，与同事之间多多联系。

最后，让我们举杯，祝××同志旅途顺利，早日学成归来！干杯！

战友考入军校饯行祝酒词

【场合】欢送会。

【人物】某部队士兵的部分人员。

【致词人】部队领导。

【妙语如珠】在这×年中，他有成功的微笑，有心酸的泪水，有训练的艰苦，有战友间的欢乐。

战友们：

今天我们怀着高兴又略带伤感的心情相聚在一起，欢送×× 同志赴××××国防科技大学深造。说高兴是因为××同志是我们连×年来第一位考入重点军校的战士，说伤感是因为××同志×年的深造则意味着他短期的离开，对此大家有太多的不舍。虽然如此，我们仍为××同志感到骄傲和自豪。去××××国防科技大学深造，不仅对他而言，对我们××部队来说，这也是一件大喜事！

××同志于×××年××月来到我们部队，至今已经有×个年头了。在这×年中，他有成功的微笑，有心酸的泪水，有训练的艰苦，有战友间的欢乐。但无论遇到什么困难，××同志都昂首挺胸，大步向前。作为战友，作为领导，我们见证了××同志的进步。他今日取得的成就可谓实至名归，当之无愧。

在这个即将离别的时刻，让我们衷心祝愿：××同志在军校学习期间，能牢记部队首长的谆谆教导和战友们的殷切期望，努力学习，刻苦钻研，敢于拼搏，勇于创新，全面提高自己的军政素质和个人修养，把自己培养成为一名全面过硬的军事科技人才。希望他早日学业荣成，报效祖国，献身国防，为我军现代化建设作出贡献！

最后我提议：第一杯酒，为××同志饯行！请他接受我们共同的祝福：海阔凭鱼跃，天高任鸟飞！

第二杯酒，祝愿××同志学业顺利，事业顺心！

第三杯酒，祝愿在座的各位同志身体健康，事事顺心！

洽谈成功送行祝酒词

【场合】合作洽谈成功送行宴会。

【人物】宾、主双方及随行人员。

【致词人】东道主。

【妙语如珠】朋友们，天公似乎也通人性，这蒙蒙细雨恰好表达了我们结成的深厚友情，合作的滴滴真情，送别的淡淡离情。但今天不是彼此离别的日子，我相信这一天恰恰是我们深厚友谊结交的第一天，具有纪念意义的一天。

尊敬的××总经理、各位来宾：

经过×天的相处，我们不仅愉快地商讨了双方合作的框架和具体细节，并且结下了深厚的友谊。但天下没有不散的宴席，今天，我们怀着惜别的心情备酒祝贺合作协议的签订，同时也为××总经理饯行。

短暂的×天相处，使我们有幸见识了××总经理的远见卓识和无限魅力，我们相信××总经理的选择将会给贵公司带来丰厚的经济收入，更加坚信经过这次合作，我们还会有更多次的合作。在与××总经理一行的洽谈中，我们领教了××总经理手下职员的工作能力，他们不仅精神抖擞，做事更是干脆果断，正所谓"强将手下无弱兵"，××总经理的领导能力可见一斑！

朋友们，天公似乎也通人性，这蒙蒙细雨恰好表达了我们结成的深厚友情，合作的滴滴真情，送别的淡淡离情。但今天不是彼此离别的日子，我相信这一天恰恰是我们深厚友谊结交的第一天，具有纪念意义的一天。让我们一起记住这个难忘的日子：××××年××月××日！

这几天，我们一直忙于合作事宜，忙于谈判细节，无暇顾及左右，更谈不上把酒畅谈、品尝当地的特色菜了。今天，让我们把生意暂且放下，尽情享受合作成功的喜悦。希望各位在这里玩得开心，吃得尽兴，喝得愉悦。

朋友们，请大家共同举杯：为我们合作愉快，为我们的友谊地久天长，为××总经理等人回程一路顺风，为我们共同发财致富，干杯！

联谊会祝酒词

联谊会祝酒词，无论是写还是说，都应注意以下几点：

第一，称呼要恰当。恰如其分的称呼不仅可以引起来宾的注意，更能使来宾们猛然回忆起昔日共处的情景，拉近彼此的距离。

第二，开场白要简单。致词的开场白必须简洁、朴实、真切，不能哗众取宠，创造温馨的氛围，唤起来宾心底的真情。

第三，正文部分要有实在的内容。联谊会祝词要有充实的内容，不能空洞无物。可以重点从两方面突出，一是对往事高度浓缩的回顾，重点表达彼此的情深意厚。二是对来宾在各自岗位上所取得的成绩表达赞扬之意。

第四，结尾要祝愿。联谊会一般在结尾提出希望祝愿大家有美好的未来，以勉励各位在今后的人生道路上奋发上进，取得更大的成绩。

以上"四要"是联谊会祝酒词必不可少的元素。同时，还要注意以情入境，把大家蕴含的深厚感情激发出来，产生强烈的共鸣。

旅外乡贤联谊会祝酒词

【场合】联谊会。

【人物】各位侨领、各位侨胞。

【致词人】侨胞的代表发言人。

【妙语如珠】俗话说，"他乡遇故知，乡情浓于水"。乡情是一条剪也剪不断的重要纽带。

尊敬的各位侨领、各位侨胞，女士们、先生们、朋友们：

大家晚上好！

在这金秋送爽、锦橙飘香的日子里，世界各地的××乡亲欢聚一堂，参加此次××旅外乡贤聚会，畅叙乡情，共话合作。在这里，我谨代表××省政府和×××万家乡

217

人民，向大家表示亲切的问候，并通过你们向长期以来关心、支持××发展的海外侨胞、港澳同胞和外国友人致以诚挚的谢意！

××是中国的主要侨乡之一。早在××、××世纪，就有不少××人前往××经商。目前，旅居海外的××籍华侨华人、港澳同胞有×××万，居住在世界五大洲近×××个国家和地区。长期以来，勤劳聪明的海外乡亲在当地扎根创业、团结互助、和睦相处，为居住地的经济发展和社会进步作出了积极贡献，受到了当地人们的尊重；也为促进所在国与中国建立并发展友好关系，发挥了不可替代的重要作用。自××××年以来，我们已经成功举办×届××旅外乡贤聚会，这成为海外侨胞、港澳同胞与××合作交流的一个重要平台。俗话说，"他乡遇故知，乡情浓于水"。乡情是一条剪也剪不断的重要纽带，请各位朋友，珍惜这个机会，在与老朋友畅谈之余，也别忘了结识新朋友！

在座的各位朋友都是各行各界的精英。我衷心地希望，广大海外侨胞、港澳同胞能一如既往地关心和支持××的经济建设和社会进步，继续对××发展尽力，争取在新的发展时期创造新的辉煌。

我提议：为在座各位的身体健康、事业顺心，为我们的深厚友谊，干杯！

友好人士联谊会祝酒词

【场合】联谊宴会。

【人物】领导、嘉宾。

【致词人】×领导。

【妙语如珠】春临大地百花艳，节至人间万象新。

尊敬的各位领导、各位来宾、同志们、朋友们：

凤歌燕舞乘云起，朋聚友欢迎春新。值此辞旧迎新的美好时刻，关心支持××发展的各级领导和各界友好人士欢聚一堂，畅谈××发展大计，共叙合作友情。在此，我代表中共××县委、××县人民政府和全县××多万各族同胞向到场的各位表示良好的祝愿和衷心的感谢！

回顾过去的××××年，我们

倍感欣慰。这一年，在××市委、市政府的正确领导下，在各级各部门和社会各界人士的关心支持下，县委、县政府团结和带领全县各族人民克服重重困难，迎接各种挑战，开创出了今天社会政治稳定、经济快速发展、民族团结和睦、事业全面进步的良好局面。

展望未来，前途一片光明。在新的一年里，勤劳勇敢的××人民将按照既定的发展思路和工作部署，抢抓战略机遇，深化各项改革，扩大对外开放，拓展对外联系，以更加饱满的热情和积极的姿态迎接新的机遇和挑战。

所谓物华天宝，人杰地灵，××不仅是一个英雄辈出的地方，也是一块商机无限的宝地。这里蕴藏着丰富的矿产、电力、天麻、竹子和旅游等资源。尽管由于历史的原因，现在的××地区经济社会发展还相对滞后，尤其是对资源的开发程度还处于初级阶段，这是为竞争日益激烈的市场经济条件所不容许的。为了提高县域经济的整体素质和竞争能力，不断推动经济社会持续健康发展，××急需借助外力加快资源的转化，并将资源优势迅速地转化为经济优势。美丽的××热切期待你们来投资，我们将努力营造天时、地利、人和的投资环境，竭诚为您服务。

春临大地百花艳，节至人间万象新。今天我们相约在这里，享受缘分带给我们的欢乐，享受这段美好时光，我提议，让我们斟满杯中的美酒，共同举杯，祝愿此次会议圆满成功！祝愿我们的友谊天长地久！祝愿在座各位身心健康、工作顺利、万事如意、阖家幸福！干杯！

谢谢！

女企业家协会联谊会祝酒词

【场合】联谊会。

【人物】女企业家及地方领导。

【致词人】女企业家的代表发言人。

【妙语如珠】在市场经济的浪潮中，女企业家们无论在发展自身事业方面，还是在承担作为女儿、妻子和母亲的家庭角色与责任方面，都付出了比常人更多的艰辛与努力。

尊敬的各位领导、各位来宾、朋友们：

大家下午好！

在今天这个特别的日子里，我谨代表××市女企业家协会，向一直关心、支持××市女企业家协会发展的各级领导与社会各界人士，表示热烈的欢迎和最衷心的感谢！

在××市妇联的领导下，××市女企业家协会已经走过了××个春秋。在这几十年中，各界女企业家成为维护自身利益的代表、推进先进生产力发展的代表、促进先进文化前进的代表。女企业家们在创造物质财富的同时，也创造了丰富的精神文明、政治文明，使"半边天"作用得以充分发挥。但我们深知如果没有在座各级领导的关心、支持、呵护，就没有协会的顺利发展，是你们在女企业家群体中搭建了一座联系政府、企业、社会各界的友谊之桥，使之逐步形成相互学习、互通有无、长期合作、共同发展的良好氛围。在此，我代表××市女企业家协会再次向你们表示由衷的谢意！

在市场经济的浪潮中，女企业家们无论在发展自身事业方面，还是在承担作为女儿、妻子和母亲的家庭角色与责任方面，都付出了比常人更多的艰辛与努力。事业有成、家庭和睦，这种"双赢"的局面给女企业家们带来更多的满足感、自豪感和成就感。希望在座的各位领导，社会各界，各位女企业家的亲人，在以后的日子中可以一如既往地继续关心、支持、帮助着我们，在大家的关心与支持下，我们将进一步迈向成熟，迈向成功！

尊敬的各位领导，各位来宾，朋友们，××市女企业家协会的大门始终为你们敞开着，欢迎大家来做客，祝在座的各位能在这里度过一个温馨、快乐的下午。

来，让我们共同举杯，为××市女企业家协会更加辉煌的明天，干杯！

图书馆馆长联谊会祝酒词

【场合】联谊会。

【人物】各地馆长。

【致词人】馆长代表。

尊敬的各位来宾：

大家下午好！

非常感谢各位朋友能在百忙之中抽出时间参加今天的联谊活动。首先我代表××图书馆全体工作人员向多年来一直支持、关注我们工作的各位馆长、各位来宾，表示衷心的感谢！对你们的到来表示热烈的欢迎！

今天共有××家图书馆的馆长参加此次盛会，此次活动的目的在于给各位提供一个平台，面对面交流，商讨下一步如何进行××文献资源合作等事宜。

××××年×月，我馆特藏组建立，至今已有×年，经过多年的经营，特藏组取得较好的发展，得到了社会各界人士的好评。我们特藏组始终本着服务读者的原则，努力把××省各个图书馆的地方文献集中起来，建立一个共享的系统，学者只需进入该系统，便能迅速从各图书馆中调出想要的资料文献。这样一来，既方便读者，又弘扬了××地区的优秀文化，达到"双赢"的效果。

联谊会后，我们将会就×文献资源合作问题的细节展开讨论，希望各位馆长尽量提出宝贵意见，为更好地促进图书馆事业的发展尽一份力！谢谢你们！

各位馆长、各位来宾，让我们举起手中的酒杯，为特藏组工作的顺利进行，为在座各位的深情厚谊，为我们××省文化事业更好的明天，干杯！

谢谢大家！

乡友联谊会祝酒词

【场合】联谊宴会。

【人物】领导、乡友。

【致词人】×发言人。

【妙语如珠】最牵挂的是故土，最浓郁的是乡情。让我们用浓浓的乡情，架起友谊和发展的桥梁，同心协力，共创我们家乡更加美好的明天！

尊敬的各位领导、各位乡友：

大家晚上好！

在××××年春节即将到来之际，我们在这里隆重举行联谊酒会，荣幸地邀请各位领导和各位乡友欢聚一堂，畅叙乡情，共谋发展，其情切切，其乐融融。各位乡友离开故土，经风沐雨，挥洒才华，闯出了一片天地，干出了一番事业，充分展示了骄人的风采；在建功立业的同时，你们情系故园山水，关注家乡发展，通过各种方式为家乡作出了巨大贡献！

最牵挂的是故土，最浓郁的是乡情。让我们用浓浓的乡情，架起友谊和发展的桥梁，同心协力，共创我们家乡更加美好的明天！

现在，我提议，让我们共同举杯，敞开我们的心扉，鼓起胸中的豪情，为各位领导和各位乡友新年愉快，身体健康，阖家欢乐，万事如意；为各位乡友的事业蒸蒸日上；为××的明天更加灿烂辉煌——干杯！

企业客户联谊会祝酒词

【场合】联谊宴会。

【人物】企业领导、客户。

【致词人】×领导。

【妙语如珠】休戚相关，荣辱与共。

各位领导、各位朋友、各位来宾：

大家晚上好！

夜幕降临，华灯初上，今夜我们在这金碧辉煌的××大酒店内设宴，热烈欢迎来自全国同行业的新老朋友。首先，我谨代表本次展会的主办方，对给予本次会议大力支持的××各部门领导和××行业学会的领导、专家教授以及为本次会议提供全方位支持和服务的东道主——××同人表示衷心的感谢，对在百忙之中莅临本次会议的各位代表表示热烈的欢迎！

××联谊会已经成功地举办了×届。从上一届开始，我们把产品展会由过去在馆内开放改为在展览馆里开放，并更名为××展览会暨联谊会。为适应参展企业和参会代表不断增加的需要，今年我们将在展览馆开放的基础上把参展面积由去年的××平方米扩大到××平方米。在推广的方式上，除继续采取上门邀请、书面邀请、电子邮件和我们自己的三大媒体交互式宣传以及与行业其他强势媒体、展览会互换广告外，我们还采取手机短信和在互联网上宣传等新形式立体宣传，效果将比去年更为明显。加之上海的独特地位、功能和商业魅力，本届展会无论是参展的企业还是参会代表，均比上届展会有不同程度的增加，特别是××行业的新朋友来参会的增加了不少。

今年在新老朋友的支持下，我们在不断提高产品质量和销售量的同时，又通过网络建立了大型的网络专业性市场。在品种齐全、质量同比、价格透明等方面，占有很大的优势。对消费者而言，它便于集中挑选产品，比质比价，节省了购买时间；对经营者而言，它更容易吸引有效客户而又不需花费宣传推介企业及其产品的费用，极大地提高了经营效率。建立这一网络性的市场平台，任何人都可以在里面建立自己的商铺，全世界的客户都可以在第一时间内准确无误地找到他。无论谁在上面发布了采购信息，都会有各地的供货商在最短的时间内找到你，与个人独立宣传推广相比，节省了大量费用，同时将效率提高了无数倍。

休戚相关，荣辱与共。在行业传统营销举步维艰之时，如果明年我们精诚合作，共同把××市场做大做强，作出人气来，就能够共同搭上网络营销这辆快车，携起手来"一起发"。

最后，我祝愿各位新老朋友借这次联谊会广交朋友、扩大生意，冲出国门，走向世界，也希望各位同行相互之间多交流，增进了解，扩大友谊，加强合作，明年更上一层楼。让我们为本次联谊会的圆满成功，为各位的蒸蒸日上、生意兴隆、健康幸福，干杯！

谢谢大家！

校友联谊会祝酒词

【场合】校友联谊会。

【人物】亲朋好友。

【致词人】老同学。

【妙语如珠】在我们以不同的创作方式服务社会时，我们自身也得到了锻炼和提高，走向成熟和完善，这一切促进了学院不断发展。

尊敬的各位老师、各位校友、各位同学：

大家好！

首先，感谢各位领导、老师、校友、同学来参加××文学院第×届校友联谊会，由于大家的光临，××文学院第×届校友联谊会才能够顺利召开。所以，我代表文学院，向各位领导、老师、校友、同学，表示最热诚的欢迎和最诚挚的谢意，并请各位校友、老师代为转达××文学院全体师友，对因各种原因没能到会的各位校友、老师、同学表示真诚的问候和良好的祝愿。

××文学院在××年以后的××××年发生了巨大变化。××××年招收了本、专科生各×个班，××年取消专科招生，本科招收××人左右，在××××年开始招收××个班，现有在校学生××人。××年来，共为国家培养了本科生约××人。虽然我们办学时间只有短短的××年，但是，我们全体师生为着文学的理想和信念，因文而相识、相知，在学习中，我们相互激励，共同努力，不断进步，师生教学相长，教师循循善诱，诲人不倦，教师的教学、科研水平、实践能力不断提高，学生勤奋学习，孜孜追求，综合素质显著提高。

在我们以不同的创作方式服务社会时，我们自身也得到了锻炼和提高，走向成熟和完善，这一切促进了学院不断发展。当我们看到这些成就时无不感到高兴和自豪。××年来，老师经常唠叨学生，学生经常惦记老师，这就是××大学文学院师生的深情厚谊。

今天是个难得的机会，我希望这仅仅是一个开始，以后我们要通过各种形式的活动加强校友与学院之间、校友之间、师生之间的联系，相互鼓励、相互提携，不断加深我们的友谊。我们要相互勉励，不断进步，努力为华夏文明贡献自己的聪明才智，为自己开创美好未来，为××文学院增光添彩。我们时刻期待着每位校友的佳音，学院的每位老师和同学，随时欢迎每位校友多回母校看看，多为母校的建设和发展献言献策，添砖加瓦。

最后，祝各位领导、老师、校友、同学身体健康，事业有成，生活幸福。

老乡联谊会祝酒词

【场合】联谊会。

【人物】同乡。

【致词人】同乡的代表发言人。

【妙语如珠】平日里，由于我

们各自忙于工作，劳于家事，相互间联系少了，但那份浓浓的思乡情，没有随风而去。乡情已沉淀为酒，历久弥香，每每启封，总是回味无穷。

同乡们，亲人们，朋友们：

大家晚上好！

在此欢聚重逢的时刻，我的心情非常激动。此时此刻，我们面对的是一张张亲切的面孔，听到的是一句句熟悉的乡音，我们心潮澎湃，感慨万千。

平日里，由于我们各自忙于工作，劳于家事，相互间联系少了，但那份浓浓的思乡情，没有随风而去。乡情已沉淀为酒，历久弥香，每每启封，总是回味无穷。如今，我们丢开繁忙的公务，放下剪不断理还乱的愁绪，相聚在××××酒店，共叙乡情。在此，我代表各位亲人感谢为我们提供场地的××××酒店的领导以及辛苦劳作的工作人员，同时，我向所有参与今天聚会的老乡致以诚挚的祝福！

俗话说"老乡见老乡，两眼泪汪汪"。但今天，我们的相聚必须"两眼笑眯眯"。谁说"独在异乡为异客，每逢佳节倍思亲？"今天是中秋节，虽然我们身处他乡却丝毫感受不到孤独，因为此时此刻，我们欢聚一堂，共享温馨的快乐。请各位同乡珍惜这次宝贵的聚会，尝尝家乡菜，喝口家乡酒，聊聊家常，说说知心话，谈谈工作，忘记生活烦扰的琐事。

这几年，我们家乡发展迅速，作为他的儿女，我们自豪，我们骄傲，我相信在不久的将来我们的家乡会更加美丽富饶。

亲爱的同乡们，亲爱的朋友们，让我们把酒杯斟满，让美酒漫过杯边，让我们留下彼此的联系方式，让我们把彼此的情谊留在心间，让我们记住这温馨的时刻，让我们将这杯酒喝个底儿朝天！最后，衷心地祝愿各位同乡家庭幸福，生活美满，前程似锦！祝我们的友谊，地久天长！祝我们的家乡越来越美！干杯！

战友联谊会祝酒词

【场合】联谊会。

【人物】战友。

【致词人】×战友。

【妙语如珠】朝夕相处的美好时光怎能忘，苦乐与共的峥嵘岁月怎能忘，情深意厚的战友之情怎能忘，那一桩桩、一幕幕，依然是那么清晰，让人激动不已！

亲爱的战友们：

大家晚上好！

××××年××月××日，这是我们××××连的战友翘首期盼的日子！

今天它如约而至，我们又见到了那一张张熟悉而亲切的面孔，又听到了那一句句质朴而真诚的问候，在这里，我要特别感谢为本次聚会辛勤忙碌的"组委会"全体成员，感谢在百忙中抽出时间参加此次聚会的全体战友！

生命里有了当兵的历史，一辈子也不会感到后悔。回望军旅生涯，部队生活的酸甜苦辣仍犹在昨日，历历在目。朝夕相处的美好时光怎能忘，苦乐与共的峥嵘岁月怎能忘，情深意厚的战友之情怎能忘，那一桩桩、一幕幕，依然是那么清晰，让人激动不已！当我们脱下军装，步入社会，经历了世事的沉沉浮浮之后，才发觉战友之间的友谊、新兵老兵之间的情怀是一段割不断的情，是一份躲不开的缘，愈久愈纯正，愈久愈珍贵，愈久愈甘甜。

如今，由于我们各自忙于生活，劳于家事，鲜有联系，但对彼此的牵挂没变，对彼此的祝福没变。今天，我们从天南海北相聚在这里，就是为了再续战友情。我相信，××××年××月××日令各位终生难忘，各位战友一定会度过一个温馨幸福的夜晚。

我提议，让我们共同举杯，祝亲爱的战友们，身体健康、事业成功、家庭幸福，祝愿我们的战友情天长地久有时尽，此"情"绵绵无绝期，干杯！

座谈会祝酒词

座谈会是一种邀请有关人员交谈讨论某一专题的会议。"平等""轻松"是座谈会的基本特点。座谈会通常以茶会的方式进行，同时备有点心招待大家，气氛十分轻松。如此积极创造平等和谐的气氛，既消除大家的紧张感，又为后面能有一个热烈而轻松的交谈做好氛围铺垫。

座谈会一般至少有4位访问者，最多有12位被访者共同讨论议题，此外还要有一名主持人，也可以是两名主持人。就座时，众人要围圈而坐，主持人的座位不宜太显眼。

座谈会开始时主持人一般都要祝酒，在祝酒过程中简要说明会议的宗旨、时间、出席单位或个人、会议内容、原则。在引导座谈讨论过程中，要就重点、难点或不清楚的问题，启发思路，让大家畅所欲言，并归纳、整理、重述结果。在座谈会上应鼓励插话和争论。座谈会可以你一言我一语，使会议气氛尽量显得活泼一些，使与会者做到知无不言，言无不尽。

政府工作座谈会祝酒词

【场合】政府工作座谈会。

【人物】领导、嘉宾。

【致词人】市长。

【妙语如珠】一年好景君须记，最是橙黄橘绿时。

尊敬的各位领导、各位来宾：

大家晚上好！

在这瓜果飘香的金秋时节，我们迎来了全国无线电管理工作座谈会的召开。在此，我谨代表××省市党委、××市政府对出席宴会的各位领导和各位嘉宾表示热烈的欢迎和衷心的感谢。××是祖国大西南一个典型的内陆山区省份，素有"天然公园"之美誉。境内自然风

227

光神奇秀美，山水景色千姿百态，溶洞景观绚丽多彩，文化和革命遗迹闻名遐迩；以闻名世界的黄果树大瀑布和世界自然遗产地、地球腰带上的绿宝石荔波为代表的风景名胜，迎来了众多的中外游客。

"一年好景君须记，最是橙黄橘绿时。"在这美好的时节里，让我们通过会议增进交流、共同提高；让我们通过了解，促进友谊、携手共进。借此机会，真诚地祝愿各位领导和与会代表身体健康、万事如意！

让我们共同举杯，为金秋的收获和美好的团聚干杯！

新老团干部座谈会祝酒词

【场合】茶话会。

【人物】团县委领导、新老团干部。

【致词人】团县委书记。

【妙语如珠】祝福是五颜六色的，正如我们五彩缤纷的梦想。

尊敬的各位领导、同志们：

大家好！

一转眼，又一个激情迸发的五月踏着欢快的脚步向我们走来。五月是全县各族各界青年的节日，更是我们曾经工作在共青团工作岗位和正在共青团工作岗位上辛勤耕耘的新老团干部的节日。今天，团县委在此举办全县新老团干部茶话会，我代表县委向全县新老团干部致以五月的良好祝愿，衷心祝愿大家身体健康，生活愉快！向关心、支持共青团工作的各位领导和同志们表示衷心的感谢！

这一次相聚，我们的脸上荡漾着新的喜悦；这一次离别，也必将带给我们崭新的希望。今天这份欢乐，是全体新老团干部用辛勤汗水换来的收获，同时也饱含着我们对各位在××改革发展再建新功的深切祝福，这是每一位新老团干部此时此刻所有兴奋与激动的源泉。

所有的酒杯里，都盛满了祝福，祝福是五颜六色的，正如我们五彩缤纷的梦想。让我们共同举起相聚的酒杯，不需要祝福满口，只需要我们敞开胸怀，为了我们长久的友谊，更为了开辟共青团事业的新天地，干杯！

谢谢大家！

教师节座谈会祝酒词

【场合】教师节座谈会。

【人物】省级领导、教师。

【致词人】×教师。

【妙语如珠】因为爱和责任，使得我们对留守儿童倾注了浓厚的情感；因为情和执着，铸就了我们对教育事业的无限忠诚。

尊敬的各位领导：

大家好！

在这硕果累累的金秋时节，我们怀着激动与喜悦迎来了第××个教师节，更怀着感动与幸福来参加省教师节座谈会。作为××的一名小学教育工作者，我感到无上的光荣和强烈的使命感。

在执教的××年来，我从乡镇到城区，从一名中师毕业生成长为全国模范教师，真真切切地体验着党和政府对教师的关怀与培养。沐浴着党的阳光雨露，我们欢欣鼓舞、自强自励，积极探索实施素质教育的有效策略，特别是在留守儿童教育方面做了有益的尝试，有力地促进了少年儿童的健康成长。

因为爱和责任，使得我们对留守儿童倾注了浓厚的情感；因为情和执着，铸就了我们对教育事业的无限忠诚。关爱学生、无私奉献，爱岗敬业、勇于创新，这是党和人民对我们的重托，也是我们教育事业永恒的主题。我们将永远沿着这个主题高歌猛进！

最后，让我们共同举杯，祝愿教育事业迈向新台阶，祝愿大家身体健康，干杯！

老乡座谈会祝酒词

【场合】老乡座谈会。

【人物】同乡、嘉宾。

【致词人】市长。

【妙语如珠】参天之树，必有其根；怀山之水，必有其源。

各位同乡、各位嘉宾：

大家晚上好！

华灯璀璨，美酒飘香。在这个美好的夜晚，大家带着对故土的深深眷恋、切切深情，相聚一堂，共叙心曲，在此，我代表家乡人民对各位的到来表示衷心的感谢！

参天之树，必有其根；怀山之水，必有其源。各位虽身居异地，却时刻念记着家乡、祝福着家乡，家乡更因你们的鼎力支持愈加富裕安康。

有缘千里来相会。

今晚，同一片乡土拉近了我们，使这里成了家的世界、情的海洋。

今晚，同一句乡音融合了我们，使这里欢声阵阵、亲情荡漾。

今晚，同一份乡情凝聚了我们，使这里激情飞跃、豪情万丈！

现在我提议，为各位的发达、为家乡的腾飞，干杯！

春节部队座谈会祝酒词

【场合】座谈会。

【人物】××地领导、××部队首长、士兵。

【致词人】××部队军人代表。

【妙语如珠】我们一定不辜负各位领导的期望，将××地委、行署和人民群众的关怀和信任，兄弟部队的鼓励，化为我们前进的动力，给××地区父老乡亲，给各位领导交一份满意的答卷，以优异成绩回报社会各界，报效祖国。

尊敬的各位领导、部队首长、同志们、嘉宾们：

大家晚上好！

金×送春，辞旧迎新，在今天这个喜庆的日子里，我们有幸请来了××地委、行署领导及各位嘉宾，欢聚一堂，共同欢度春节。在此，我谨代表××旅党委、机关和全体官兵，对各位领导的莅临表示最热烈的欢迎，并致以崇高的敬意！

××××年，经过我旅全体官兵的努力，部队全面建设取得长足进步，取得了丰硕的成果。仅去年一年，就获得了大小奖项×个，其中×月被×总部评为"军事训练一级单位"，×月被××军区评为"基层建设先进单位"，×月被××军区评为"安全稳定工作先进单位"，旅长×××同志也被××军区表彰为"优秀旅团主官"等。这些成绩的取得，离不开××军区党委的正确领导，也离不开××地委、行署和友邻部队的关怀和帮助。

目前，××地区的政局稳定、

社会进步、经济繁荣、人民安居乐业，正处于民族团结、边防巩固的局面，但我旅全体××位官兵丝毫不懈怠责任，仍会一如既往地站在党和国家长治久安的高度，紧紧团结在党中央周围，深入贯彻党的十×大精神，认真实践"三个代表"重要思想，遵循××军区党委的正确领导，用部队的高度稳定和集中统一，来促进社会稳定和边防稳定。我们一定不辜负各位领导的期望，将××地委、行署和人民群众的关怀和信任，兄弟部队的鼓励，化为我们前进的动力，给××地区父老乡亲，给各位领导交一份满意的答卷，以优异成绩回报社会各界，报效祖国。

最后，我提议，让我们共同举杯：为了××地区美好的明天、为在座各位的身体健康、家庭幸福，干杯！

复员退伍军人联欢座谈会祝酒词

【场合】复员军人座谈会。

【人物】市领导、复员军人、嘉宾。

【致词人】市长。

【妙语如珠】你们不愧是解放军大学校里培养出来的优秀战士，不愧是新时代最可爱的人。

复员军人同志们、建委领导及原部队的老首长们：

时值中国人民解放军建军××周年之际，我谨代表市委党政班子，向你们——曾身披戎装、戍边卫国的复员退伍军人们致以节日的问候和崇高的敬意！

伟大的中国人民解放军，在中国共产党的领导下历经了艰苦卓绝的国内革命战争、14年的抗日战争和三年的解放战争，才赢得了中华人民共和国的建立。在长达××年的社会主义革命和社会主义建设之中，中国人民解放军又和全国人民一道，自力更生，艰苦奋斗，为祖国为人民立下了不朽的功勋。

近些年来，我处的复员军人为我市增添了新的力量、补充了新的血液。实践工作证明，我处的复员军人发扬了人民军队吃苦耐劳、敢打硬仗、作风严谨和听从指挥服从命令的光荣传统，为我们城市建设和管理的发展壮大作出了巨大的贡献。你们不愧是解放军大学校里培养出来的优秀战士，不愧是新时代最可爱的人。希望你们再接再厉，努力学习，发扬革命传统，争取更大光荣，再立新功。

最后我提议，让我们共同举杯，祝在座的复员退伍军人们，我们的民兵同志们节日愉快，工作顺利，生活美满，万事如意！

军民座谈会祝酒词

【场合】座谈会。

【人物】××县领导、××部队首长等嘉宾。

【致词人】××县领导。

【妙语如珠】多年来，勤劳淳朴的××人民，与驻地部队心心相依，携手齐奏了一曲曲动人的双拥乐章。广大官兵视驻地为自己的第二故乡，爱××人民如自己的亲人，积极关心和支持我县改革开放和现代化建设，与全县人民同呼吸、共命运、心连心，为××的经济发展和社会稳定作出了突出的贡献。

尊敬的各位领导、部队首长、同志：

今天，各位领导不辞辛劳，不远万里到我县检查和指导双拥共建工作，这是我县经济建设和社会发展中的一件大事。在此，我谨代表县委、县政府以及××万××人民向各位领导的到来表示热烈的欢迎和衷心的感谢！

军民鱼水情。拥军优属一直是我们中华民族的优良传统。多年来，勤劳淳朴的××人民，与驻地部队心心相依，携手齐奏了一曲曲动人的双拥乐章。广大官兵视驻地为自己的第二故乡，爱××人民如自己的亲人，积极关心和支持我县改革开放和现代化建设，与全县人民同呼吸、共命运、心连心，为××的经济发展和社会稳定作出了突出的贡献。

各位领导此次到我县检查验收并指导双拥工作，是对我县的信任和支持，我们备受鼓舞。在今后的工作中，我们仍会一如既往地围绕发展抓双拥、抓好双拥促发展的理念，积极支持部队的改革和建设，在新的起点和更高层面上，更深入、扎实、有效地开展双拥工作，努力谱写新时代拥军优属、拥政爱民的新篇章。同时，我们也恳请各位领导对我县的经济社会发展一如既往地给予关心、支持和帮助。

最后，我提议：让我们共同举杯，为××的经济发展与社会进步，为各位领导和同志的身体健康、工作顺利、家庭幸福，干杯！

医院与武警中队联欢祝酒词

【场合】联欢晚会。

【人物】××县领导、××部队首长、士兵、县医院领导及员工。

【致词人】××县领导代表。

【妙语如珠】俗话说，军民鱼水情，县医院不仅给官兵们带来了精彩的节目，带来了书籍和电脑，带来了丰富的物资，更带来了全县人民对你们的浓浓谢意和诚挚的问候，真情实举共筑"双拥"丰碑。

尊敬的各位领导、部队首长、医务工作者：

大家晚上好！在建军××周年来临之际，武警×县中队、县医院今晚将在这里联合举办庆祝"八一"建军节座谈会。借此机会，我谨代表中共××县县委、县人大常委会、县政府、县政协，向多年来为××县社会稳定作出巨大贡献的武警×县中队全体官兵致以节日的问候和衷心的感谢！向常年战斗在我县卫生战线的医务工作者表示诚挚的敬意！

武警××县中队多年来一直是省武警总队的标兵单位，协助我县公安机关完成了许多重大任务，担负××任务几十年来安全无事故，是一支能吃苦、能战斗、能奉献的过硬队伍。今天，伟大的中国人民解放军已经走过了××年风雨历程，国家的稳定，社会的发展，离不开你们默默无闻的付出，在此，我代表全县人民对武警×县中队全体官兵再一次表示衷心的感谢！

庆祝"八一"建军节的座谈会是警民共建、军地情深的充分体现，这里面包含了全县人民的心意。俗话说，军民鱼水情，县医院不仅给官兵们带来了精彩的节目，带来了书籍和电脑，带来了丰富的物资，更带来了全县人民对你们的浓浓谢意和诚挚的问候，真情实举共筑"双拥"丰碑。

在接下的日子里，希望全县各

级各部门各单位和社会各界继续保持优良传统，积极开展双拥共建活动，铸造更有新意的双拥丰碑，武警×县中队要继续发扬无私奉献、顽强拼搏的精神，为×县稳定作出贡献。我提议，让我们共同举杯：为×县繁荣、稳定、发展，为在座嘉宾的身体健康、事业顺利、爱情甜蜜，干杯！

医院新同事座谈会祝酒词

【场合】医院新员工座谈会。

【人物】医院新老员工。

【致词人】某同事。

【妙语如珠】祝各位在医院工作生涯中，获得个人的成长，感受到人生的充实和愉悦，心灵的宁静和快乐。

各位新同事：

大家下午好！

首先自我介绍一下，我是××科室的护理员。作为一名护士，我已经在这所医院工作三年了。这三年中，我一直觉得自己工作得很开心，也许有忙、累、苦，但是心灵却不觉得疲惫。对此，我是这样理解的，因为自己的理念和文化的取向能跟医院的工作文化达成一致，才会让我有一种快乐工作的内心感受。或者说，我喜欢这所医院，是因为喜欢××医院的文化。今天，我想和大家一起分享我所感受到的医院文化。

新人刚进医院，都想尽快适应工作，适应工作包括学习工作所需要的技能、知识。但有时会有这样的问题，即使你会做所有的工作，你仍然觉得自己并不能融入工作团队中，在人群中，会时不时感觉孤独。那么，怎样和新的同事很快拥有共同的工作语言，拥有一份工作的默契，在精神气质上体现出你是××医院的员工呢？我想，只有真正融入医院的主流文化当中，你才能真正适应新的工作，并且，能够在这个团队中，发挥你的更多作用，使自身得到职业的发展。

总之，希望各位在工作中时时以医院的文化理念为先，给病人全面的关爱和治疗，同时也祝各位在医院工作生涯中，获得个人的成长。

最后，祝愿大家身体健康、万事如意，干杯！

妙言佳句

送行

桃花潭水深千尺，不及汪伦送我情。

无尽的人海中，我们相聚又分离；但愿我们的友谊冲破时空，随岁月不断增长。

相见难，阔别多少载；别亦难，烟雨蒙蒙水潺潺。汽笛声声喊再见，祝您一帆风顺抵彼岸！

相聚总是短暂，分别却是久长，愿我们的心儿能紧紧相随，永不分离！

纵然你将远去异域，友谊相系暖自我心底。

愿甜蜜伴你度过一天中的每一时，愿平安同你走过一时中的每一分，愿快乐陪你度过一分中的每一秒。

即将分别，要说的话太多太多，千言万语化作一句——毋忘我。

愿我的临别赠言是一把伞，能为你遮挡征途上的烈日与风雨。

如果分离是必须的，以前的日子愿你珍重，以后的日子愿你保重。

愿友学习青松志，祝你前途比梅红。

至诚地祝福你拥有更美好的前程，以及光辉灿烂的人生。

让我们斟满杯喝一杯壮行酒。无酒怎能壮我解放军的豪气？

把离别的情谊化成深深的祝福，祝福我们的学长一路走好，前途似锦！

前途是光明的，道路是曲折的。

人生的浪尖只通过一个，未来的道路还很长，了解自己，把握自己，才是成功之道！

人生何处不相逢，今天的握手告别，必将迎来日后的再次相聚，让我们为了各自的理想擦干眼角的泪，上路！

短暂的别离，是为了永久的相聚，让我们期盼，那份永恒的喜悦。

你的生命刚刚翻开了第一页，愿初升的太阳照耀你诗一般美丽的岁月。明天属于你们。

美好的回忆溶进深深的祝福，温馨的思念带去默默的祈祷：多多保重，如愿而归！

生命的小船在青春的港口再次起航，我们就要挥手告别，船儿满载着理想和希望。

不要把生活和理想看得像十五、十六的月亮那么圆，它是由阴、晴、圆、缺组成，做人要实际些，愿大家"晴"时多些。

明晨行别，但愿云彩、艳阳一直陪伴你走到海角天涯；鲜花、绿草相随你铺展远大的前程。你将跨出国门，开始全新的生活,虽然天各一方,但我们的心跳动着一个相同的旋律，那就是自立、自强。

为人

一个人拥有了善良、谦让和感恩，那么他就拥有了无价之宝。

我的生命是自己的，做人的原则，也是污浊与无聊所无以改变的。于是，我心甘情愿守住萧萧荒园。

莫让善心等太久，让我们怀着一颗善良的心上路，将它传递下去，让它生生不息。世风里，爱是信物；人海中，善乃慈航。大度些，携上一颗善心，立即启程！

人的一生像金，要刚正，人格须挺立；人的一生像木，要充实，内涵须深刻；人的一生像水，要灵活，方法须随和；人的一生像火，要热情，态度要诚挚；人的一生像土，要本色，作风要朴实。

道德是石，敲出星星之火；道德是火，点燃生命的灯；道德是灯，引你走向成功的彼岸。

过于张扬，烈日会使草木枯萎：过于内敛，黑暗会让赶路的行人恐慌;过于张扬，江水会决堤；过于内敛，驼铃无法给迷路的人指明方向。原来，张扬与内敛谁也离不开谁。

谦虚像一首高亢的乐曲，催人上进；骄傲如一只可怕的蛀虫，会蛀毁理想的大厦。

第六章

职场酒

就职祝酒词

就职祝酒词是新当选或连任的政府首脑、地方长官、部门领导以及企事业单位的领导在就职宴会上，对领导、来宾表示感谢和表达决心的讲话。就职祝酒词包括"称谓"和"正文"两部分。

称谓

称谓指对现场来宾的称呼。这要根据来宾的不同身份而定，力求恰当、得体。致词人面对的来宾一般有三种情况：一是主管单位领导与本单位员工，称谓用"各位领导、全体同志（员工）"；二是面对的是全体人民代表，称谓用"各位代表"；三是主管单位领导，所属单位员工代表，称谓用"各位领导、各位代表"。

正文

就职祝酒词的正文一般由开头、主体、结尾三部分组成。

开头。一般都要表达任职者的心情和对来宾的谢意。例如，一位新当选的县长在他就职宴会的开头说道："今天，是我最难忘的日子，最荣幸的日子，也是最激动的日子。在此，让我向各位人大代表表示衷心的感谢！向在座的各位领导、同志和全县50万父老乡亲表示崇高的敬意！"这样开篇，恳切自然，给来宾以良好的印象和感受。

主体。这是祝酒词的主要内容。应当着重谈就职者的工作目标、打算和措施，以获取来宾的信任和支持。

结尾。一般都要发出号召，展望前景，给来宾以激励和鼓舞。结尾要充满强烈的凝聚力和感召力。

需注意的是，就职祝酒词要比其他文章更给人以真实亲切之感。内容要真实，要讲真话，讲实话，不能哗众取宠。内容简洁、凝练，力争做到主题集中、突出、层次少而有条理，语言准确洗练，使来宾一听就能够明白接受。

省长就职祝酒词

【场合】宴会。

【人物】××省主任、副主任、委员、代表。

【致词人】当选省长。

【妙语如珠】尽管前进道路上充满困难、面临挑战，尽管个人学识和能力有限，但我会秉承工作的本质，先天下之忧而忧，后天下之乐而乐，两袖清风，将人民的利益放在首位，实事求是，与时俱进，为实现××美好的明天而鞠躬尽瘁，为××省人民的幸福生活竭尽全力、拼搏奉献，让党中央和省委放心，让全省各族人民群众满意！

尊敬的主任、各位副主任、秘书长，各位委员、代表们：

大家好！

今天，我接受了党，接受了××省××多万人民群众的重托，担任××省人民政府省长一职。首先，感谢大家对我的信任与支持，我一定不负重托，尽职尽责，不辱使命，以实际行动将××省建设得更加美好！

×年前，我从××来到××省，亲历和见证了××省日新月异的变化。我深情地热爱这片雄浑辽阔、生机勃勃的土地，深情地热爱这里朴实勤劳、自强不息的各族人民，我个人的一切已同××省紧密相连，休戚与共。××省在历任×届省委、省政府的领导下，已经建设成为全国排名第×大省，当前，我省正处发展的关键阶段。在接下来的工作中，深入贯彻落实科学发展观，解放思想，坚持改革开放，推动科学发展、促进和谐稳定，实现全面小康是我们工作的重点。我深感任务艰巨、责任重大，但我相信，勤能补拙，众志成城，有党中央、国务院对××工作的高度重视和有力支持，有省级各大领导班子的团结合作，有现在良好的发展态势和坚实的工作基础，我对做好工作充满信心。

尽管前进道路上充满困难、面临挑战，尽管个人学识和能力有限，但我会秉承工作的本质，先天下之忧而忧，后天下之乐而乐，两袖清风，将人民的利益放在首位，实事求是，与时俱进，为实现××美好的明天而鞠躬尽瘁，为××省人民的幸福生活竭尽全力、拼搏奉献，让党中央和省委放心，让全省各族人民群众满意！

我提议，让我们共同举杯，为××省美好的明天，干杯！

市长就职祝酒词

【场合】 宴会。

【人物】 ××省领导、××委员、代表。

【致词人】 当选市长。

【妙语如珠】 我会倾注自己全部的热情与心血，一心一意为民谋幸福，一丝不苟谋实事，一清二白做官、造福于民，始终把××万父老乡亲的切身利益放在首位，刻在心上，尽自己最大的努力做实事、办好事，认认真真做好每一项工作。

尊敬的各位领导、各位委员，代表们、同志们：

大家好！

真诚地感谢大家对我的信任与支持，选举我担任××市新一任市长。我在倍感光荣的同时，更深深地感到一份沉甸甸的责任，因为我身上担负着××市××万人民殷切的期望，但请大家相信我，我一定会鞠躬尽瘁，为××市美好的明天奋斗！

××是××省人口第×、全国第×的地级市，是一块富饶、美丽而又神奇的土地。近几年，虽然我市经济社会发展取得了长足进步，但是，在×××平方公里的土地上，还有部分群众仍生活在温饱水平，还有大批待业青年和下岗职工没有找到谋生之路。作为这里的市长，我深感自己能力的有限，责任的重大。但在我来××短短×个月的时间里，××的市民给了我极大鼓励和支持，我已把××当作我的第二故乡，已把××万市民当作我的亲人。他们是我强大的动力，我始终相信，有志者，事竟成。我会倾注自己全部的热情与心血，一心一意为民谋幸福，一丝不苟谋实事，一清二白做官、造福于民，始终把××万父老乡亲的切身利益放在首位，刻在心上，尽自己最大的努力做实事、办好事，认认真真做好每一项工作，让党中央和市委放心，让全市各族人民群众满意！

为政不在言多，做人当守承诺，今天是我人生中一个新的起点。我会以我实际的行动给××万父老乡亲交一份满意的答卷。我坚信，××市的明天一定会更加美好、更加灿烂！让我们为××辉煌的明天，干杯！

市公安局长就任祝酒词

【场合】就任宴会。

【人物】全局人员、来宾。

【致词人】新任公安局长。

【妙语如珠】我一定牢记肩上所担负的历史使命，坦诚做人、清白做官，向党和人民交出一份满意的答卷。

同志们：

今天，我能成为市××××局中的一员，心里感到特别高兴，能和大家一起工作更是我的荣幸。××局是一个有素质、有能力、有战斗力的群体，是一个讲团结、讲大局、讲奉献的群体。我非常感谢

组织对我的信任，这将成为促进我奋发向上、努力工作的动力。我将竭尽全力，认真履行职责，按照市委领导跟我谈话时提出的要求和希望，努力把全市公安工作做好，不辜负市委和全区人民的重托。

公安事业是一项崇高的事业。从行政部门转到公安局工作，对我来说领域崭新、跨度很大、压力不小。因为目前我对公安工作的业务不熟悉，对公安机关的人员也不熟悉，可以说是一张白纸。同时在这五年里以××同志为局长的全体民警为××的公安工作打下了很好的基础，所以我这一任的起点、要求就更高了，压力也非常大。

我深知这个岗位的责任重大，我殷切地期望得到本局全体同志尤其是老同志的支持和帮助。我一定牢记肩上所担负的历史使命，坦诚做人、清白做官，向党和人民交出一份满意的答卷。

在此，祝愿所有的来宾朋友合家欢乐，幸福安康，事业进步，万事顺达！干杯！

谢谢大家！

市文化体育局长就职祝酒词

【场合】就职宴会。

【人物】文化体育局领导。

【致词人】新任文化体育局长。

【妙语如珠】我对文化工作的理解可以概括为四个字——"文化化人"，工作对象是人，最终目的是提高人的素质，工作方式是像润物细无声一样的潜移默化。

尊敬的各位领导：

大家好！

对于我来说，今天是个特别值得庆贺的日子。根据市领导的审核，我将继续留任××市文化体育局长，在此，我向各位领导表示衷心的感谢和诚挚的祝福！

文化体育局主要职责是管理我市文化、体育、新闻出版、文物博物四方面工作，均是社会主义先进文化的重要组成部分。我对文化工作的理解可以概括为四个字——"文化化人"，工作对象是人，最终目的是提高人的素质，工作方式是像润物细无声一样的潜移默化。

这次的留任，不仅是领导组织对我个人的信任，也是对我个人能力的一种肯定。在日后的工作中，我一定竭尽全力，创造出更多更好的业绩来。

最后，祝愿大家身体健康、工作顺利、阖家幸福！干杯！

市妇联主席就职祝酒词

【场合】宴会。

【人物】××省市领导、××委员、代表。

【致词人】当选妇联主席。

【妙语如珠】市妇联主席不单是一个职务的概念，而是一种责任；市妇联主席不是一种荣誉，而是一种义务。这种责任，是为姐妹们做事情的责任；这种义务，是为姐妹们服务的义务。

尊敬的各位领导、各位委员，代表们、姐妹们、同志们：

大家晚上好！

非常感谢大家对我的信任与支持，选举我担任××市妇联主席，面对大家投下的那一张张赞成票，我倍感光荣的同时，更深深地感到一份沉甸甸的责任！

各位代表、各位姐妹，我理解，市妇联主席不单是一个职务的概念，而是一种责任；市妇联主席不是一种荣誉，而是一种义务。这种责任，是为姐妹们做事情的责任；这种义务，是为姐妹们服务的义务。在市委、市政府的正确领导下，在市妇联的正确指导下，我市妇联工作在历届妇联工作者的不懈努力下正处于充满生机的局面。前人的努力，为我们这些后来者奠定了坚实的基础，积累了许多宝贵的经验。对我来说，要继往开来，创造出新的业绩，是有一些压力，但请大家相信我，在其位，就要谋其政、尽其责、立其业，在今后的工作中，我将以"××××"为目标，恪尽职守，勤奋工作，用实际行动向市委、市政府和全市妇女姐妹呈交一份优秀的业绩单。

我衷心地希望，在座的各位代表团结一心，共同拼搏，为推动××妇女儿童事业发展抒写更加辉煌的篇章，为加快××崛起作出我们应有的贡献！我相信，有各级领导和社会各界的大力支持，有历届市妇联班子打下的坚实基础，有全市妇女姐妹的不懈奋斗，我们的明天一定会更加美好！

最后，再次感谢各位领导、各位代表、各位姐妹对我的支持！让我们共同举杯，为我市更加辉煌的"半边天"事业，为我市妇联工作的顺利开展，干杯！

市学会会长就职祝酒词

【场合】宴会。

【人物】××省市领导、××委员、代表。

【致词人】当选学会会长。

【妙语如珠】尽管，前面有未知的难题，尽管，我经验不足，但请大家相信我，我会用百分百的精力奉献于学会事业，克服工作中的种种困难，团结奋斗、务实进取，严格按照章程办事，坚持学会的团结和谐，团结各类优秀人才，将学术研究工作推向更深更广的领域，使各项事业取得长足进步。

尊敬的×会长、×秘书长，×专员，各位领导、各位理事：

此时此刻，我的心情无比激动，在这里我感谢大家对我的信任与支持，选举我为××省××学会第×届理事会的会长。我会始终牢记责任在肩，努力做好每一项工作。

××学会自××××年成立，至今已经走过了××个年头。这××年来，经过历任学会领导和广大会员的不懈努力，我们××学会已经发展成为在××省××领域颇具影响力的××团体，得到了全国同行的好评。目前，学会共有×××名成员，其中有××位已经入选中国××学会专家库。学会今天所取得的成绩离不开各界领导和同行们的支持与关心，离不开广大会员的积极参与与配合，在此，我代表学会第×届理事会对长期以来关心支持学会工作的各届领导、同行们表示衷心的感谢，并向历届学会领导致以诚挚的问候！谢谢你们！

尽管，前面有未知的难题，尽管，我经验不足，但请大家相信我，我会用百分百的精力奉献于学会事业，克服工作中的种种困难，团结奋斗、务实进取，严格按照章程办事，坚持学会的团结和谐，团结各类优秀人才，将学术研究工作推向更深更广的领域，使各项事业取得长足进步。同时，我希望各级领导、××同人、社会各界朋友继续支持学会工作，有了你们的支持，我们将更有信心，更有动力，××学会将会建设得更加美好！

大家为了一个共同的兴趣走到一起，让我们为友谊，干杯！为我们××学会更加美好的未来，干杯！

市医院领导就职祝酒词

【场合】就职宴会。

【人物】医院同事。

【致词人】新任医院领导。

【妙语如珠】就我市来讲，其医疗和服务水平，毋庸置疑；其地位和作用，不可替代；其设施和技术，无可比拟。

尊敬的各位领导、同志们：

大家好！

根据组织安排，我到咱们市立医院主持工作。对我来说，这是莫大的荣幸。同时，我也深知肩上担子的分量和责任的重大。

作为全市医疗机构的龙头，多年来，在市委、市政府的正确领导下，在历届领导班子打下的坚实基础上，我们医院无论是整体外观形象还是内部建设，无论是基础设施改善还是医疗水平提高，无论是学科建设还是医德医风树立，各方面都有了长足进步。就我市来讲，其医疗和服务水平，毋庸置疑；其地位和作用，不可替代；其设施和技术，无可比拟。

今后，让我们大家共勉，使医院的工作迈上新的台阶。

最后，为大家身体健康、工作顺利、生活幸福，干杯！

市客运总站站长就职祝酒词

【场合】就职宴会。

【人物】各级领导、同事。

【致词人】×领导。

【妙语如珠】光辉灿烂的前景在招手，铺满鲜花的道路就在脚下，我们期望××尽自己的最大努力把车站的工作做好，向自己、向人民交一份满意的答卷。

尊敬的各位领导，各位同志：

大家好！

今天是××同志被任命为客运总站站长的大好日子，在这里我代表我自己也代表我们局领导，向××同志表示热烈的祝贺。

客运总站是交通局的一个窗口，更是××市的一个窗口，汽车站的工作搞得好坏影响重大，搞好车站的工作领导班子起着重要的作用，当然与在座的各位同志努力工作更是分不开的，因此做为新班子的负责人，××同志的责任与义务就是团结一心、共同拼搏，带领大家一起努力工作、积极奉献，树立我们交通局也是××市服务行业的窗口新形象。

客运总站成立三年多时间来，在上级领导的支持下，在前任站领导的辛勤工作下，在各位站务员同志的努力配合下，各项工作均在走上正轨……××同志作为新一届领导班子负责人，他的工作目标就是带领大家让环境更加优美，让工作更加规范，让制度更加健全和完善，让服务质量更上一层楼，让我们的荣誉继续保持。

今天××正式到任，他需要时间了解和掌握情况，需要熟悉工作环境，因此在座的各位同志一定要支持和配合他的工作，各人站好自己岗位，负好自己的责任，出现任何的思想涣散，等待观望，看风测向，工作不负责任，敷衍塞责，服务态度粗暴、冷、横、硬的现象都是我们不愿意看到的，也是不能容忍的，希望各位同志积极配合××同志的工作，使我们新班子的工作有个良好的开端。

在人生旅途上，××已通过自己的努力迈开了他扎实的第一步。光辉灿烂的前景在招手，铺满鲜花的道路就在脚下，我们期望××尽自己的最大努力把车站的工作做好，向自己、向人民交一份满意的答卷。

让我们共同举杯，祝愿××能有进一步的发展，也将创造更加辉煌的成绩，干杯!

县委书记就职祝酒词

【场合】就职宴会。

【人物】市委县委领导、嘉宾。

【致词人】新任县委书记。

【妙语如珠】临危受命，如临深渊，如履薄冰。

同志们：

今天，市委将我安排到××县委书记这一重要岗位上来，我十分感谢市委、市政府对我的信任，同时我也深感责任重大。临危受命，如临深渊，如履薄冰。

但我深信有市委、市政府的正确领导，有县委一班人和人大、政协等几家班子的支持和配合，有全县各级干部和广大群众的齐心协力，我对做好工作充满信心。作为县委书记，我将义无反顾、尽全力做好工作，不辜负市委的重托，不辜负××人民的期望，与全县人民同甘共苦、艰苦创业、励精图治，不断推进××的改革开放和现代化建设事业。

同时，我也真诚地希望在座的各位，在今后的工作中给予我大力的支持和帮助。

同志们，××的事业要靠全县人民，特别是在座的各位去奋斗，××的稳定要靠我们去维护，××

美好的明天要靠我们共同去创造、去努力。只要我们同心同德、通力合作、振奋精神、真抓实干，有市委市政府的正确领导，有全县人民的大力支持，就一定会克服暂时的困难，××的明天必将更加美好！

最后，我提议让我们共同端起酒杯，为在座各位的身体健康、工作顺利，为××的经济发展与社会进步，拥有更加美好的明天，干杯！

谢谢大家！

县长就职祝酒词

【场合】就职宴会。

【人物】××省市领导、××委员、代表。

【致词人】当选县长。

【妙语如珠】俗话说，新官上任三把火，我不是"新官"，也不会只踢头三脚，既然各位领导、各位代表、全县××万人民将发展××县这一重托交给了我，我就不会辜负领导的厚爱，百姓的重托。

尊敬的各位领导；各位委员、代表，同志们：

大家好！

今天，我荣幸当选为××县人民政府县长，首先我对各位领导的厚爱、各位代表和全县××万人民的信任，表示最衷心的感谢！

俗话说，新官上任三把火，我不是"新官"，也不会只踢头三脚，既然各位领导、各位代表、全县××万人民将发展××县这一重托交给了我，我就不会辜负领导的厚爱，百姓的重托。我把今天作为人生的新起点，以新的面貌，新的姿态，用××县政治的稳定，经济的发展，文化的进步来回报大家，也请大家监督我，有什么意见尽管提，有什么难题尽管说，只要合情合理，我定会接受，定会给大家一个满意的答案。

我理解，县长不是一种权力，而是一种责任；县长不是一种荣誉，而是一种义务。这种责任，是为老百姓做实事的责任；这种义务，是为老百姓服务的义务。请各位领导放心，请父老乡亲们放心，我会堂堂正正做人，明明白白做官，扎扎实实做事，违背民意的事，我绝不去做！贪污腐败的事，我绝不去做！要做就做实事，做好事，坚持县委的正确领导，团结奋斗，拼搏进取，为建设文明富裕的小康××而努力奋斗，推动××县全面发展，努力把它建设成全国模范县！

最后，祝各位领导、各位代表工作顺利、生活幸福、身体健康！干杯！

县办公室主任就职祝酒词

【场合】就职宴会。

【人物】县政府人员。

【致词人】新任办公室主任。

【妙语如珠】堂堂正正做人，勤勤恳恳干事，是我恪守的行动准则。

尊敬的各位领导：

今天，会议审议通过了我任县政府办公室主任的提请，在此，我向大家表示衷心的感谢！感谢各位领导长期以来对我的信任、支持和厚爱。

我深知办公室主任这一职务，不仅是一份责任，更是一份义务。因此，在工作中，我一定勤奋敬业、恪尽职守，用优异的工作业绩

来报答党的关怀、代表的信任和人民的重托。

堂堂正正做人，勤勤恳恳干事，是我恪守的行动准则。我将严格遵守廉政建设的有关规定，坚持"自重、自省、自警、自励"，永葆共产党员的先进性。在严于律己的同时，我还要宽以待人，与班子成员多沟通、多商量、多交心，依靠集体的智慧和力量，全力开创办公室工作的新局面。在以后的工作中，我将用我满腔的赤诚和热忱，回报组织的厚爱、人民的信任，为××的加快发展贡献出自己的一份力量。

最后，祝愿大家事业顺利，身体健康，万事如意！干杯！

县联谊会会长就职祝酒词

【场合】就职宴会。

【人物】县领导、联谊会成员。

【致词人】新任会长。

【妙语如珠】从各位殷殷的目光中，我看到的是大家的期望与重托。

尊敬的各位领导、各位理事；会员们：

大家晚上好！

非常感谢大家对我的信任和支持，推选我担任××县外来人才联谊会第一届理事会会长。对于这一殊荣，本人倍感荣幸，同时也深感责任重大。从各位殷殷的目光中，我看到的是大家的期望与重托。

为此，在任职期间，我必将与理事会全体成员一起，按照联谊会的章程规定，尽心尽力开展工作，努力向全体会员交出一份满意的答卷。

作为一名外来者，我到××已经有××年，其间我亲历了××所发生的巨大变化，这里所有的成就让我倍感自豪，也让我对××的发展越来越有信心。与此同时，在这里所有的外来人才也找到了充分施展自己才华的舞台，可以说，这次我们联谊会的成立就是展示个人才华和能力的机会。

作为会长，我必将以身作则，为联谊会的发展全力以赴。说到不如做到，请大家看我的实际行动吧！

最后，祝愿我们的联谊会事业兴旺！祝大家身体健康、万事如意！干杯！

县志主编就职祝酒词

【场合】 主编就职宴会。

【人物】 同事。

【致词人】 就职主编。

【妙语如珠】 "作史有三长：才、学、识；修志有三长：正、虚、公。" "才、学、识"我实在是愧不敢当，但是"正、虚、公"，将是我矢志不渝的追求。

在座的各位来宾，各位领导，各位同事：

大家好！

今天，我正式就任县志主编、文史办公室主任的职务，很高兴大家能够为我举办这个欢迎仪式，对于你们所做的一切，我深表谢意。

作为文史办公室的成员，我们的主要工作是负责县志的编撰。我县一直有着良好的县志编撰传统，过去的十几年来，在我们的老领导××同志的带领下，我们到各乡镇去考察和收集材料，从民间获得了很多深具历史价值的资料，各位同事在这一工作中无不展示了广博的学识，以及史学工作者所应具有的细致、严谨而审慎的作风。多年来，对于我县的地理地貌、风土人情以及历史沿革等方面，我们作了大量的工作，终于取得了较为详实的记载，建立起了较为完整的系统和框架。县志编撰是一项具有重大意义的工作，它叙古追今，使我们能够以良好的历史文化为根基，以史为鉴，继往开来，它对于一地文化传统的保持，具有不可估量的作用。县志编撰同样是一项任重而道远的工作，需要广大的史学工作者耗史穷经，付出艰苦卓绝的努力，凭着史学工作者所特有的责任感，去深入探索和保藏我们珍贵的非物质文化遗产。如今正式成为县志的主编，我深感肩上的压力和责任，在此，谨让我们以此共勉——路漫漫其修远兮，吾将上下而求索。希望无论是在艰苦的田间地头，还是在寂寞的书卷丛中，我们都能够秉持治史之士的优良传统，努力地完成好县志的编撰工作。

都说新官上任三把火，而我自认才疏学浅，承蒙各位抬爱，才能就任主编的职位。清代学者卫周祚曾经说："作史有三长：才、学、识；修志有三长：正、虚、公。""才、学、识"我实在是愧不敢当，但是"正、虚、公"，将是我矢志不渝的追求。在任职期间，我将努力秉持文史办公室一向的作风，刚正不阿、广纳众见，力争起到良好的表率和带头作用。

在这里，我要深深地向各位三鞠躬：首先，要向县委、县政府以及各乡镇、各部门的领导同志们鞠躬，感谢你们对文史办公室的领导、监督和支持；其次，要向文史办公室的所有同事鞠躬，感谢你们几十年如一日的刻苦工作，感谢你们为县志编撰工作所作出的贡献；最后，要向在座的所有同志鞠躬，感谢你们的光临，希望我们今后能够好好合作，互帮互助，在工作中建立起同志般的深厚情谊。

最后，祝愿大家事业顺利，万事如意，干杯！

县新校长就职祝酒词

【场合】就职宴会。

【人物】县级领导、老师。

【致词人】新任校长。

【妙语如珠】作为新一任校长，职务不是一种荣誉称号，而是一种压力，更是一种责任。

尊敬的各位领导、各位教师：

大家晚上好！

我衷心地感谢县委、县政府和县教委、教办对我的信任与培养，感谢各位老师对我的关爱和支持，尤其是前任校长，他的艰辛努力为学校的今后发展奠定了坚实的基础。在此，我向各位表示衷心的感谢！

作为新一任校长，职务不是一种荣誉称号，而是一种压力，更是一种责任。我们在回顾成绩的同时，必须冷静面对当前的教育形式。××学校未来的路该如何走？学生的素质、教师的能力该如何发展？这些都是我们应该思考并付与行动的。在此我提出我的观点：励志、创新、包容将是我们未来管理的关键词。让我们的每位老师都成为有理想、有追求、有眼光的人，我们的教育教学工作要把握时代发展的潮流，努力创新；我们要宽容学生的行为、以发展的眼光看待学

生，为老师、学生创造一个宽松的工作、学习环境。

作为××学校的校长，我深知自己的政治素质、文化底蕴、学科知识、决策能力、服务精神都还需要进一步提高。为此，我会更加努力，以此来更好地为大家服务。

最后，我想用一位先哲的诗来形容我的心情与期望，那就是"智山慧海传真火，愿随前薪作后薪"。

祝愿大家身体健康、阖家幸福，干杯！

县中学校长就职祝酒词

【场合】中学校长就职欢迎会。

【人物】教职员工。

【致词人】新任校长。

【妙语如珠】身为校长，我必将竭尽全力、忠于职守、克己奉公。面对教学改革中所面临的困难和阻挠，我将像朱镕基总理曾经说过的那样："我将勇往直前，义无反顾，鞠躬尽瘁，死而后已！"

尊敬的各位领导、各位来宾，亲爱的全体教职员工：

大家晚上好！

在今天上午的竞聘会上，我很荣幸得到了各位的信任、支持和肯定，成功地当选了我们××中学的校长一职。如今承蒙各位的亲切关怀，在这里为我举办隆重的欢迎仪式，在下不胜感激。在这里，我对各位领导的用心栽培，以及各位同事的关心和支持，表示最衷心的感谢！

我希望在未来的日子里，我们可以加强交流，密切团结与协作，努力搞好我校的建设，不断增强师资队伍的素质，实现教学水平的持续提高。在这里，请允许我再次赘言，向大家汇报一下本人的基本情况和基本经历。并谈谈我未来的工作目标和工作计划。

××××年，我毕业于××师范大学的××系。毕业后，我立即投入了教育工作的第一线，在××县的××中学，主要担任××课程的教学工作，同时还兼任××、××、××等多门课程的教学工作。这些年来，我先后担任过班主任、教导副主任以及教导主任，并于××××年荣幸地担任了副校长

一职。经过多年的教学和管理第一线的工作，我积累了丰富的教学实践和管理经验，受到了广大师生的好评，并得到了领导的关注与栽培。××××年，在我县教育系统的调整中，我被调到了县教育局工作，参与教育资源的分配以及教学结构的规划和调整。在这个过程中，我对教育有了更深刻的认识，对于教育的改革，有了全局性以及战略性的眼光。

从一名人民教师逐渐成长为一名教育管理和决策人员，我时刻保持着对教育事业的诚挚热爱。然而随着角色的转变，教育对我来说不再仅仅是教书育人，对于教育制度的创新和改革，我逐渐具备了高度的责任感。如今有幸回到××学校担任校长一职，我满怀着激动和热忱，希望将自己的教育理念投入到教学实践中，从教育的组织和制度出发，不断进行改革和创新，使我县的教育事业再上一个新台阶。

未来几年，我主要将从以下几个方面着手开展工作：第一是改善办学条件，优化教师工作和学生学习环境；第二是改革福利体制，关

心教师生活；第三是唯才是举，全面调动教师工作的积极性；第四是加强管理，提高教学质量和教学水平；第五是鼓励创新，不断推出新的教育模式和改革方向，努力开创出教育事业的新局面。

希望以上几点，能够得到各位的支持和肯定。身为校长，我必将竭尽全力、忠于职守、克己奉公。面对教学改革中所面临的困难和阻挠，我将像朱镕基同志曾经说过的那样："我将勇往直前，义无反顾，鞠躬尽瘁，死而后已！"希望大家同我共同努力，为我们的教育事业奉献出全部的精力和热忱！

最后，我提议，为××学校培育出更多优秀的学子，为××美好的明天，干杯！

区长就职祝酒词

【场合】宴会。

【人物】××省市领导、××委员、代表。

【致词人】当选区长。

【妙语如珠】我一定倍加珍惜，竭尽全力，不辱使命，把自己全部的心血和智慧，都倾注于我钟情的这片热土和我深爱的××人民！

尊敬的各位领导，各位委员、代表，同志们：

大家好，今天，我荣幸地当选××市××区长一职，衷心感谢大家对我的信任与支持！谢谢你们！

此时此刻，同志们信任的眼神，真诚的鼓励，××人民的支持和配合，带给我的不仅是巨大的动力，也让我深感责任的重大、使命的光荣。尽管前方有着未知的困难与挑战，尽管自己才疏学浅，但有××万人民的支持，我相信，只要有执着的信念，就一定会成功。时代赋予了我们机遇，历史给予了我们舞台，人民寄予了我们重托。我一定倍加珍惜，竭尽全力，不辱使命，把自己全部的心血和智慧，都倾注于我钟情的这片热土和我深爱的××人民！以后，我将努力做到：以发展作为××区的第一要务，为××人民造福，依法行政，为××区美好的明天而不懈追求。

近几年来，在××同志等上一届领导班子的辛勤努力下，在党的正确领导下，××区已经有了长远的发展，但仍存在着经济滞后等问题，既然我担起了这个担子，我就一定会尽力解决这些问题。

同志们，让我们紧紧团结在以×××同志为总书记的党中央周围，深入贯彻党的×大精神，认真实践"三个代表"重要思想，遵循市委、市政府和区委的正确领导，接受区人大、区政协的监督支持，为××更加美好的明天而努力！为开创××区美好的明天奋斗！让我们为××辉煌的明天，干杯！

居委会主任就职祝酒词

【场合】竞聘居委会主任庆功宴。

【人物】小区业主、居委会人员。

【致词人】就职者。

【妙语如珠】心若在，梦就在，只要用心刻苦，行行出状元。

各位领导，各位同志：

大家晚上好！

今天，我异常激动。经过激烈的角逐，我终于成功竞聘为我们小区的居委会主任。很高兴大家今晚能够在此为我道贺。对于在座各位来宾朋友的到来，我表示热烈的欢迎和深深的谢意！

这个日子，我已经期盼了很久。在这个本该欢庆的时刻，我不禁回想起了过去的艰辛。三年前，我所在的印刷厂为了提升效益裁掉了一批员工，而我不幸地成为其中的一员。刚过四十岁的我原本对工作充满了干劲和热情，一下子赋闲在家，面对这个不争的事实，我一度难以接受。后来，在亲人和朋友们的开导下，我渐渐明白了，心若在，梦就在，只要用心刻苦，行行出状元。为了提高自己的能力，充实自己的生活，我报名参加了夜大的会计学专业，白天则找了几份兼职，从基层干起，练习和实践最基本的会计工作。通过不断地实践和积累，我逐渐拥有了较为扎实的理论和实践基础，自信心也有了很大的提升。对我来说，生活一下子变得丰富多彩起来，我似乎渐渐地拥有了理想和追求，拥有了自己的生活。

米卢曾经说过，态度决定一切。对于这句话，我有很深刻的体会，诚然，现实的世界往往不那么尽如人意，但是只要你肯努力，只要你用心地去生活，去追求，一定可以获得自己的一片天地。

我的学历不高，曾经，我一度认为自己一无是处，但是后来的锻炼和学习使我慢慢地找回了自信，使我相信世上无难事，只怕有心人。在下岗之后的这段日子里，我曾经受到过我们居委会的帮助，也和这里的工作人员有了更进一步的接触。慢慢地，我发现这里的工作很适合我，而服务小区群众，帮助更多的下岗工人重新找回自己的生活，是我所十分乐于从事的。于是，我和家人谈了我的想法，在他们的支持和鼓励下，我毅然走上了竞聘居委会主任的讲台。

在我心中，居委会的工作就是从融洽中见真情，它首先面对的是人们的喜怒哀乐，直接服务的是家庭的荣衰悲欢。对于营造安定祥和的社区，建设和谐社会，居委会有着不容忽视的作用，肩负着重大的责任。

单人不成众，独木不成林，居委会的工作需要我们大家的共同努力。对于大家对我的赞许和肯定，

我十分高兴，同时也感受到了责任的重大。我希望在将来的工作中，我们可以携起手来，肩并肩地共同努力，共同奋斗。露珠虽小，却可以折射出太阳的光辉，我希望在我们的努力下，居委会的工作能够为我们小区居民的幸福，为和谐社会的建设，奉献出自己的一份力量。

谢谢大家！

大学生就职村官祝酒词

【场合】村官就职宴会。

【人物】领导、同事。

【致词人】大学生村官代表。

【妙语如珠】我们刚刚步入社会，还是一群不够成熟的孩子，但是我们拥有大学生所特有的朝气蓬勃的热情和活力，拥有一颗不怕吃苦、敢拼敢闯的年轻的心。

尊敬的各位领导、各位来宾，亲爱的同志们、朋友们：

大家下午好！

我叫××，来自××大学，向今天即将走马上任的××名大学生村官致意。今天能够作为村官代表在此发言，我感到十分的荣幸。借

此机会，谨让我代表即将上任的××名村官，向各级领导对我们的关心和爱护，表示最衷心的感谢。

现在，国家鼓励我们大学生走向农村，支持农村的发展和建设。作为刚刚毕业的大学生，我们响应祖国的号召，秉持着"哪里需要我们，我们就在哪里发光发热"的想法，投入到了新农村建设的洪流中来。

如今，农村、农民和农业的问题，是我国面临的最紧迫而重大的问题，搞好新农村建设，也是解决国计民生的重大课题。作为新时代的青年，我们拥有献身于祖国现代化建设的坚定志向，于是，加入新农村的建设中，便成了我们得以一展拳脚的最好选择。

我们来自五湖四海，为了一个共同的目的走到一起来。我们有的来自城市，有的生长于农村，但是面对农村的人和事，我们都感到既熟悉又陌生。对于即将面临的考验，我们深感责任重大，却又有点措手不及。我们刚刚步入社会，还是一群不够成熟的孩子，但是我们拥有大学生所特有的朝气蓬勃的热情和活力，拥有一颗不怕吃苦、敢拼敢闯的年轻的心。我们既然有志于服务农村，既然选择了成为一名光荣的"村官"，也就意味着选择了付出，选择了奉献。从今往后，农村就是我们的家，就是我们最坚定的工作阵地，而广大的农民朋友们，就是我们的服务群体，同时也是我们最好的老师。我们一定会牢记全心全意为人民服务的宗旨，及时调整心态、摆正位置，以饱满的精神和昂扬的斗志，带着满腔的热忱投入到新农村的建设工作中去。在这个过程中，我们还将虚心学习，深入调查和实践，将自身的优势和特长，结合农村的实际，勇于进取、开拓创新，努力为新农村建设添砖加瓦，用实际行动谱写大学生"村官"的绚丽篇章！

最后，祝愿每一位村官都能在广阔的农村天地中干出一番事业，干杯！

公司副总裁就职祝酒词

【场合】就职宴会。

【人物】各级领导、嘉宾、同事。

【致词人】×领导。

【妙语如珠】成功的花，人们只惊美它外在的鲜艳，却往往忽略了当初它的芽儿曾浸透了奋斗的泪泉。

尊敬的各位领导、各位嘉宾、各位同事：

大家晚上好！

今天我们欢聚一堂，共同庆贺××成为××公司的副总裁。

在过去的两年里，××工作兢兢业业，为实现这一目标他付出了很多。没人比他更应该得到这个职位。这么多年的努力终于得到回报。可以说，他的成功对我们在座的每一位来讲都是莫大的鼓励。

成功的花，人们只惊美它外在的鲜艳，却往往忽略了当初它的芽儿曾浸透了奋斗的泪泉。我赞赏××的成功，更钦佩××在艰难的道路上曲折前行的精神。

演奏家把思想融入乐曲；美术家把灵魂置入画框；文学家把生活写成一部书；而他，把感情都奉献给了事业。业务洽谈会上××表现出的潇洒风度、热情面容、巨大魄力……犹在眼前。××的专业和奉献精神令人钦佩。他是在学习成为一个真正的专业人士。

最后，让我们共同举杯，真诚地祝贺他，预祝他将来取得更大的成功。

总经理就职祝酒词

【场合】任职宴会。

【人物】公司部分人员、来宾。

【致词人】新任总经理。

【妙语如珠】我希望各位干部平时能成为员工学习的典范，发挥模范带头作用，更加自觉自律，名副其实地尽职尽责。

尊敬的各位朋友：

大家好！

我是××，从×月×日开始就任××有限公司总经理。

我们公司是××型企业，长期以来，它一直以及时为顾客提供质优价廉的××为宗旨。但遗憾的是，到目前为止，我们公司尚未建成能实现这种使命的坚实基础。作为总经理，我将进一步加强经营管理，不断发展壮大我们的公司，并继续为客户及时提供价格低廉、品质优良的××，使之在今后更加残酷的市场竞争中脱颖而出。为实现这一目标，我也将重新整合公司内部各种组织结构、加强各项制度建设。

因此，为了我们共同的目标，我希望各位干部平时能成为员工学习的典范，发挥模范带头作用，更加自觉自律，名副其实地尽职尽责。

希望大家能身怀××人的骄傲与觉悟，作为一名合格的社会人，以"通过自我磨炼实现个人成长"的强烈意识工作。营造和谐愉快、干劲十足的职场氛围是大家的共同愿望。相互尊重，不断交流，将使我们的职场一天更比一天好！

我敬大家一杯，非常期待与诸位一起工作，同时对各位表示衷心的感谢，真诚地希望大家对我的工作给予更多的支持和帮助。让我们共同努力吧！

谢谢大家！

公司门店经理就职祝酒词

【场合】当选电器公司门店经理欢迎宴。

【人物】领导、同事。

【致词人】新任门店经理。

【妙语如珠】很感谢各位对我寄予的高度的信任和肯定，从今往后，我一定会再接再厉，将各位对我的支持转化为工作的动力。

尊敬的各位领导、亲爱的同事们：

大家晚上好！

在今天上午举办的选举活动上，经过激烈的角逐，我荣幸地当选了我们公司××分店的门店经理。今晚，大家能够在这里为我举行欢迎仪式，我内心十分地感动。在这里，我衷心感谢各位的支持，感谢各位今晚的光临，请让我向各位领导、同事们深深地鞠一躬，谢谢大家！

我到××电器公司工作已经有5年了，一直在××分店工作，先后担任过销售助理和销售副经理。在这个过程中，我积累了丰富的推广和销售经验，赢得了客户及同事们的一致好评。

经过多年的工作经验的积累，带着对这份工作的热爱，我的内心迫切地寻求更好的施展自身能力及才华的舞台。十分感谢公司此次为我提供了这个机会，使我可以充分地展示自己，使大家可以充分地认识我、了解我。此次竞聘不仅是对我的一次重大考验，同时也是一个重要的激励。通过此次竞聘，我的心理素质以及表达和沟通能力不仅得到了充分的施展和锻炼，同时我也看到了自身的许多不足，明确了未来自我提升的方向。可以说收获颇丰。

很感谢各位对我寄予的高度的信任和肯定，从今往后，我一定会再接再厉，将各位对我的支持转化为工作的动力。我将努力带领大家实现以下几个目标：第一是协助各部门搞好店面销售，提高岗位执行力，高质量地做好计划、组织、领导、控制和管理工作；第二是努力完善自我，提高工作能力；第三是创新解决问题的方法，加强技术交流和对外协作；第四是加强应用开发，利用先进的方法进行科学管理，提高管理成效。希望大家对我进行严格的监督，并建言献策，希望我们共同携手，为××门店创造出更优秀的业绩。

最后，我衷心地祝贺大家身体健康、工作顺利、阖家欢乐，干杯！

升迁祝酒词

升迁祝酒词，如果致词人非当事人，一般是先"评功摆好"，然后再对当事人表示祝贺，但如果致词人是当事人自己，恰恰要相反，要求致词人表现出一种谦虚的态度，对自己所做的功劳一言带过，切忌大说特说，反而要对各位领导的厚爱和同事的支持表示衷心的感谢，语言真实，有感染力。

升迁祝酒词的结尾往往要表示自己不会辜负领导的厚爱，不会忘记同事的帮助，不骄不躁，继续努力拼搏开创事业的新天地。

同事升任地委委员祝酒词

【场合】欢送会。

【人物】××单位领导、员工。

【致词人】××单位领导代表。

【妙语如珠】这×年来，作为书记，他勤勤恳恳，任劳任怨，呕心沥血，将一腔热血洒在了他热爱的岗位上，他团结和带领全市××多万各族干部群众、艰苦奋斗，使××经济、社会发生了崭新的变化，取得了可喜的成绩，这些是大家有目共睹的。

尊敬的各位领导、××书记，同事们、朋友们：

大家好！再过×天，我们敬爱的××书记就要到××就职，成为××地委委员了。在这里，请允许我代表××市委、市政府并以我个人的名义向××同志升任地委委员表示衷心的祝贺！

此时此刻，我相信大家既为××书记的升任感到高兴和激动，又为××书记的离开感到不舍。毕竟这样一来，我们和××书记聚少离多了，而且我们单位失去一位好领导，同事少了一个好知己。但是就××书记而言，这是他人生发展的机遇与转折点，让我们再次衷心地祝福他！

××××年，××同志来到××单位任职。至今已经在岗位上奋斗了×年。这×年来，作为书记，他勤勤恳恳，任劳任怨，呕心沥血，将一腔热血洒在了他热爱的岗位上，他团结和带领全市××多万各族干部群众、艰苦奋斗，使××经济、社会发生了崭新的变化，取得了可喜的成绩，这些是大家有目共睹的。

××书记在职的这×年，是××经济发展、社会稳定、民族团结、社会进步的×年，是全市人民生活大改善的×年，是××不断取得骄人成绩的×年。在这×年中，××书记深入实际、密切联系群众的工作方法为我们积累了丰富的工作经验，树立了榜样，成为我们工作的宝贵财富。我们希望，××书记闲暇之余继续关心和指导我们的工作，为我市实现经济持续、快速、健康的发展和社会的全面进步，作出更大的贡献。

最后，请我们高举酒杯，为

××书记送行，祝他在新的岗位上工作顺利，取得更大的成绩，祝愿他身体健康，万事如意！干杯！

升任新闻部副主任祝酒词

【场合】成功竞聘新闻部副主任庆功宴。

【人物】领导、同事。

【致词人】新任副主任。

【妙语如珠】对于我报新闻版块的组稿理念，我进行过许许多多的思考，诸多观点在脑海中盘桓，正好借此契机，一吐胸臆。

尊敬的各位领导、各位老师、各位同人：

大家好！

今晚，伴着皎洁的月光，我们欢聚在这里。十分感谢各位对我的信任和支持，使我今天上午得以顺利当选我报的新闻部副主任。在此，我再一次对各位致以最诚挚的谢意。同时对于各位今晚的盛情光临，我表示最热烈的欢迎和最衷心的谢意。

新闻部作为地方新闻的主要编辑部门，主要任务在于传达好党和国家的方针政策，宣传好市委、市政府的中心工作，关注本地大事要事，提高报纸在读者中的影响力。作为新闻部的编辑人员，我们不仅要具备政治意识、大局意识，同时还必须掌握良好的传播技巧，增强新闻的可读性，提高读者的认可度。

在报业竞争日趋激烈的今天，如何提高我报的市场占有率，成为我们工作的重中之重。作为我报的主要部门，新闻部则在此中肩负着极为重要的责任。对于我报新闻版块的组稿理念，我进行过许许多多的思考，诸多观点在脑海中盘桓，正好借此契机，一吐胸臆。

我认为，要提高我报新闻版块的水准，主要应该从以下几个方面下功夫：第一，打好本土牌；第二，突出主打新闻；第三，突出特色风格；第四，加强策划力度；第五，做好品牌包装；第六，加强采编沟通。做好以上几点，不仅可以提高我报质量，还可以提升公众的关注力度，进而提升我报的知名度。然而做到以上几点并非一日之功，还需要广大同人的大力支持与不懈努力。

在这里，我提议，让我们共同举起手中的酒杯，为我报品质的不断增强，知名度的不断提升，为我报赢得愈来愈多的市场份额，为我报成为××地区的一面旗帜，干杯！

升任护士长祝酒词

【场合】成功竞聘护士长庆功宴。

【人物】同事。

【致词人】护士长。

【妙语如珠】在未来的工作中，我希望能够同大家密切合作、同心同德、与时俱进、开拓进取，秉持集体至上、以身作则、宽宏大量、实事求是的精神，以医护行业的职业操守和道德规范严格地要求自己，真诚而热情地服务病患，微笑服务，使病患们有宾至如归的感觉。

尊敬的各位领导、各位同事：

大家晚上好！

在今天上午的竞选活动中，我幸运地成功竞聘为××医院骨科的护士长，对此，我的内心充满了激动和喜悦。今晚承蒙各位深情厚谊在此设宴，对于你们的支持、理解和鼓励，我在此表示最真挚的谢意。

我于××××年毕业于××卫校，并正式参加工作。刚刚踏上工作岗位的我被组织分配到了××镇的卫生所担任护士一职，在那里积累了丰富的基层经验。××××年，我顺利通过一系列的业务考核和评估，并被调到了现在所在的单位，即××县医院，从此开始了在这里长达××年的工作和生活。

在科室的轮转中，我先后工作过的科室有外科、内科、急诊科、中医科、供应室和骨科。在担任骨科的护士长之前，在供应室曾担任为时××年的护士长职务。在各个科室中，我始终保持着良好的职业道德和职业操守，工作上勤勤恳恳，业务上一丝不苟，一直将服务病患作为我的最高宗旨。

××××年，我赴省会××市进行为期一年的进修，提高了自己的专业水平，其间还在我省的《××××》杂志上发表了题为《××××》的论文一篇，并作为××座谈会的会议论文在会议上宣读。完成进修之后，我自学了英语，在艰苦的努力下通过了中级职称的考评，于××××年晋升为主管护师。

在我院进行"二甲"和"三甲"的评审时，我带领着供应室的全体护理人员，在业务上作出了良好的表现，得到了上级领导的一致好评。

在未来的工作中，我希望能够同大家密切合作、同心同德、与时俱进、开拓进取，秉持集体至上、以身作则、宽宏大量、实事求是的精神，以医护行业的职业操守和道德规范严格地要求自己，真诚而热情地服务病患，微笑服务，使病患们有宾至如归的感觉。病患们的健康，是我们最大的追求，让我们共同努力吧。

最后，让我们共同举杯，为我们救死扶伤的共同志向，为我们今后的良好和愉快的合作，也为在座各位的身体健康、工作顺利、家庭幸福，干杯！

升任酒店总经理祝酒词

【场合】欢送会。

【人物】××酒店总经理及其

他领导、员工。

【致词人】××酒店总经理。

【妙语如珠】我忘不了，在我工作有困难时，听到的是同事鼓励的话语，看到的是同事实际的行动，感受到的是同事共挑重担的情意，可以说，各位同事就是我的军师、我强大的后盾。

尊敬的各位领导，同事们、朋友们：

大家好！

首先，我对总公司领导任命我为××公司总经理表示衷心的感谢，欣喜之余，也感受到了一份沉甸甸的责任。但请各位领导和同事放心，我一定不会辜负你们的期望与信任，用实际行动，骄人的业绩回报你们！

根据企业发展需要，总公司对××公司领导班子进行了调整，任命我为××公司总经理，这是对我的极大鼓舞和鞭策。我于××××年×月进入公司，到现在已经快××年了。在这近××年的岁月里，我和在座的许多同事同舟共济，共同奋斗，以市场为导向，以优质服务为核心，每年均能超额完成上级组织下达的指标任务，使××呈现出一片欣欣向荣的景象，得到了总公司的好评和赞扬。我忘不了，在我工作有困难时，听到的是同事鼓励的话语，看到的是同事实际的行动，感受到的是同事共挑重担的情意，可以说，各位同事就是我的军师、我强大的后盾。所有这些成绩的取得，离不开上级组织的正确领导，离不开公司"××××"重要思想的正确指引，离不开诸位同事的共同努力，离不开各部门的扎实工作，离不开老领导、老同志的关心爱护和大力支持，在此，我向你们表示衷心的感谢！

由于个人能力和水平有限，我在工作中曾给大家造成了许多困扰，对此，我向大家表示深深的歉意。

从今天开始，我正式担任××公司总经理职务，我将以踏踏实实的工作作风，勤勤恳恳的工作态度，尽职尽责地干好每一项工作，认真听取各方面的意见和建议，加强学习，全身心地投入工作。在此也真诚地希望在座的同人，能一如既往地关心支持我的工作，多提宝贵意见，同时，我衷心希望总公司能给予我们在物力、人力、财力等多方面充分的支持和帮助。

最后，让我们共同举杯，为××公司辉煌的明天，干杯!

同事升任汽车服务经理祝酒词

【场合】 升任汽车服务经理庆功宴。

【人物】 领导、同事。

【致词人】 新任经理。

尊敬的各位领导、亲爱的同事们:

大家晚上好!

非常高兴今晚能同各位在此欢聚。在昨天的竞聘中，我顺利地当选我们公司的汽车服务经理。今晚特别在此设宴，以感谢各位领导、同事的信任和支持。在此，请让我首先对各位的到来，表示最热烈的欢迎和最诚挚的谢意。

我们××公司是一个充满潜力、人才济济的团结而又温暖的大家庭。××××年，我很幸运地加入到大家的行列中，光荣地成为我们公司的一员。这里有最合理的人才管理和培训制度，使我们每个人的才干都得到了充分的施展，使我

们的潜力都受到了充分的激发，使我们每个人都很好地找到了自己的定位，找到了自己事业的着力点，使我们都充满斗志，充满激情，充满着对工作的热爱。

如今，公司又为我们提供了岗位竞聘的机会，使我们能够凭着自己的能力和兴趣去选择更适合自己的岗位。而我，便是幸运者之一，幸运如我，终于踏上了向往已久的岗位。今后，我将一如既往地严格要求自己，带领着大家完成好以下几个工作目标:第一，遵守并履行××公司内部的一切规章制度。第二，打破传统思维的桎梏，最大限度地提高客户满意度及忠诚度。第三，管理售后服务部以保证满足顾客需求，提高车辆一次性修好率，关注售后服务业务的成长、利润和员工满意度的提高。第四，保证为每一个顾客提供高质量的售后和维修服务;保持一个清洁的、专业的工作环境。第五，了解顾客所关注的事情、他们的需求、期望，以制订和执行有效的行动计划。第六，在售后服务部内部及与其他部门之间创造一个良好的团队合作氛围，保

证员工有一个健康的工作环境。希望大家能够一如既往地信任我、支持我，请相信，我们一定能够共同创造一个美好的未来！

让我们共同举杯，为在座各位的身体健康、工作顺利、家庭幸福，为我们共同拥有一个更加美好的明天，干杯！

同事升任广告总监祝酒词

【场合】 升任广告总监庆功宴。

【人物】 领导、同事。

【致词人】 新任广告总监。

【妙语如珠】 对于××杂志提供的这个平台，我内心充满了无限的感激，它不仅为我提供了一个施展才华的舞台，还培养了我对这份工作的深深的热爱，这一切不啻为人生中的一大幸事。

尊敬的各位领导、各位来宾，亲爱的同事们、朋友们：

大家晚上好！

今天是我人生中一个特别重要的日子，就在今天，我实现了多年来的梦想，终于成为我们杂志社的广告总监。今晚，我特邀各位来此共同欢庆，一是为了和大家分享我内心的喜悦，二是为了向大家致以最真诚的感谢。我如今能够收获如此硕果，离不开各位多年来的帮扶与提携，离不开各位的关心和爱护。大恩不言谢，请大家接受我的三鞠躬吧。

我们的杂志是一本非常优秀的杂志，近年来，已经成为国内最具影响力的杂志之一。在××社长以及××总编的带领下，我社励精图治、精益求精，如今已正式进军港、澳、台市场，努力朝着国际化的道路迈进。

我在大学期间就读的是广告设计专业，毕业之前，便对我们杂志异常向往，毕业之后，则义无反顾地来此应聘，经过重重考核，最终得以加入到广告部这个温暖而又团结的大家庭中。这些年来，在广告部，我得到了很大的历练，各位优秀的前辈对我进行了许多无私的帮助和指导，使我的业务水平在较短的时间内有了很大的提升。对于××杂志提供的这个平台，我内心充满了无限的感激，它不仅为我提供了一个施展才华的舞台，还培养了我对这份工作的深深的热爱，这一切不啻为人生中的一大幸事。

如今，各位领导对我寄予了无限的厚爱，将我破格提升为广告总监，对此，我曾一度迟疑，怀疑自己究竟是否能够胜任。是同事们不断的鼓励，是我最终获得了自信，找回了自我，使我郑重地接下了这个神圣的任务，踏上了广告总监的工作岗位。可以说，没有各位，就没有我的今天，千言万语，无法道尽我的谢意。

在未来的工作中，由于个人能力的有限，我难免会有各种各样的缺漏和不足，恳请各位同人积极地予以指正，对于你们的意见和建议，我必将恳切地分析和考量，不断地提升和完善自我，带领各位一齐朝着更高的目标迈进。

最后，让我们共同举杯，为我们杂志社越办越好，越办越红火，干杯！

同事升任商场主管祝酒词

【场合】升任商场主管庆功宴。

【人物】领导、同事。

【致词人】新任商场主管。

【妙语如珠】我一定不会辜负大家的厚望，必将保持踏实苦干的作风，发扬勤奋刻苦的精神，以最大的精力和热情投入到工作中。

尊敬的各位领导、各位来宾，亲爱的同事们、朋友们：

大家晚上好！

今天，在大家的支持和鼓励下，我十分荣幸地当选了××商场的主管。今晚，我特地在此设宴，以答谢大家的关怀和帮助。各位来宾朋友今晚深情厚谊前来光临，在下不胜感激。在此，请让我向各位表示最热烈的欢迎和最衷心的感谢！

在这里，我先和大家谈谈我的工作经历。××××年中专毕业后，我应征入伍，并于××××年复员成为××国营企业的一名工人。××××年，由于单位效益不佳，我不幸地下岗了。在经过多方寻觅之后，终于于××××年来到我们××商场，加入这个团结而又温暖的大家庭中。最开始，我从事的是最基础的工作，在管理培训生岗位轮转的过程中，曾担任收银员、仓库管理员、服务员、营销员等。之后，随着工作经验的积累和工作能力的不断提高，我被提升为主管助理，并在这个岗位上工作了×年。

如今，公司为我们提供了这次岗位竞聘的机会，在领导和同事们的鼓励下，我参选了商场主管这一职务，并最终顺利当选。对此，我的内心充满了无限的激动与喜悦，这×年多来的目标，如今终于得以实现。这一切，还得感谢各位的支持与鼓励，感谢公司为我提供了如此之好的环境。我一定不会辜负大家的厚望，必将保持踏实苦干的作风，发扬勤奋刻苦的精神，以最大的精力和热情投入工作中。

对一个商场来说，最大的经营目标便是提高销售额度，今后，我将围绕着这个主题，展开以下几个方面的工作：一是在特色管理上，注重商品专营的特色、引导时尚的特色、购物环境的特色、商品陈列的特色等，通过众多的单体特色，打造出独具个性的营销特色；二是在职工管理上，重点做到人性化，通过各种途径，不断向他们灌输先进的经营理念，提高业务素质、规范服务行为，形成别具一格的核心竞争力；三是在顾客管理上，进一步强化"顾客就是上帝"的理念，并将之贯穿于工作的全过程，真心实意为顾客提供热情、到位的服务；四是在商品管理上，要尽可能丰富商品品种，要把缺货作为营业的最大敌人，及时提醒缺货，为客户提供最大的便利；五是在商品损耗管理上，要进一步强化手段，减少因商品损坏带来的损失。希望我们携手努力，为商场创造出更好的业绩。

让我们共同举杯，为了我们商场的销售水平"只有更好"，干杯！

第七章

庆典酒

升学祝酒词

俗话说，人生有四大喜事："久旱逢甘露，他乡遇故知，洞房花烛夜，金榜题名时。"莘莘学子十几年寒窗苦读，历经学习的压力，人生的考验，在考场过五关斩六将，考入理想中的大学无疑意味着离自己的梦想迈进了一步，这对于孩子及其父母、亲朋好友来说是一件值得庆祝的喜庆之日。因此，致词人不仅应对升学者表示祝贺，而且应对其未来提出期望和祝愿。

正所谓"一日为师，终身为父"，如果没有老师的辛勤耕耘和细心呵护就没有学生今天的成绩，致词人需要对升学者的老师给予特殊的感谢。另外，致词人也要对孩子的父母致以真诚的感谢，谢谢他们多年的培养和付出。

升学祝酒词要求语言生动活泼、文字简洁明快，感情真挚，给孩子营造出温馨的氛围，为其留下人生美好的回忆。

升学答谢酒宴主持人祝酒词

【场合】答谢酒宴。

【人物】师生、亲朋好友。

【致词人】主持人。

【妙语如珠】老师，您的爱，如太阳一般温暖，如春风一般和煦，如清泉一般甘甜。您的爱，比父爱更严峻，比母爱更细腻，比友爱更纯洁。

尊敬的各位老师、各位同学、各位亲朋好友：

大家下午好！

在这金秋送爽、锦橙飘香的日子，我们欢聚一堂，恭贺××、××夫妇的千金××金榜题名。承蒙来宾们的深情厚谊，我首先代表

××夫妇一家对各位的到来，表示最热诚的欢迎和最衷心的感谢！

人生有四大喜事："久旱逢甘露，他乡遇故知，洞房花烛夜，金榜题名时。"我们恭喜××成功地迈出了人生的重要一步，这意味着××离心中的梦想又近了一步。同学们，朋友们，春风得意马蹄疾，一日看尽长安花。×年寒窗苦读，在高考考场过五关斩六将，历经学习的压力，人生的考验，今天，各位同学终于得到了应有的收获，请接受我们共同的祝福：海阔凭鱼跃，天高任鸟飞！

老师，您的爱，如太阳一般温暖，如春风一般和煦，如清泉一般甘甜。您的爱，比父爱更严峻，比母爱更细腻，比友爱更纯洁。老师的爱，是天下最伟大，最高洁的爱。在此，请允许我代表××同学对辛勤培育她的×老师、×老师、×老师等表示衷心的感谢。

我提议，让我们共同举杯：

第一杯酒，祝愿各位老师身体健康，万事如意！

第二杯酒，为英才饯行！再次祝愿××同学，学业如日中天！朝着灿烂的前景大步前进！

第三杯酒，祝愿××全家一帆风顺、二龙腾飞、三阳开泰、四季平安、五福临门、六六大顺、七星高照、八方走运、九九同心！

干杯！

升学庆贺酒宴父亲祝酒词

【场合】升学庆贺宴。

【人物】家人、老师、同学。

【致词人】父亲。

【妙语如珠】一等人忠臣孝子，两件事读书耕田。

尊敬的各位领导、各位亲朋好友，各位老师，各位同学：

大家好！

首先，热烈欢迎各位亲朋好友、老师同学光临我女儿的升学宴！

十几年的寒窗苦读，终于有了今天的收获，女儿考上了理想的大学。我们做父母的，一方面，为女儿取得的成绩感到骄傲和自豪；另一方面，又为女儿即将离家求学而感到失落。慈母手中线，游子身上衣，临行密密缝，意恐迟迟归。和许多父母一样，此刻我们的心情异常复杂。十八年来，我们一直守着望女成凤的梦想，女儿的好学上进让我们感到欣慰和自豪。因此，我们要感谢女儿为我们带来的快乐与幸福。

从今以后，女儿就要踏上征程，我们会把对女儿的思念珍藏在心里。我相信这种思念，必将化作一盏明灯，照亮女儿的前程。

考上大学只是万里长征第一步，人生的道路还很漫长。在这里我将清代纪晓岚写的一副对联送给女儿："一等人忠臣孝子，两件事读书耕田。"忠臣、孝子、读书、耕田，看似平凡，却很不简单。一生中能够把这四件事情都做好很不容易。我这里借用这副对联，主要是希望女儿将来做一个对社会有用的人，做一个关爱家庭的人，做一个好好读书的人，做一个认真工作的人。送给女儿的第二句话是葛洪的一句名言："学之广在于不倦，不倦在于固志。"意思是学问的渊博在于学习时不知道厌倦，而学习不知厌倦在于有坚定的目标。第三句话："事在人为。"积极努力就一定能取得成功。

最后，万分感谢各位亲朋好友、老师同学的光临。多年来，在各位的关怀和帮助下，女儿取得了长足进步，在这里我和她母亲向各位表示衷心的感谢！我提议，为大家的身体健康，事事顺利，干杯！

升入大学母亲祝酒词

范文一

【场合】答谢酒宴。

【人物】师生、亲朋好友。

【致词人】母亲。

【妙语如珠】女儿，妈妈看见了你挑灯夜读的忙碌身影，看见了你日复一日的付出，感受到你坚毅执着的信念。

亲爱的老师、同学，朋友们：

大家好！我是××同学的母亲，首先，我代表全家人对各位的到来致以诚挚的祝福和热烈的欢迎。同时，由衷地对大家说一句："感谢老师、同学多年来对我女儿的关心和帮助，谢谢你们！"

当我收到女儿的捷报时，我骄傲，我自豪，我为有这样一个女儿感到无比的光荣！女儿，妈妈看见了你挑灯夜读的忙碌身影，看见了你日复一日的付出，感受到你坚毅执着的信念。"一分付出，一分收获"，女儿，你终于如愿以偿考取了理想中的大学。妈妈恭喜你！

俗话说"一日为师，终身为父"。如果没有各位老师的辛勤耕耘，没有各位老师的细心呵护，就没有我女儿今天的成绩，在此，我代表我的女儿向各位老师敬上三杯酒。第一杯酒，感谢老师恩深情重！第二杯酒，祝老师身体健康！第三杯酒，祝愿老师事业顺心，阖家欢乐！

再次，我想对××的同学表示衷心的感谢。同学间互相鼓励、互相安慰的纯真友谊是你们彼此之间必不可少的加油站。祝你们的学业如日中天，祝你们的友谊天长地久！

女儿，你考取了××××大学，从此开始新的旅程，但也意味着你将远离父母，远离家乡，独自接受人生的挑战。妈妈相信你，你能应对一切！

今天的酒宴，只是一点微不足道的谢意。现在我邀请大家共同举杯，为今天的欢聚，为我的女儿考上理想的大学，为我们的友谊，为你我家人的健康、快乐，干杯！

范文二

【场合】招待宴会。

【人物】毕业生、亲友、来宾。

【致词人】毕业生父母。

【妙语如珠】立足于青春这块大地，在大学的殿堂里，以科学知识为良种，用勤奋做犁锄，施上意志凝结成的肥料，去再创一个比今天这季节更令人赞美的金黄与芳香。

尊敬的各位领导、亲爱的朋友们：

大家好！

在此，我首先代表全家人发自肺腑地说一句：感谢大家多年来对我女儿的关心和帮助，欢迎大家的光临，谢谢你们！

这是一个秋高气爽、阳光灿烂的季节，这是一个捷报频传、收获喜讯的时刻。正是通过冬的储备、春的播种、夏的耕耘、秋的收获，才换来今天大家与我们全家人的同喜同乐。感谢老师的教诲！感谢亲朋好友！感谢所有的兄弟姐妹！愿友谊地久天长！

女儿，妈妈也请你记住：青春像一只银铃，系在心坎，只有不停奔跑，它才会发出悦耳的声响。立足于青春这块大地，在大学的殿堂里，以科学知识为良种，用勤奋做犁锄，施上意志凝结成的肥料，去再创一个比今天这季节更令人赞美的金黄与芳香。

今天的酒宴，只是一点微不足道的谢意。我提议，让我们共同举杯，祝贺我的女儿顺利考上大学，同时，祝愿各位嘉宾工作顺利，家庭幸福，干杯！

升学庆功宴长辈祝酒词

【场合】学子宴。

【人物】家人、老师、同学。

【致词人】长辈。

【妙语如珠】今天的学子宴将是一个新朋老友相聚的宴会，将是一个传递亲情友情的宴会，将是一个举杯庆祝的宴会。

女士们，先生们，各位嘉宾，各位亲友：

大家晚上好！

在这五谷丰登的金秋时节，大家带着对知识的羡慕，对高考骄子的祝福，欢聚在这里。热烈祝贺××同学以优异的成绩考入他理想的××大学，并与××一家共同分享××金榜题名的喜悦。今天的学子宴将是一个新朋老友相聚的宴会，将是一个传递亲情友情的宴会，将是一个举杯庆祝的宴会。请允许我代表××家族向百忙中赶来参加这次晚宴的各位亲友致以最诚挚的谢意！

俗话说："穷人家的孩子早当家。"××从小立志成才，凭着聪明的头脑和勤奋的学习，从小学到高中一直在全校名列前茅。可谓寒门出学子，智慧育人才。

十年寒窗苦读，只为金榜题名。十余载的寒窗苦读，凝聚着××同学十年磨一剑的辛苦足迹，凝聚着××教子无悔的执着步履，凝聚着所有亲友的无尽期待。经过十几年的拼搏努力，××今天终于实现了他的梦想，即将进入大学校门。此时此刻××同学心情很激动、很复杂，纵有千言万语不知从何表达，最好的语言不如最实际的行动。下面请××为父母和在座的各位深深地鞠上三躬，一鞠躬感谢父母的含辛茹苦！二鞠躬感谢恩师的教诲，同窗的帮助！三鞠躬，感谢亲朋好友的关爱和支持！

今天是孩子的升学宴会，也是××家族诚请大家的感恩酒会。身为主持人，请允许我代表××全家再次感谢大家能够在百忙中前来参加这个答谢宴会。

朋友们，让我们斟满酒，共举杯，衷心祝愿××同学百尺竿头，更进一步，学业有成，早日成为国家的栋梁！同时，也诚挚地祝愿所有的来宾和朋友工作顺利，生活美满，身体健康，万事如意！举起这杯酒，幸福在心头，让我们与×氏家族共同分享这美好的时光。

升学答谢酒宴班主任祝酒词

【场合】答谢酒宴。

【人物】师生、亲朋好友。

【致词人】班主任。

【妙语如珠】回想起校园生活的一幕幕，总会有太多难忘的时刻，更有许多说不完的感动。经历了生活的考验，承受了学习的重重压力，接受了高考的洗礼……老师和同学们见证了××同学的成长，现在的她成熟了，不单是外貌，还有心灵。

尊敬的家长、亲爱的同学们，女士们、先生们：

金色十月，硕果累累。今天，我们欢聚一堂，在这里热烈庆贺×××同学顺利考取了××大学××系。首先，请允许我代表××学校及××班全体同学，向××同学表示热烈的祝贺，祝贺你圆满完成了高中学业，如愿以偿考取了理想中的大学！同时，我还要向辛勤耕耘的其他老师们表示最诚挚的感谢，感谢你们的无私奉献和卓有成效的工作；更要感谢××同学的家长对我们教学工作的默契支持与全力配合！

喜悦伴着汗水，成功伴着艰辛。××同学，在学业上一丝不苟，踏踏实实，追求卓越，在老师眼里是个有灵性、勤学好问的优秀学生，在同学眼中是个开朗热情、乐于助人的好朋友。在三年的高中生涯中，我们师生间已经结下了深厚的师生情。回想起校园生活的一幕幕，总会有太多难忘的时刻，更有许多说不完的感动。经历了生活的考验，承受了学习的重重压力，接受了高考的洗礼……老师和同学们见证了××同学的成长，现在的她成熟了，不单是外貌，还有心灵。

××同学是老师的骄傲，更是学校的骄傲，我们因你自豪。九月，××同学即将进入××大学××系，你将要面临的不仅是新的机遇，也会面临着更大的挑战与竞争。老师希望你在新的征程上，再接再厉，抓住机遇，接受挑战，早日实现心中的梦想！

辞别往日的芳菲，创造辉煌的未来。

我提议，让我们举起手中的酒杯，为××同学美好的未来，为各位的身体健康，事业顺心，干杯！

升学答谢酒宴同窗祝酒词

【场合】答谢酒宴。

【人物】师生、同学、家长。

【致词人】××同学的同窗。

【妙语如珠】我忘不了我们为

一道题争得耳红脖子粗，忘不了在烈日下的操练，忘不了骄傲的欢笑，忘不了委屈的哭泣，忘不了深厚的友谊……

尊敬的家长，亲爱的老师们、同学们：

大家下午好！

今天我又见着了我亲爱的老师，亲爱的同学，又见着了我的兄弟××同学，他以×××高分考上了××大学××系，成为我们学校的骄傲，老师的骄傲，同学的骄傲，更是家长的骄傲。我常常拍着胸脯自豪地向人炫耀，××与我是同班同学，是我哥们儿！××，每次提到你，我都感到万分自豪！

回头拾捡在××高中的三年，我们一起奋斗，一起度过了快乐的高中生涯，这里面包含了心酸的苦楚，艰辛的付出，真情的倾诉，幸福的聆听……一切的一切仿佛就在昨天，回忆起来还是那么的真切。我忘不了我们为一道题争得耳红脖子粗，忘不了在烈日下的操练，忘不了骄傲的欢笑，忘不了委屈的哭泣，忘不了深厚的友谊……

在这里，我要代表××同学，

代表全班同学，感谢我们亲爱的老师，感谢你们为我们所做的一切，没有你们就没有我们现在取得的成绩。谢谢你们！此外，还要衷心的感谢我们的父母，他们默默无闻的付出，支持着我们，亲爱的爸爸，妈妈，谢谢你们！

"海阔凭鱼跃，天高任鸟飞！"希望××同学不辜负众望，好好学习，天天向上，争取以一流的成绩，光宗耀祖，为父母争光，为在座的老师和同学争光。

最后，祝亲爱的老师，各位叔叔阿姨，事业顺心，身体健康！祝我们的才子××宏图大展！干杯！

升学庆功嘉宾祝酒词

【场合】升学庆功酒宴。

【人物】师生、亲朋好友、嘉宾。

【致词人】嘉宾。

【妙语如珠】细数以往的岁月，有欢乐，有苦涩，有泪水，有心酸，但与今天的收获相比，一切都值得！

尊敬的各位老师，各位同学，各位来宾：

大家下午好！

有个词叫"美梦成真"，今天对于××同学来说，真的是美梦成真，只是这个梦不是白日做梦，而是通过辛苦的付出实现的梦想。今天，我们欢聚一堂，庆祝××同学以×××的高分考取了××大学××系。我代表在座的各位，祝贺××同学学业有成，前程似锦！

三年的光景，一转眼就过去了，但其中的故事说也说不完。××同学之所以有今天的成绩，离不开老师的辛勤耕耘，离不开同学的帮助，离不开家长的细心呵护。细数以往的岁月，有欢乐，有苦涩，有泪水，有心酸，但与今天的收获相比，一切都值得！

在欢庆之余，××同学不应忘记：考上大学只是人生另一个起点，今后的路更漫长、更艰巨，面对的将是从未有过的挑战，所以××同学要重振雄风，积极向上，以顽强拼搏进取的精神抓住机遇，迎接挑战与竞争，不辜负父母的厚望，老师的殷切期望，带着希望、带着梦想，孜孜不倦，永远追求，一步一个脚印，再次扛起人生的大旗，大步前进！

最后，我提议，

第一杯酒，为英才饯行！祝你有个美好的明天，早日圆梦！

第二杯酒，我代表××同学，祝他的父母身体健康，吉祥如意！

第三杯酒，祝各位老师，事业顺心，万事如意！

第四杯酒，祝各位同学，前途似锦，友谊长存！

升学庆功校长祝酒词

【场合】庆功宴。

【人物】校领导、老师。

【致词人】校长。

【妙语如珠】你们用集体的智慧和辛勤的汗水又一次谱写了我校毕业班旋律上最美的乐章！

老师们、同志们：

今天，我们隆重举行×××级高考庆功宴。在此，我代表学校党、政、工以及高三毕业班领导小组向××级的全体同仁在今年的高考中所创造的佳绩表示热烈的祝贺和诚挚的感谢！

虽然××级的高考已落下帷幕，虽然××××年高考的硝烟在渐渐散去，但×××级三年的奋斗历程却在我们的脑海里打下了深深的烙印，挥之难去。新生入校第一天，×××级就有了清晰的目标，大家围绕目标，夯实双基，拓展视野。进入高三后，自加压力，高位起步，伴随高亢的《毕业歌》杀进高考的战场⋯⋯

功夫不负有心人，有付出就会收获成功的喜悦。今天，在同学们的辛勤努力和各位同志、老师的关心下，×××级才有如此佳绩。事实证明，我们的×××级不愧是敢打硬仗能打胜仗的团队，你们践行了年级的诺言——未留乌江之憾；你们把胜利的旗帜插在××全市的巅峰——再创我校高考历史的辉煌；你们向父老乡亲交上了满意的答卷——进一步展示出自己的实力与魄力；你们用集体的智慧和辛勤的汗水又一次谱写了我校毕业班旋律上最美的乐章！

美酒敬英雄。我提议，高举酒杯，为自己喝彩，为××级喝彩，为我校喝彩。让我们共同祝愿我校明天更美好，祝愿各位前程似锦，干杯！

开工竣工祝酒词

开工竣工的祝词针对性较强，这类祝词应当根据具体的情况作具体的阐发。作为正式场合的演讲之一，开工竣工祝词除了保持遣词造句的庄重得体，还应当包含以下几点内容。

首先，无论是开工祝词还是竣工祝词，都应当对相关工程的建设情况以及该工程的社会意义等作出相应的解释和概括，可以突出阐述工程建设形势的严峻以及工程的难度，或者阐述其巨大的社会功用，例如："该高速公路的建成，对我市的交通建设具有重大的意义，将从很大程度上改善我市的交通状况，对未来我市的经济发展，以及沿线区域旅游业的发展将起到至关重要的推动作用。"

其次，开工祝词可以引用一些豪言壮语，表达高质高效地完成工程的决心，或者对工程的施工人员进行鼓舞和激励，而竣工祝词，则应当着重表达对相关领导、部门以及工程人员的感谢。

开工竣工祝词，用语可以较为激昂，以符合该类场合的氛围。

市大桥开工典礼祝酒词

【场合】宴会。

【人物】××市领导、×建筑集团施工人员代表、市民代表等。

【致词人】××市领导代表。

【妙语如珠】建设××大桥是我市招商引资取得的重大成果，这一工程的开工将有力地促进×市富民、便民、强市目标的实现，它将成为全市经济社会发展进程中的一个重要里程碑。

尊敬的各位领导、各位来宾，同志们、朋友们：

大家下午好！

今天，我们在这里隆重举行×市××大桥开工典礼，这是全市××万人民期待已久的大喜事！在此，我谨代表××市委、××市人民政府，向莅临活动的各位领导、各位来宾表示热烈的欢迎！向本次活动的组织者和大桥的建设者表示衷心的感谢！

建设××大桥是我市招商引资取得的重大成果，这一工程的开工将有力地促进×市富民、便民、强市目标的实现，它将成为全市经济社会发展进程中的一个重要里程碑。××大桥计划施工×月，预计投资××××万元，全长××××公里，直通××地到××地，解决以往绕行、交通不便等问题，造福人民。

这一工程的建设，直接考验着各级各部门执政能力、××人民全局意识、奉献意识、项目建设单位、施工单位质量、信誉意识。但我相信，我们可以应对考验，在这里，我希望各级各部门，尤其是施工单位一定要本着对历史负责、对人民负责的精神，把工程建设好，造福全市人民。

我们坚信，有各级党委政府的高度重视，有各级各部门的积极配合，有社会各界和全市人民的大力支持，××大桥一定能早日建成！

最后，我们共同举杯，为××大桥圆满竣工！干杯！

市状元文化广场竣工仪式祝酒词

【场合】宴会。

【人物】××市领导、×建筑集团施工人员代表、市民代表等。

【致词人】××市领导代表。

【妙语如珠】广场精妙的构思设计、鲜明的地方特色、浓厚的时代气息、亮丽的淡雅景色赢得了群众的一致称赞。

尊敬的各位领导、各位来宾，女士们、先生们：

大家上午好！

在这艳阳高照、百花齐放的日子里，我们欢聚一堂，隆重举行××市状元文化广场竣工典礼。首先，请允许我代表中共××市委、××市人民政府，向莅临活动的各位领导、各位来宾表示热烈的欢迎！向本次活动的组织者和广场的建设者表示衷心的感谢！

××市状元文化广场的建成，是××文化事业和城市建设生活中的一件大事和喜事。广场精妙的构思设计、鲜明的地方特色、浓厚的时代气息、靓丽的淡雅景色赢得了群众的一致称赞。自古以来，××的人民就勤于诗书、习文重儒，在古×州历史文化的发展过程中，留下了无数的荣耀和辉煌，这些是先人留给我们的骄傲。今天，我们把它化作前进的动力，在××市最好的地段××，建设状元文化广场，坚持文化与经济相关联、文化与发展相互动，把群众的需求与文化建设紧密结合起来，给广大市民创造良好的文化氛围，继承过去喜读书、好读书、读好书的优良习惯，促进经济的发展。

我相信，随着××状元文化广场正式投用，必将极大地提高××市的内涵和品位，为××市厚重的历史文化作出最佳的诠释。

最后，让幸福的美酒漫过酒杯，为××市状元文化广场圆满竣工，为××市美好的明天，干杯！

市大学图书馆竣工祝酒词

【场合】宴会。

【人物】××大学领导及老师、×建筑集团施工人员代表、地方领导。

【致词人】××大学领导代表。

【妙语如珠】百年大计，质量第一。

各位领导、各位来宾、同志们：

大家好！今天是×××× 年××月××日，在市政府、市计委、市教委等有关部门的关怀、指导下，在设计、建筑、监理及使用单位通力合作共同努力下，××大学图书馆竣工了！首先，请允许我代表××大学的全体师生员工，向你们表示衷心的感谢！其次，向前来视察、光临的各位领导、各位来宾，表示热烈的欢迎！

我校图书馆新馆于××××年×月×日奠基，历时×个月，总建筑面积达××平方米，为一座"×"形建筑，坐×朝×，正面×层，局部×层，中部×层，后部×层，是校园内的一座主建筑物。预计藏书×××万册，解决了××大学老馆面积不足、设备落后、图书保存条件差、管理系统落后等缺点，创造了优良的学习环境，为广大师生提供了丰富的文献资料，方便教学及研究工作的顺利进行。

在施工过程中，××建筑集团第一分公司的施工人员，本着"百年大计，质量第一"的方针，严格管理，精心施工，克服各种困难，使该项工程一举夺得"×××××""××××"等×项大奖。在此，我代表学校党政领导向他们的辛勤劳动表示感谢！

目前，我们仍在继续努力，完成新图书馆的配套设施和后期整理工作。我相信，有在座各位的支持与合作，一座设备自动化、管理现代化的新图书馆，必将有力地推动我校的教学和科研工作迈向新的进步。

最后，我提议，为××大学灿烂的明天，为各位的身体健康、事业有成，干杯！

市（县）竣工通车庆典祝酒词

范文一：高速公路竣工通车典礼祝

酒词

【场合】 高速公路竣工通车庆功宴。

【人物】 领导、各界人士。

【致词人】 工程负责人。

【妙语如珠】该高速公路的建成，对我市的交通建设具有重大的意义，将从很大程度上改善我市的交通状况，对未来我市的经济发展，以及沿线区域旅游业的发展将起到至关重要的推动作用。

尊敬的各位领导、各位来宾，亲爱的女士们、先生们：

大家下午好！

在这个阳光灿烂、天高云淡的午后，我们相聚在××大酒店，共同庆祝××高速公路的顺利竣工通车。在这喜庆祥和的日子里，我们的市委书记××同志以及市委市政府的各位领导，都亲自莅临，为我们送来亲切的慰问和关怀，来自各行各业的社会友人，也热情地光临了这次庆功宴，与我们共同庆贺××高速公路的正式通车。在此，我谨代表××市市政工程局和全体参建人员，向各位领导同志的亲切光临，表示最热烈的欢迎和最衷心的感谢！

××高速公路是连接××和××的交通要道。它规划于××××年，于××××年正式投入建设。该工程自××××年起，就被列为市委、市政府的重点工程建设项目之一。××书记和其他市领导同志亲自为其奠基，并曾多次莅临现场进行指导。一旦落成，××和××两地的交通时间将缩短为××小时，使我市从真正意义上建立起××小时经济圈。××高速公路全长××公里，全线由东至西途经××、××、××、××、××、××等××个县城和地区，是我市有史以来里程最长、标准最高的一条全封闭、全立交高速公路。该高速公路的建成，对我市的交通建设具有重大的意义，将从很大程度上改善我市的交通状况，对未来我市的经济发展，以及沿线区域旅游业的发展将起到至关重要的推动作用。

如今，这一伟大的工程终于竣工，××高速公路终于正式通车了。让我们记录下这个激动人心的时刻，让我们共同为之欢庆，为之舞蹈。在此，让我们共同举杯，为庆祝××高速公路顺利通车，同时也为祝愿××高速公路将我市的经济建设推向又一个高潮，干杯！

范文二：××干线通车庆典酒宴

【场合】庆典酒宴。

【人物】县市领导、嘉宾。

【致词人】县长。

【妙语如珠】××干线建成通车后，改善了我县乃至全市的交通状况，极大地方便了人民群众的生产生活，是一条致富的康庄大道。

尊敬的各位领导、各位嘉宾、各界朋友：

今天，我们满怀喜悦的心情，迎来了××干线通车盛典。在此，我谨代表××县党委、县政府和××人民，向出席今天庆典活动的各级领导、各位嘉宾、各界朋友表示最热烈的欢迎。

××干线是联络××县的交通要道。

在××市委、市政府的高度重视下，由市委办公室牵头，市纪委、市交通局、市公安局等单位通力协助，我县党委、政府精心组织，沿线村民积极参与，由××建筑公司负责施工的××干线终于顺利开通。建设者们冒高温、战酷暑，克服了资金短缺、材料紧张等困难，历时7个多月，共投入资金××余万元，高质量、高标准地完成了建设任务。

××干线建成通车后，改善了我县乃至全市的交通状况，极大地方便了人民群众的生产生活，是一条致富的康庄大道。希望广大干部职工以此为新的起点，继续发扬"敢打硬仗、勇于攻坚、特别能吃苦、特别能战斗"的拼搏精神，开拓进取，扎实苦干，争创新功。

下面，我提议，让我们共同端起酒杯：为了××的顺利通车，为了××县拥有更加美好的明天，为了各位来宾的工作顺利、身体健康、家庭幸福，干杯！

谢谢大家。

市（县）学校落成典礼祝酒词

范文一：市委书记庆贺学校落成典礼

【场合】庆祝宴。

【人物】市领导、校领导、来宾等。

【致词人】市委书记。

【妙语如珠】新校的落成，凝聚了全体建设者的汗水，凝聚了关心、支持××小学建设的社会各界有识之士的爱心。

尊敬的各位领导、各位来宾，老师们、同学们：

大家好！

在××市教育事业蒸蒸日上的今天，在这金秋时节，我们迎来了盼望已久的日子——××小学新校落成庆典暨学校更名揭牌仪式。从今天起，××小学将正式更名为××小学。新校的落成，凝聚了全体建设者的汗水，凝聚了关心、支持××小学建设的社会各界有识之士的爱心，借此机会，我代表市委、市政府向小学的顺利建成表示热烈的祝贺，向关心支持小学建设的各界人士表示衷心的感谢！

百年大计，教育为本。投资建设××小学，是我市教育系统××年的重要工程之一。

全体学生要珍惜大好时光和来

之不易的学习环境，要好好学习，力争德才兼备，天天向上攀文化高峰。我相信，通过学校老师和同学们的共同努力、社会各界的大力支持，××小学一定能够建成一所名副其实的一流学校。

××小学已经成为历史，但它的优良传统会代代相传。

最后，让我们共同举杯，衷心祝愿××小学的明天更美好！祝在场的全体人员身体健康、事事顺心！为了小学教育的发展，为了××小学的美好明天，干杯！

范文二：县级领导庆贺学校落成典礼

【场合】落成典礼宴会。

【人物】县领导、学校领导、嘉宾等。

【致词人】×县级领导。

【妙语如珠】小树苗长成参天大树，需要肥沃的土壤、纯洁的水和温和的阳光，孩子的成长需要学校、家庭、全社会的共同关怀和努力。我们的口号是：一切为了孩子，为了孩子的一切，为了一切孩子。

尊敬的各位领导、各位来宾，老师们、同学们：

大家好！

春风和煦，播撒下希望的种子；秋风清爽，带来了金色的果实。

宽厚而无私的大手托起了孩子们渴望读书的希望。今天由××省水利厅等单位捐资修建的××希望小学在这里落成并投入使用，此时孩子们为之雀跃，村民们为之振奋，所有希望工程工作者也把希望寄托在这些孩子身上。在这里我代表县团委对希望小学的落成表示热烈的祝贺！对希望工程工作者辛勤的劳动表示最深的谢意！

同学、老师、乡亲们，小树苗长成参天大树，需要肥沃的土壤、纯洁的水和温和的阳光，孩子的成长需要学校、家庭、全社会的共同关怀和努力。我们的口号是：一切为了孩子，为了孩子的一切，为了一切孩子。

同样，在今天美好的环境里成长的孩子们，希望你们能够珍惜今天来之不易的学习机会，发奋学习，自立自强，不辜负全社会对你们的扶持和帮助！

最后，让我们以热烈的掌声向多年来对我县希望工程给予关怀和帮助的各位领导、各界人士，向对××希望小学大力资助的××省水利厅等单位致以崇高的敬意和衷心的感谢！

县投产剪彩仪式祝酒词

【场合】企业投产庆功宴会。

【人物】企业领导、来宾。

【致词人】县领导。

【妙语如珠】机声轰鸣催起步，干劲火热绘新图。

尊敬的各位领导、各位来宾，女士们、先生们：

值此××有限公司年×××吨玉米综合加工项目投产剪彩暨××吨谷氨酸、万吨总溶剂、玉米研发中心奠基之际，我们满怀喜悦之情，请来了××人的贵宾，盼来了××人的朋友，迎来了××人的功臣。在此，我代表××县四大班子和全县××万人民，向各位的光临表示热烈的欢迎和衷心的感谢！

××是一个相对贫弱的县份，但勤劳朴实、激情创业的××人不甘落后。特别是近×年来，全县上下把"四大主导产业"作为经济工作的主旋律，和衷共济，拼搏奋进，毫不动摇增信心，义无反顾抓发展，使××跻身于全国竞争力提升速度最快的百县之一。

××公司是推动农民增收、企业增效、财政增税的龙头企业，是我县与××开发公司精诚合作、共谋发展的结晶，新项目的剪彩和奠基，使该企业踏上了新的更高的发展阶段，但其今后的发展，仍离不开各位领导、各位来宾的鼎力支持和无私帮助。

机声轰鸣催起步，干劲火热绘新图。美好的日子、真挚的感情，总需美酒相伴。下面，我提议：为了××富裕、美好的明天，为了××公司宏伟的发展蓝图，为了各位来宾工作顺利、身体健康、家庭幸福，干杯！

镇公司竣工庆典仪式祝酒词

【场合】庆典宴会。

【人物】镇领导、公司领导、来宾。

【致词人】镇长。

【妙语如珠】一根篱笆三个桩，一个好汉三个帮。

尊敬的各位领导、各位嘉宾，女士们、先生们：

金秋时节，天高云淡，清风送爽，在这美丽迷人的十一月，我们相聚在风景秀丽的××，隆重举行××药业有限公司竣工庆典仪式。

首先，我代表××镇党委、镇政府向今天竣工投产的××药业表示热烈的祝贺，向为项目建设作出辛勤努力的同志们表示亲切的慰问，向参加今天庆典活动的各位领导、各位嘉宾、各位新闻界的朋友表示诚挚的欢迎，向大家一直以来对我镇的关心、支持、帮助表示衷心的感谢！

俗话说："一根篱笆三个桩，一个好汉三个帮。"在××发展的历史长河里，流淌着无数建设者辛勤的汗水，同样也凝聚着在座各位朋友和社会各界朋友的心血和智慧。在此，我再次代表中共××镇党委、镇政府和全镇×万人民再次深表谢意。我们竭诚欢迎海内外客商和有识之士来××镇旅游，洽谈贸易，投资置业，在互利互惠的基础上，与我们携手共建美好的未来！

××镇人民永远欢迎您！

谢谢大家！

奠基揭牌授牌祝酒词

奠基揭牌授牌祝酒词虽然是为了给酒宴助兴添彩，但不能因此而不注意它的思想性，其内容更要有实际内涵。感谢其实很有讲究，感谢要分清先后，一般先是领导、地方政府再是支持的单位、团体、个人。

紧接着要说明招待酒会的目的。需要表达的内容主要有三点：一是谁举行酒会，二是为了什么，三是酒会的意义。这一段要言简意赅，飞流直下。上面都是程序性的客套话，现在才是祝酒词的重点。这时，大家都聚精会神、翘首以待，等待奠基揭牌授牌等的进行，因此语言一定要精练。

祝酒词是饮第一杯酒以前的致词讲话，此时，美酒已经斟到了酒杯里，佳肴已经摆在了桌面上，只等致词人祝完酒，大家便可以举杯畅饮了。显然，在这种场合讲话，

冗长多余势必让在场的人不耐烦，破坏大家的雅兴，以后便饮得兴味索然了。

中学晋升省一级学校揭牌宴会祝酒词

【场合】××中学揭牌仪式宴会。

【人物】教育局领导、学校领导、老师。

【致词人】教育局长。

【妙语如珠】只要大家用更高的标准去做好今后的工作，一定能将××中学这所新课程改革样本学校做强做大，办出自己的特色，打出自己的品牌，让我们共同期待它的进步！

各位领导、各位嘉宾，老师们、同学们：

上午好！

金秋送爽，丹桂飘香。在这满

288

载着希望与收获的日子里，××中学全体师生终于圆了企盼已久的"上等级、创名校、铸品牌"的梦想。今天，××中学晋升省一级学校揭牌仪式在这里隆重举行，我谨代表××市教育局表示热烈的祝贺。

××中学环境优美，设施齐全，学风严谨，是××县高中教育的窗口之一。该校领导班子事业心强，团结合作，求真务实，探索进取；教师队伍朝气蓬勃，敬业爱岗，勤奋努力，积极上进。自开办以来，××中学已逐步发展成为一所拥有明确办学方向、先进教育理念、优良师资力量和良好教学质量，享有较高社会声誉的学校。将××中学创建成省一级学校一直是我市教育局的工作目标，也是××县人民的期盼和希望。

近年来，××中学按照"现代化、示范性、高质量、有特色"的目标，坚持高标准、严要求，坚持环境育人、管理育人、服务育人的全面育人方针，尽心经营学校，热心服务学生，诚心回报社会。在全体教职员工齐心协力的拼搏下，以自身的实绩赢得了社会的肯定。自开办至今，××中学大大提高了我市高中教育质量，缩小××县普通高中与先进地区水平的差距，为××市实现普及高中教育的目标打下坚实的基础。

××中学已连续8年获得××市高考进步奖，其办学成绩有目共睹，今天的挂牌仪式就是对××中学多年来所取得的办学成绩的充分肯定。在此，我希望××中学全体师生能以此为契机，再接再厉，在发扬成绩的同时又能看到自己工作中的不足，严格按照省一级学校的标准要求自己，将××中学打造成为省内外有名、特色鲜明、办学一流的高级中学。

我相信，只要大家用更高的标准去做好今后的工作，一定能将××中学这所新课程改革样本学校做强做大，办出自己的特色，打出自己的品牌，让我们共同期待它的进步！最后，祝大家身体健康，学习进步，家庭幸福！谢谢大家！

市学院更名揭牌庆典祝酒词

【场合】酒宴。

【人物】××学院主要领导及老师、学生代表、地方领导。

【致词人】××学院校长。

【妙语如珠】走过风雨，我们沐浴阳光；走过岁月，我们书写辉煌。今天，我们又站在历史与现实的交汇处，站在了一个新的起跑线上，我深感责任的重大，但我有信心，我们有信心！

尊敬的各位领导、老师们、朋友们：

大家下午好！

在百花争艳、万物生辉的初春，在新的学期开学之际，经过学校有关部门和全体师生的辛勤努力，我们××学院于××××年××月××日正式更名为××大学，这意味着学校向前迈了一大步！在此，我代表全校师生向关心和支持我校发展的各级部门、社会各界人士表示衷心的感谢，对你们的到来表示热烈的欢迎！

学校正式更名为××大学，意味着××大学有了新的发展机遇，意味着××大学将以崭新的面貌接受来自各方面的挑战，意味着××大学将会以更高的要求，更高的目标激励自我。随着学校日新月异的发展和办学规模的迅速扩大，高标准、高质量的教学新体系，是我们××大学未来的发展模式，深入贯彻"以人为本"的教学理念，拓宽学生实习基地，加强学生实践能力是我们的发展理念。××大学将继续深化教育教学改革，坚持正确的办学定位与方向，以发展为主题，将继续发扬求真求实、创业创新的精神，努力培养更多的高素质的复合型人才。

俗话说，一分耕耘，一分收获。任何工作都需要扎实的付出与辛勤的努力，才能换来丰硕的回报。以学校的更名为发轫的起点，我希望全校教师，从实际出发，把工作做细，做精，全面提高自己的业务水准，更好地为学生服务，为教育事业献出爱心。

走过风雨，我们沐浴阳光；走过岁月，我们书写辉煌。今天，我们又站在历史与现实的交汇处，站在了一个新的起跑线上，我深感责任的重大，但我有信心，我们有信心！

我提议，请大家高举酒杯，祝

××大学有一个美好的未来，祝愿它培养出更多的优秀人才，干杯！

市职业学院揭牌庆典祝酒词

【场合】酒宴。

【人物】职业学院主要领导及老师、学生代表、地方领导。

【致词人】职业学院领导代表。

【妙语如珠】展望明天，灿烂辉煌，展望未来，任重道远。让我们××职业学院全体师生携起手来，一步一个坚实的脚印，一步一个崭新的台阶，走向明天，走向未来，走向辉煌！

各位领导、老师们、朋友们：

大家下午好！

今天是××职业学院不平凡的一天，是载入史册的一天。请在座的每一位记住这一天，××××年××月××日——××职业学院成立了！今天的××职业学院真可谓是嘉宾如云，高朋满座，首先，请允许对在座的领导和嘉宾表示热烈的欢迎和衷心的感谢！

各位领导、老师们、朋友们，××职业学院从今天开始，将以它崭新的面貌，特有的雄姿，为祖国，为社会培育出一批批的专业人才。我相信，通过几代人的不懈努力，我们××职业学院将会以最快的速度、最好的质量，逐步办成一所著名的培养科技型、实用型人才的摇篮，为社会培养德智体美劳全面发展的新型人才，提供技能教育，完善人才培养模式，为社会、为企业培养急需的中高级技工，以补充中高级技术人员紧缺的不足。

请在座的党政领导放心，我们会始终坚持"以德治校，育人为本"的办学宗旨。请在座的家长放心，我们有信心把你们的孩子培养成具有一技之长、具有良好就业前景的人才，为他们的未来提供可靠保障！

展望明天，灿烂辉煌，展望未来，任重道远。让我们××职业学院全体师生携起手来，一步一个坚实的脚印，一步一个崭新的台阶，走向明天，走向未来，走向辉煌！谢谢！

市房地产开发工程项目奠基仪式祝酒词

【场合】奠基仪式宴会。

【人物】项目负责人、市领导、区领导、嘉宾。

【致词人】房地产开发商。

【妙语如珠】正所谓，上下一心、众志成城，今天的成功离不开众人的帮助与关心。

尊敬的各位领导、各位来宾：

大家好！

在一年一度新春佳节即将到来的美好时刻，我们在此举办××工程项目开工奠基典礼。首先请允许我代表我们××房地产公司的领导，向此次参加开工奠基仪式的各级领导、所有来宾和全体朋友们表示热烈的欢迎和衷心的感谢！

我们××房地产公司的服务宗旨是：为人民营造美丽、舒适的生活家园！而××大道是我区最后一处危陋平房，原住居民××余户，公建单位××家。多年来，这些居民和单位一直生活在低洼潮湿的危陋平房里，雨季积水漫过床，冬天四壁透风黄土扬。××道的拆迁改造，是政府为老百姓改善居住生活的一件大好事，符合实际，顺乎民心，同时是我公司服务宗旨的具体体现。我们在做好××道拆迁的基础上，为区域经济发展提供了更大发展空间，为进一步增强我公司经济实力和发展后劲，经过我们艰苦奋斗、顽强拼搏，终于迎来了××项目开工的大喜日子。

××项目规划建筑面积××万平方米，该项目的建设是我区巩固创建市级城市卫生区和构建和谐城市的重要组成部分，是保持我区财政收入持续快速发展的重要手笔，也是加快城市建设步伐的有力保障。为此我们决心抓住这千载难逢的机遇，全力以赴，通力配合，扎扎实实地做好各项协调工作，尽心竭力提供各种优质服务，努力为××项目营造一个宽松的施工建设环境，力争将这一工程建设为我区的形象工程和地标性建筑。

正所谓，上下一心、众志成城，今天的成功离不开众人的帮助与关心。在此，我们衷心感谢市、区各位领导和各有关部门为××项目的顺利开工提供的全方位的服务和支持，为××项目的早日竣工所付出的心血和努力。

最后预祝××工程项目建设取得圆满成功。干杯!

谢谢大家!

市××公司××基地奠基典礼祝酒词

【场合】奠基典礼庆功宴会。

【人物】支队党委、消防官兵、家属。

【致词人】总经理。

【妙语如珠】各位领导和各位来宾在百忙中抽出时间参加我们的奠基典礼，并指导工作，我们备受鼓舞。

尊敬的各位领导、各位来宾，女士们、先生们:

大家晚上好!

今天我们欢聚一堂，共同庆祝××公司××基地奠基典礼圆满成功。在这洋溢着欢乐与美好憧憬的时刻，我谨代表××公司全体员工对大家的到来表示热烈的欢迎和诚挚的祝福。

××基地建设是××"十一五"

发展战略的重要组成部分，建设好这个基地将给企业做大做强带来新的发展机遇。各位领导和各位来宾在百忙中抽出时间参加我们的奠基典礼，并指导工作，我们备受鼓舞。在今后的工作中，我们将尽最大努力做好项目建设的各项工作。同时，我们也诚挚地邀请各位领导、有关部门和各界朋友到××视察指导工作，对企业的发展给予一如既往的关心、支持和帮助。

最后，让我们共同举杯，预祝××基地的开工建设及早日竣工投产，祝福各位身体健康、工作顺利，干杯!

市活动中心开张祝酒词

【场合】庆典宴会。

【人物】市领导、老年朋友、来宾。

【致词人】活动中心主任。

【妙语如珠】莫道桑榆晚，彩霞尚满天!

各位领导，各位来宾，××城的中老年朋友们:

大家早上好!

今天是一个隆重盛大的日子，是一个喜气洋洋的日子。在此请允许我代表××老年活动中心祝所有的老年朋友们身体安康，生活幸福。

为了提高老年人的生活质量，丰富老年人精神文化生活，市老龄委与我们共同组织开展"老年健康文化进社区"活动。为老年人提供精神和物质上的多重服务。老年人可以在这里得到各种免费服务，休闲、聊天、按摩、读书、参加兴趣活动小组……我们将以"关爱老年健康"为宗旨，竭诚为全市广大老年朋友服务，让天下老年朋友都健康长寿！

莫道桑榆晚，彩霞尚满天！今天，我们相聚在这里，我感到非常的激动与兴奋，这是我们期待已久的时刻，这是振奋人心的时刻，这更是××老年活动中心和老年朋友的一次盛会。那么请允许我介绍光临本次盛会的嘉宾：一直默默地与我们共同推进老年健康文化事业的××市老龄委的领导们！还有今天来到现场并对我们给予大力支持的××电视台、××晚报、××人民广播电台、××报等新闻单位的朋友们！

现在我提议，为老年朋友们的健康，为鼎力支持我们的来宾，为××老年活动中心的事业兴旺，干杯！

县希望小学奠基庆典祝酒词

【场合】联欢会。

【人物】××县领导、希望小学承办方、媒体。

【致词人】××县领导代表。

【妙语如珠】希望工程作为一项功在当代、利在千秋的社会公益事业，必将促进××县教育事业的发展，推动××县经济的飞速发展。

尊敬的各位领导、各位来宾，同志们、同学们：

大家晚上好！

今天，我们怀着激动的心情，在脚下这片热土上举行××希望小学奠基仪式，在此，我谨代表××县委、县政府，向长期以来关心支持和帮助××县发展的××团市委、××集团及各级领导、各界人士表示衷心的感谢！向××集团的义举致以崇高的敬意！向各位来宾，各位朋友表示热烈的欢迎！

××希望小学，是××市第×××所希望小学，是××市对口帮扶××县的又一丰硕成果，也是继××希望小学之后，又一所在××县落户的希望小学，意义重大，影响深远。××县是人口大县、教育大县，教育适龄儿童高达××多万人，希望工程在××县的成功实施，可接受教育适龄儿童×××人。希望工程作为一项功在当代、利在千秋的社会公益事业，必将促进××县教育事业的发展，推动××县经济的飞速发展。

在此，我希望有关部门进一步统一思想，提高认识，为××学校的建设创造良好的外部环境，在工程建设上严把质量关，使这一工程成为放心工程、精品工程。教育主管部门应加强指导，进行重点帮扶、重点支持，实行政策倾斜，努力把××希望小学建成东西帮扶成果的示范窗口。同时，更希望全校师生、全县各级以这次××对口帮扶××县为动力，团结拼搏，争创一流，以优异的成绩回报各级领导

和社会各界对我们的关怀与支持！

最后，再次感谢××市团委、××集团对××县教育事业的无私奉献！谢谢你们！

镇城市建设工程奠基仪式祝酒词

【场合】奠基仪式宴会。

【人物】市领导、镇领导、嘉宾。

【致词人】市长。

【妙语如珠】十月是流金的岁月，收获的季节，满眼都是硕果累累，扑面而来都是果实飘香，双耳闻听处处捷报频传。

尊敬的各位来宾、同志们：

十月是流金的岁月，收获的季节，满眼都是硕果累累，扑面而来都是果实飘香，双耳闻听处处捷报频传。

今天，我们非常高兴地参加××镇××开发工程奠基仪式。首先，我代表市委、市政府对此表示热烈的祝贺！并向前来参加奠基仪式的各位来宾和同志，表示热烈的欢迎！

××工程正式开工建设，可以

说，××镇在"经营城镇"方面迈出了可喜的一步。同时，××镇作为千年古镇，是全市小城镇建设重点镇，自古就是我市政治、经济、文化的中心。开发公司选择××为合作伙伴，可以说非常有远见卓识，不久的将来，投资者必将获得丰厚的回报。

××开发工程作为一项高标准规划的城镇建设工程，需要社会方方面面的共同努力来完成。在此，希望建设单位精心组织，规范施工，高标准、高质量、高速度地完成工程建设。有关部门和当地政府需进一步关心、支持工程建设，积极帮助解决工程中遇到的问题，同心协力推进工程建设。

现在我提议，预祝工程建设进展顺利、双方合作圆满成功！衷心祝愿各位来宾、同志们工作顺利、身体健康！干杯！

镇医院奠基庆典祝酒词

【场合】宴会。

【人物】××医院及地方领导。

【致词人】地方领导代表。

【妙语如珠】××医院的奠基，预示着一个环境美丽、设备优良、技术精湛、服务一流的医疗保健机构的诞生。

各位领导、各位来宾、同志们：

丹桂飘香，硕果累累。在这金秋十月，我们十分欣喜地迎来了××医院奠基的欢庆时刻。首先，我代表××党委、政府和全镇×万人民向××医院奠基表示热烈的祝贺！向投资建设××医院的××××各位领导和各位股东致以崇高的敬意和衷心的感谢！

××医院的奠基，预示着一个环境美丽、设备优良、技术精湛、服务一流的医疗保健机构的诞生。它的建设，填补了乡镇医院民营化的空白，开创了我镇乃至全县医疗机构民营化发展的先河，打破了我镇民营企业项目单一化的格局，为我镇民营经济多元化发展奠定了坚实的基础。它的建设，改善了我镇群众治病就医的条件，提高全镇医疗保健水平，给我镇和周边乡镇的群众求医治病带来极大方便，对我镇经济发展和文明建设起到巨大的推动作用，将成为我镇医疗卫生发展史上的一个重要里程碑。

良好的开端预示着成功，请各位领导放心，请人民放心，镇党委、政府将以百倍的热情，有求必应的承诺，想其所想，急其所急，办其所需，解其所难，扫除一切障碍，为××医院的建设服务，促其顺利建设，争取早日投入使用，早日为群众服务。

我提议，让我们共同举杯，为××医院建设工程的顺利完成，干杯！

科技园区揭牌庆典祝酒词

【场合】宴会。

【人物】××农业科技园区的领导及员工、地方领导等。

【致词人】××农业科技园区的领导。

【妙语如珠】××国家农业科技园区的建立，对于我们适应新形势，应对"入世"后农业面临的新挑战，加快农业结构战略性调整，促进××省乃至全××省现代农业的发展具有十分重要的意义。

各位领导，各位来宾，同志们：

大家好！

今天是个喜庆的日子，大家欢聚一堂，共同庆贺××国家农业科技园区的成立！在此，我谨代表××农业科技园区全体员工，向前来参加仪式的各位领导和同志表示热烈的欢迎！同时，借此机会，向长期以来对××省经济和各项社会事业给予大力关心和支持的国家科技部、农业部，××省科技厅、农业厅、财政厅、发展计划委员会等各部门表示衷心的感谢！

××国家农业科技园区于××××年×月经国家科技部、农业部、林业局等有关部门评审通过，是××第一个国家级农业科技示范园区。园区以全面建设小康社会为总体目标，坚持"政府引导、企业运作、中介参与、农民受益"的发展思路，努力把农业科技园区建成集科研、试验、示范、推广、培训、旅游观光于一体的多功能的农业现代化基地，为××现代农业的发展真正起到示范、推广、带动作用。××国家农业科技园区的建立，对于我们适应新形势，应对"入世"后农业面临的新挑战，加快农业结构战略性调整，促进××省乃至全××省现代农业的发展具有十分重要的意义。

×××年××月××日，××国家农业科技园区的成立标志着我省依靠科技、加快农业产业化发展将步入一个新的起点，尽管前进中会遇到这样那样的困难，但我们有信心、有决心，在××省委、省政府的正确领导下，在各有关部门的关心支持下，我们一定会克服一切困难，大胆开拓，扎实工作，努力把园区建设好，为推进全××现代农业的发展作出应有的贡献！

最后，我提议，为××国家农业科技园区美好的前景，干杯！

公司揭牌仪式祝酒词

【场合】揭牌仪式宴会。

【人物】公司领导、嘉宾。

【致词人】×领导。

【妙语如珠】昨天的辉煌只能代表过去，明天的艰辛无法预测，因此，我们要把握今天的机遇，励精图治创佳绩，开拓进取谋发展。

尊敬的各位领导、各位来宾，女士们、先生们：

早上好！

昨天的辉煌只能代表过去，明天的艰辛无法预测，因此，我们要把握今天的机遇，励精图治创佳绩，开拓进取谋发展。走过数十载的风雨征程，历经××余年的艰苦创业，今天我们迎来了××公司的揭牌仪式。

首先，请允许我代表公司全体员工，向各位的到来表示最热烈的欢迎！对各位多年来对××的大力支持和关心表示最衷心的感谢！

调整重组后的公司，继承了公司×多年的历史，由×家独立法人实体合并组成，主体企业是××公司，下属×个分公司，即调整重组后的××公司，将最终形成集承建公路工程、交通工程、汽车设备修理和商品混凝土、沥青混凝土生产、加工、销售于一体的经营实体。

公司现有员工××名，其中具有公路工程、经济、统计、会计职称的××人。公司拥有固定资产××万元，其中机械设备净值××万元，拥有工程施工专用机械设备××台（件），能较好地满足各种等级路基、路面、桥梁、交通工程等工程施工及汽车设备修理、租赁和沥青、混凝土加工、生产、销售的需要。

公司的调整重组，不是一项事业的结束，而是一项全新事业的开始。因此，延续并超越企业历史的成绩与辉煌，建设公司更加美好的明天，实现总段横向经济新的飞跃，不但是公司今后的努力方向和奋斗目标，更是公司的每一名员工众志成城的坚强决心和义不容辞的光荣职责！

为此，我们将继续坚持"科学管理，精心施工，重质守信，励精图治创优质"的方针，继续保持和发扬求真务实，团结拼搏的精神，继续以市场为导向，以公司重组为契机，不断为增强公司的竞争能力和提高经济实力而努力拼搏。

最后，再次欢迎并感谢各位的光临！敬请各位在今后的工作中一如既往地给予××帮助与支持。

谢谢大家！

最受欢迎酒水授牌庆典祝酒词

【场合】酒宴。

【人物】××啤酒节获奖企业代表、媒体、特邀嘉宾。

【致词人】啤酒节组委会代表。

【妙语如珠】我希望在座的各位企业家能够把夺牌的动力化作创新发展的激情，开创行业发展的新纪元，促进经济快速腾飞，在发展中共享双赢硕果！

各位来宾，各位朋友：

大家晚上好！

在七月流火、八方锦绣的盛夏，第×届中国·××啤酒节最受××市民欢迎的酒水评选活动，经过近×个月的报名、推荐、投票及评选，今天终于揭晓了。在此，我谨代表啤酒节组委会向荣获殊荣的企业表示热烈的祝贺，向关心、支持本次活动的各有关部门，以及新闻界的朋友们表示衷心的感谢！

本届啤酒节遵循了"××××、××××"的办会宗旨，以"×××××"为主题，按照"×××××"的目标，贴近市场、贴近消费、贴近生活、贴近群众，精心打造一个"以酒文化为主线，以美食展为依托，以现代消费理念为时尚"的啤酒节盛会，为广大客商展示形象、发展贸易、沟通信息、开拓市场搭建平台，为居民百姓消暑纳凉、品尝美味、享受生活和体味时尚创造条件。

啤酒节组委会在这次评比中，坚持"××××、××××"的方针，进一步突出"××××"的主题，公开标准、公正评选、公平竞争，共评选出最受××市民欢迎的白酒、啤酒、葡萄酒和奶制品各×种，以及×家诚信经销商，客观、全面地反映了广大消费者对企业及其产品服务的满意度、诚信度、认知度等情况，在社会各界产生了较为广泛的影响。在此，让我们以热烈的掌声对获奖企业表示真诚的祝贺！

我希望在座的各位企业家能够把夺牌的动力化作创新发展的激情，开创行业发展的新纪元，促进经济快速腾飞，在发展中共享双赢硕果！

现在，让我们高举酒杯，为啤酒行业的辉煌发展，干杯！

妙言佳句

升学祝语

祝你圆满完成学业，掌声和鲜花永远属于你！

水滴石穿业精不舍，海阔天高学贵有恒。

"先天下之忧而忧，后天下之乐而乐"，做个有志、有识之士。

桃花诱人，用它裸露在外的艳色；梅花招人，以它凝聚渐发的芬芳。希望你的前途实而不华。

一些貌似偶然的机缘，往往使一个人的生命的分量和色彩都发生变化。您的成功，似偶然，实不偶然，它闪耀着您的生命焕发出来的绚丽光彩。

自爱，使你端庄；自尊，使你高雅；自立，使你自由；自强，使你奋发；自信，使你坚定……这一切将使你在成功的道路上遥遥领先。

成功不是将来才有的，而是从决定去做的那一刻起，持续累积而成。您以实际的行动向我们证明了成功需要积累。

乔迁祝语

宏图大展	骏业肇兴	大展经纶
万商云集	货财恒足	陶朱妣美
骏业日新	骏业崇隆	多财善贾
华厦开新	金玉满堂	堂构增辉
美轮美奂	新基定鼎	乔木莺声
莺迁吐吉	德必有邻	高第莺迁
莺迁乔木	新居落成	乔迁志庆
弘基永固	福地人杰	瑞霭华堂
昌大门楣	华堂集瑞	室接青云
乔迁之喜	燕入高楼	玉荀呈祥
鸣凤栖梧	燕贺德邻	堂构更新

庆功祝语

惨淡经营历千辛，一举成名天下闻，虎啸龙吟展宏图，盘马弯弓创新功！热烈祝贺贵厂产品荣获国家级优质奖！

每一个成功企业都有一个开

始。勇于开始，才能找到成功的路。祝愿贵公司"从头再来"、再创佳绩。

成功的奠基典礼，一艘刚刚起航的航船，让我们一起向往建设更美好的明天。

我祝愿××大奖赛越办越红火，为选拔音乐人才作出新的贡献。

愿我的祝福变成胜利时庆功的鲜花，祝我们在下一步工作中取得更加辉煌的成绩。

"同声相应，同气相求。"共同的人生志趣把我们紧紧连在一起。让我们为了今天的胜利，共同举杯庆贺吧！

拥有的细细品，祈求的再努力。祝生意顺利！宏图大展！今日有喜。

周年庆典祝语

一分耕耘，一分收获，回首往事，风雨同舟，让我们欢庆一起走过的辉煌。

这一桩桩、一件件，我们铭刻在心，我们时时想起，在梦里，在眼前，在流逝的岁月长河里！

那是一段不平凡的峥嵘岁月，那是一段激情燃烧的岁月，那是一段理想放飞的岁月。

我们有理由相信，有大家的共同努力，我们一定能够战胜各种困难，以此为起点，揭开新的发展篇章，实现新的历史跨越，与时俱进，再创辉煌！

第八章

商务酒

迎宾祝酒词

迎宾祝酒词是机关或企业在举行隆重庆典、大型集会、欢迎仪式或洗尘宴会上，主人对宾客的来临表示热烈欢迎而使用的讲话。迎宾祝酒词言辞热情，旨在对来宾表示欢迎和尊重，表达友好交往，增强交流与合作的心愿，营造和强化友好和谐的社交气氛。

迎宾祝酒词具有应对性，一般来说，主人致迎宾祝词后，宾客即致答词。

迎宾祝酒词的结构由称呼、开头、正文、结语四部分构成。

称呼。面对宾客，宜用亲切的尊称，如"亲爱的朋友""尊敬的领导"等。

开头。用一句话表示欢迎的意思。

正文。说明欢迎的情由，可叙述彼此的交往、情谊，说明交往的意义。

对初次来访者，可多介绍本机关或企业的情况。迎宾祝词的正文，语言要朴实、热情、简洁、平易，语气要亲切、诚恳，感情要真挚，宜多用短句，言辞应力求格调高雅。如在迎宾祝词中加上一两句中国好客的谚语和格言，如"有朋自远方来，不亦乐乎""有缘千里来相会"等，将会增色不少。回顾以往事件的叙述要简洁，议论不要过多，力求精当；对主宾的赞颂和评价要热情而中肯，不要过分。可以有适当的联想与发挥，整个篇幅不宜过长。如遇来宾的意见、观点与主人不一致时，致词人当坚持求同存异的原则，多谈一致性，不谈或少谈分歧，可恰当采用委婉语、模糊语句，尽力营造友好和谐的气氛。

结语。用敬语表示祝愿。

迎宾祝酒词内容应根据国籍、

团体、时间、地点、成员身份不同而有所区别，不可千篇一律。

大型商业活动祝酒词

【场合】欢迎晚宴。

【人物】各级领导、嘉宾。

【致词人】×领导。

【妙语如珠】品牌建设是一项长期、艰巨的工程，不能一蹴而就，需要社会各方面共同努力来缔造。

尊敬的××市长、各位来宾：

晚上好！

"×××××"车队经过××天的行程，途经×个省×个市，来到有着×××美誉的××。首先，请允许我代表商务部，代表××部长，对××市委、市政府以及参与"×××××"××站活动的各界人士表示衷心的感谢！同时对举办参与这项活动的全体成员表示亲切的慰问！

经过改革开放××年的发展，中国的经济总量已经位居世界前列。加入ＷＴＯ后，中国经济已经全面融入世界经济体系，但是要看到，我国产业的国际竞争力水平还比较低，我国产业的发展仍然面临着诸多压力和挑战。要实现经济增长方式从粗放型向集约型转变，我们尚需付出艰苦的努力。为了提升产品竞争力，转变外贸增长方式和经济增长方式，必须要走品牌强国、品牌强企之路。

加强品牌建设是建设创新型国家的需要，是由贸易大国向贸易强国转变的需要，是参与国际化、全球化市场竞争的需要。品牌建设是一项长期、艰巨的工程，不能一蹴而就，需要社会各方面共同努力来缔造。××部开展"×××××"活动，就是要唤起全民的品牌意识，在全社会范围形成一个用品牌、爱品牌的良好氛围，创造有利于品牌建设的宏观环境。

我衷心希望，通过"×××××"活动，××能进一步加快自主创新，把自主品牌做强做大，在对外开放的竞争中，百尺竿头，更进一步！

最后，请允许我再次对××市委、市政府以及各界朋友对"×××××"活动的支持表示衷心的感谢。

谢谢大家！

县投资与重点项目签约招待会祝酒词

【场合】招待酒会。

【人物】县领导、客商。

【致词人】县长。

【妙语如珠】以酒助兴，共叙友谊，畅言商机。

尊敬的各位领导、各位嘉宾，女士们、先生们：

晚上好！

今天，我们成功地举行了"××××年××投资说明会暨重点项目签约"仪式，现在，又在这里隆重举行招待酒会，以酒助兴，共叙友谊，畅言商机。值此，我谨代表中共××县委、县人大、县政府、县政协，对在百忙之中莅临今晚招待酒会的各位嘉宾、各位朋友表示热烈的欢迎和衷心的感谢！

近年来，我们××县委、县政府始终坚持科学的发展观，大力实施工业兴县和产业强县战略，优化投资环境、改善服务质量、提升政务效率，积极营造"亲商、安商、富商"的投资创业环境，致力实现

"双赢"发展。

今天，经过在座各位的共同努力，"××××年××投资说明会"取得了圆满成功。通过聚会，大家对水乡××的产业基础、资源优势、投资环境和发展前景有了更加深刻的认识，这必将使更多的新朋变成老友，成为长久的合作伙伴。我们热切地期待着新老朋友、各路客商牵手××、投资××、发展××，共同创造灿烂美好的明天。

现在我提议，让我们共同举杯：

为××的兴旺发达，为我们的友谊地久天长，为各位的身体健康、事业兴旺，干杯！

欢迎外国考察团迎宾祝酒词

【场合】欢迎会。

【人物】××省电网技术有限公司，××国家电网公司考察团。

【致词人】电网公司领导。

【妙语如珠】我们将以××国家电网公司此次考察访问为契机，进一步加大新产品研发力度，积极拓宽外部市场，不断强化内部管理，努力使公司的产品质量和销量跃上一个新的台阶。

尊敬的××国家电网公司副总经理，尊敬的各位领导：

大家好！

盛夏时节，百花争艳。今天，我们有幸邀请到××国家电网公司考察团的各位朋友到××电网公司考察访问，这是我们公司的一件大喜事。在此，我谨代表公司经营班子对××朋友的到来表示热烈的欢迎，向关心支持××电网发展的省公司领导表示衷心的感谢！

××省××电网技术有限责任公司是从事高新技术产品研发、生产、销售和技术服务的生产制造型专业公司。公司成立于××××年，同年×月被认定为××省高新技术企业。××××年，公司获得国家信息产业部颁发的"计算机信息系统集成三级资质"；××××年取得××省"安全技术防范设施设计、安装、维修一级资质"，同年通过了ISO9001、ISO14001、OHSAS18001国际质量、环境、职业健康安全管理体系认证。公司开发的"××电网调度系统"软件、"××智能图像监控系统"软件、"电网故障信息管理系统"软件和"配网自动化系统"软件等获得安徽省优秀软件产品登记。××××年，公司产品获得×项国家专利、被省信息产业厅认定为"软件企业"、获得了××市政府质量管理奖、通过了××市企业标准体系确认。今年，公司被××省科学技术厅等×个部门确定为省科技创新型试点企业，目前正在申报国家重点软件企业。

公司注册资本××××万元人民币，参股、控股企业×家，现有正式员工×××余人。经过×年的发展，公司年产值由××××年的×××万元增长到××××年的×亿元人民币。××××年公司将完成产值×亿元人民币，计划进行开关、避雷器等电气设备的生产制造，新建35kV组合变电站××座和安徽电网集控站××座。

各位来宾，各位领导！我们将以××国家电网公司此次考察访问为契机，进一步加大新产品研发力度，积极拓宽外部市场，不断强化内部管理，努力使公司的产品质量和销量跃上一个新的台阶。

最后，恭祝大家身体健康，事

业蓬勃，万事顺意！

贸易展览会开幕晚宴祝酒词

【场合】开幕晚宴。

【人物】贸促会分会人员、嘉宾。

【致词人】分会会长。

【妙语如珠】希望每一位有远见、有实力的朋友都能抓住机会，参与其中、施展才干、创建业绩、赢得未来。

尊敬的女士们、先生们：

大家晚上好！

"中国国际××展览会"今天开幕了。今晚，我们有机会同各界朋友欢聚，感到很高兴，也很荣幸。我谨代表中国国际贸易促进委员会××市分会，对各位朋友光临我们的招待会，表示热烈欢迎！

"中国国际××展览会"自上午开幕以来，已引起了我市及外地科技人员的浓厚兴趣。这次展览会在××举行，为来自全国各地的科技人员提供了经济技术交流的好机会。我相信，展览会在推动这一领域的技术进步以及经济贸易的发展方面将起到积极作用。希望每一位

有远见、有实力的朋友都能抓住机会，参与其中、施展才干、创建业绩、赢得未来。

今天在座的各位来宾中，有许多是我们的老朋友，我们之间有着良好的合作关系。对于你们的真诚合作精神，我们表示由衷的赞赏和感谢。同时，我们也热情欢迎来自各国各地区的新朋友，为有幸结识这些新朋友感到十分高兴。

今晚，各国朋友欢聚一堂，我希望中外同行广交朋友，寻求合作，共同度过一个愉快的夜晚。

最后，请大家举杯，为"中国国际××展览会"的圆满成功、朋友们的健康，干杯！

欢迎董事长等人宴会祝酒词

【场合】迎宾宴会。

【人物】×××董事长及随同人员，×厂迎宾工作人员。

【致词人】主持人。

【妙语如珠】一艘好的帆船需要有一个好的舵手掌舵，正确的引导帆船前进，×××董事长正是我们这艘大船的舵手，在他的领导下，我厂在商海航行一直都一帆风顺。

尊敬的×××董事长，尊敬的各位来宾：

大家好！

云淡风轻，阳光明媚，在这样一个美好的日子里，×××董事长于百忙之中抽出时间亲临我厂进行指导，我们感到非常高兴，让我们以热烈的掌声对×××董事长的到来表示诚挚的欢迎。

×××董事长已经与我们合资建厂×年，×年来，我们双方严格遵守合同和协议、相互尊重、平等协商，通过大家的共同努力，双方在合资建厂、生产、经营管理中的友好关系一直稳步向前发展，我厂在技术开发、技改扩能、销售管理等各方面，也都取得了长足的进步和发展。

从创业之初到现在，×××董事长和我们一起用汗水和心血铺就了一段奋斗之路，正是有了×××董事长和我们所有员工的共同努力，才有了我们企业今天的发展壮大。×××董事长在企业发展过程中为我们每个人都作出了表率，是我们努力奋斗的旗帜。一艘好的帆船需要有一个好的舵手掌舵，正确

的引导帆船前进，×××董事长正是我们这艘大船的舵手，在他的领导下，我厂在商海航行一直都一帆风顺，在此，我代表我厂全体员工向×××董事长表示真诚的感谢！

今天×××董事长亲临我厂对生产技术和经营管理方面进一步进行指导，这对我厂来说是一个难得的学习机会。我们会悉心听取×××董事长的良言，认真做好记录，组织全体职工认真学习，吸收精髓并灵活运用到以后的实际工作中。我相信，有×××董事长的指导，我们双方的相互了解和信任将得到进一步加深，我们双方友好合作关系的发展更能得到进一步增进。我更相信，只要大家再接再厉，不惜自己的双手和智慧，在不久的将来，我厂一定会创造新的佳绩。

最后，让我们再一次用热烈的掌声向×××董事长表示由衷的感谢！

产品洽谈会迎宾祝酒词

【场合】产品洽谈迎宾会。

【人物】××××集团董事长、

总经理及全体员工，受邀嘉宾。

【致词人】主持人。

【妙语如珠】展望未来，形势依旧严峻，危机仍然存在，尽管如此，我们坚信，商机无穷，只要我们抓住机遇，奋力拼搏，一定能获得无限的发展。

女士们、先生们：

晚上好！

今夜，天高云淡，金风送爽，在这个丰收的季节，在这个美好的夜晚，在这片广袤的土地上，我们共同迎来了××公司×××年度产品洽谈盛会。欢迎各位远道而来的新老朋友，希望大家今天在这里度过一个愉快的夜晚。

在这丰收的时节里，我们的酒杯里盛满了累累硕果，也盛满了一年来的艰辛苦涩。在过去的一年里，××公司得到了各方朋友的大力支持与配合，通过实地考察各生产基地，审视产品并且开展心贴心的座谈与交流，进一步加深了相互的了解和信任。本着"诚信务实、互惠互利"的原则，我们的合作关系非常友好。展望未来，形势依旧严峻，危机仍然存在，尽管如此，我们坚信，商机无穷，只要我们抓住机遇，奋力拼搏，一定能获得无限的发展。为了能得到更好的发展，今天，我们诚邀五湖四海的朋友相聚××，畅谈未来，共谋大计。

在座的各位，有我们的老朋友，希望你们能够一如既往地支持我们，也有素未谋面的人士，我们相信，不久，我们将成为亲密的合作伙伴。虽然我们相隔万里，但我们的心是紧密相连的，我们谋大业的目标是完全一致的。正如古语所说："海内存知己，天涯若比邻。"

我们相信今天的汇聚，一定会为明天更好的合作奠定坚实的基础。让我们共同举杯，为今晚的相聚干杯，为美好的明天干杯！希望我们的友谊能像杯中的陈年老酒，越品越香。

请大家敞开心怀，尽享喜庆的夜晚！

投资洽谈迎宾祝酒词

【场合】迎宾晚宴。

【人物】香港公司领导、江苏×公司领导、嘉宾。

【致词人】×公司领导。

【妙语如珠】此刻，窗外大雪飞舞，而室内却春意盎然，这象征着我们内地与香港的经贸合作关系面临一个百花争艳的春天。

尊敬的×总经理：

尊敬的香港××实业公司代表团的先生们：

今天，我很荣幸地代表江苏省××进出口公司为×总经理为首的香港××实业公司代表团接风。

各位来宾，随着中国内地经济的逐步好转和投资环境的日益改善，香港××实业公司在内地的投资活动也日趋活跃。仅今年第一、二季度，与内地签订的投资额已达2亿美元。以×总经理为香港和内地经贸关系的进一步拓展所作出的贡献，功不可没，令人景仰。

这一次×总经理率团来江苏考察，并准备签订投资意向书。我相信，在互利互惠的原则指引下，在多年来亲密合作的基础上，以×总经理为首的代表团一定会不虚此

行，满载而归的。我很高兴今天能与老朋友×总经理在××重叙友情，我还很高兴地结识了代表团的各位新朋友。此刻，窗外大雪飞舞，而室内却春意盎然，这象征着我们内地与香港的经贸合作关系面临一个百花争艳的春天。

为此，我提议：为×总经理的身体健康，为代表团的先生们的身体健康，为我们互为最大贸易伙伴地位的进一步巩固，为我们双方在更为广阔的领域里的合作，干杯！

商厦迎宾祝酒词

【场合】××商厦开业。

【人物】××商厦经理、员工及顾客。

【致词人】××商厦经理。

【妙语如珠】经营有术不在店堂大小，贸易无欺全凭物美价廉。

亲爱的顾客朋友们：

早上好！

俗话说，一天之计在于晨，感谢您把这一天中最美好的时光留在××商厦。首先，我代表××商厦全体员工向各位的光临表示热烈欢

迎，并向各位致以亲切的问候和崇高的敬意！

我始终坚信这句话，"经营有术不在店堂大小，贸易无欺全凭物美价廉"。这是商业繁荣的保证，是贸易常胜不衰的制胜法宝，也应该是每个从业者应该遵守的基本职业道德准则。××商厦位于美丽的××江畔，坐落在繁华的××路上，建筑面积为×××平方米。东邻著名的××大街步行街，西邻×××。附近有××、××、××路公交车，×、×号地铁线通过，交通便利，方便了顾客的出行。××商厦精美齐全，销售春夏秋冬之货，集美、韩、日等多国服装品牌，囊括了香奈儿、阿迪达斯等国际知名品牌，适合中高收入者人群，物美价廉，可谓是购物者的天堂！

初来是客，常来是友，以友相待，天长地久，永远是××商厦的服务宗旨。无论您是谁，无论您来自哪里，只要您步入"××"，您就是我们的朋友，您就是我们的"上帝"，我们都将竭诚为您服务，为您献上我们的真诚和微

笑。为更好地为您服务，当您工作繁忙或因其他原因无法光临时，您只需拨打一次电话，号码是×××××,我们将按照您的吩咐，把温暖送到您的家里，把服务送到你的身边。

在这里，我代表××商厦全体员工向各位顾客承诺：我们将要以优质的服务，优惠的价格，良好的购物环境，以信誉为根本，热情周到笑迎东西南北之客！

女士们、先生们，亲爱的顾客朋友们，再一次感谢你们把最美好的时光留在××商厦。祝大家购物愉快，满载而归！

来吧，朋友们！让我们端起芬芳醉人的美酒，为××商厦开业大吉送祝福！祝××商厦生意如春浓，财源似水来！也祝各位在未来的岁月里，事业蒸蒸日上，财源广进！干杯！

公司宴请嘉宾祝酒词

范文一：宴请嘉宾总经理祝酒词

【场合】迎宾酒宴。

【人物】公司领导、嘉宾。

【致词人】总经理。

【妙语如珠】我要用银杯盛满醇厚的白酒喝下去，那种浓烈的感觉会更强烈地激起我们的工作热情。

尊敬的各位领导、各位来宾：

大家好，我代表××有限公司的员工，向各位领导和嘉宾的光临表示热烈的欢迎。

在这如诗如画、春光明媚的日子里，我们××有限公司迎来了十年华诞。此时此刻，我站在台上，心情非常激动。千言万语，只能用一句话来表达，这就是：感谢大家。

在这喜庆的日子里，我想向在座的各位领导和来宾提一个请求，请大家为我们颁发金、银、铜三个奖杯：

第一，我要用铜杯添满冰镇的啤酒喝下去，那种清爽的感觉会让我们时刻保持清醒、理智的头脑，正确把握企业的发展方向。

第二，我要用银杯盛满醇厚的白酒喝下去，那种浓烈的感觉会更强烈地激起我们的工作热情。

第三，我要用金杯斟满红色的葡萄酒喝下去，我们有一种期盼，××公司在大家的支持下一定会更加红火！

记得有一首歌叫《三杯美酒敬亲人》，我也要向领导和来宾敬上同样的三杯酒，代表我们的感激之情、期盼之意：××过去的成功，与大家的关心、支持密不可分；××今后的发展，仍然离不开各位的鼎力相助。

恳请大家把这三杯充满美意的酒干了！

再次欢迎和感谢大家今天的光临！

范文二：欢迎嘉宾公司领导祝酒词

【场合】联谊宴会。

【人物】公司领导、嘉宾。

【致词人】公司领导。

【妙语如珠】世间最干净的水是深山淙淙流淌的清泉，商界最难能可贵的是相互之间的提携。

女士们、先生们：

一语天然万古新，豪华落尽见真淳。

我非常荣幸地代表××公司，欢迎各位领导、经销商精英、各位常来常往的朋友、各位贤惠的女士、各位尊贵的先生。

世间最干净的水是深山淙淙流淌的清泉，商界最难能可贵的是相互之间的提携。

我感谢各位为我们之间牢不可破的友谊所付出的辛勤劳动和心血，同时也感谢各位深情厚谊赴这次嘉宾云集的宴会。

美好的时光，欢快的心情，伴随着悦耳动听的音乐和欢声笑语，祝各位亲爱的来宾：前面是平安，后面是幸福；吉祥是领子，如意是袖子，快乐是扣子，可口可乐伴你生活每一天！

为了灿烂的明天，干杯！

酒店开业午餐酒会祝酒词

【场合】迎宾酒宴。

【人物】公司领导、嘉宾。

【致词人】总经理。

【妙语如珠】欢乐快乐时时乐，日发月发年年发。你旺我旺大家旺，家兴人兴百事兴。

尊敬的各位领导、各位嘉宾，女士们、先生们、朋友们：

大家中午好！

欢乐快乐时时乐，日发月发年年发。你旺我旺大家旺，家兴人兴百事兴。

今天，××酒店正式开业，作为酒店总经理，我感到十分荣幸。在此，我谨代表××酒店全体员工，对各位嘉宾的光临表示热烈的欢迎，对酒店的开业表示衷心的祝贺，对日夜奋战在酒店施工现场为酒店顺利投入运行而付出全部精力和时间的所有员工及相关协作单位致以诚挚的谢意！

公司成立于××年，经过××年的成长和历练，业务范畴不断扩大，从初期的房地产开发、物业管理服务，到近年涉足的包装工业、餐饮业、高尔夫球练习场等，无不体现了员工的勤奋和上进，而××商务酒店的正式开业，对推进公司的进一步发展具有重要的意义。

酒店总面积超过×万平方米，拥有设备完善的客房和服务式公寓套房×间，休闲设施应有尽有，包括多功能会议中心、迷你影院、中西餐厅、阳光泳池、足浴棋牌、歌厅酒吧、舞蹈室、健身室、乒乓球室和羽毛球场等，无论是短期商务停留还是中长期居住，都非常舒适。再配合现代风格的建筑设计，可谓主题、内容、需求相符。在我市大力推进旅游经济发展的今天，可谓同占天时、地利、人和。

我们深深地知道，提高酒店的服务质量才是硬道理，因此，在未来的日子里，我们将一如既往地加强管理，以更高的目标建设各类项目，也希望能够得到在座各位一如既往的关怀和支持。

最后，我提议，祝各位嘉宾身体健康，万事如意，家庭幸福！干杯！

欢迎合资人祝酒词

【场合】迎宾酒宴。

【人物】公司领导、厂方领导、嘉宾。

【致词人】厂方领导。

【妙语如珠】我们的友好关系能顺利建立，与我们双方严格遵守合同和协议、相互尊重和平等协商分不开，是我们双方共同努力的结果。

尊敬的××董事长先生，各位贵宾：

××董事长先生与我们合资建厂已经×年，今天亲临我厂对生产技术、经营管理进行指导，我们表示热烈的欢迎。

×年来，我们双方合资建厂，生产、经营管理中的友好关系一直稳步向前发展，这对双方来讲都是值得高兴的事。

我们的友好关系能顺利建立，与我们双方严格遵守合同和协议、相互尊重和平等协商分不开，是我们双方共同努力的结果。

我相信，通过这次××董事长亲临我厂进行指导，一定会进一步加深我们之间的相互了解和信任，进一步促进我们双方友好合作关系的发展，使我厂更加兴旺发达。

让我们共同举杯，对×董事长的到来表示最热烈的欢迎！

企业联谊会迎宾祝酒词

【场合】大客户联谊会。

【人物】企业大客户及企业主要领导。

【致词人】企业领导。

【妙语如珠】你们的关爱，就是我们的动力，你们的希望，就是我们的目标。

尊敬的各位领导、各位嘉宾：

你们好！

今天，能与在座各位领导和朋友欢聚一堂，感到非常的荣幸。在此，我谨代表××电信对多年来一贯地关心、关爱和支持我们发展的各位领导和朋友表示衷心的感谢，对各位的光临表示热烈的欢迎！

多年来，××电信在县委、县政府和上级部门的正确领导下，充分发挥信息化建设主力军作用，不断加快通信基础设施建设，助力地方经济发展。目前，小灵通网络已覆盖全县主要乡镇，宽带网络通达全县所有乡镇。

各位领导、各位来宾，客户成功，我们才成功。你们的关爱，就是我们的动力，你们的希望，就是我们的目标。在此，我再一次代表××电信所有员工，对各位表示衷心的感谢，也真诚地希望社会各界一如既往地对××电信的工作给予更大的支持和帮助。

最后，请大家举杯，为我们的相聚，为朋友们的身体健康，干杯！

公园迎宾祝酒词

【场合】迎宾酒宴。

【人物】公园领导、游客。

【致词人】公园领导。

【妙语如珠】××风景区融自然风光、人文景观、植物、动物和现代游乐于一体，以淳朴的湖畔风光、浓厚的历史遗存、种类丰富的动植物资源和惊险刺激的游乐设施，吸引着来自四面八方的游客。它是古代文化和现代文明交相辉映的著名旅游胜地。

尊敬的先生们，漂亮的女士们，亲爱的各位游客：

大家好！

××公园热情欢迎各位的到来！游客是上帝，开心是主旨，我们愿与上帝同乐。

××公园位于××山脉××山上，是省级风景名胜、国家AAAA级旅游区，距市中心×公里，面积××亩。

××风景区融自然风光、人文景观、植物、动物和现代游乐于一体，以淳朴的湖畔风光、浓厚的历史遗存、种类丰富的动植物资源和惊险刺激的游乐设施，吸引着来自四面八方的游客。它是古代文化和现代文明交相辉映的著名旅游胜地。

公园建有××地区一流的动物观赏区，分别有猛兽散养区、食草动物区、水禽湖。狮、虎、熊、豹、狼、梅花鹿、斑马、骆驼等实行开放式散养。园中精致优雅，小桥流水，植物点缀，合理配置植物品种，自然、朴实，给游人回归自然之感。

中部建有猴、鸟及日本锦鲤观赏区和大型水禽观赏区：大雁、鸳鸯、墨天鹅、白天鹅等。××表演馆正在建设中，×月份将对外开放。

园中建有×千米的滨河风光带，中国最古老的××风光尽收眼底，有随着季节显示不同特征的植物林带，还建有各类花卉观赏区。春有茱萸、春梅、桃花、樱花、牡丹、芍药、琼花吐奇艳；夏有荷花、紫薇、茉莉、月季竞芬芳；秋有桂花、红枫红满天；冬有蜡梅傲霜雪。

最受都市年轻人喜爱的游乐设施散布园中，有水上快艇、划船、垂钓中心、跑马场、情侣自行车、卡丁车、碰碰车、空中飞椅、原始乐园，植物迷宫、现代都市人素质拓展训练营地——攀岩、天梯、空中断桥等也随时欢迎您的到来。野炊烧烤让您在寓情赏景之际尽情享受美食文化。

××公园将以最优质的服务，热忱欢迎广大游客的到来！

饭店迎宾祝酒词

【场合】迎宾酒宴。

【人物】饭店领导、游客。

【致词人】饭店领导。

【妙语如珠】十月是××一年中最美好的季节，在这喜气洋洋的日子里，我们相逢在××盛会，我代表饭店全体员工衷心祝愿您在我店下榻期间满意惬意，万事如意！

尊贵的先生们，贤惠的女士们：

欢迎各位入住××饭店。十月是××一年中最美好的季节，在这喜气洋洋的日子里，我们相逢在××盛会，我代表饭店全体员工衷心祝愿您在我店下榻期间满意惬意，万事如意！

我店是国内外享有盛名的文化型酒店，在打造我店文化品牌过程中，曾得到过很多新闻界朋友的指导和帮助。××饭店能有今天的发展，与新闻界朋友的帮助是分不开的。在此，请允许我对你们致以诚挚的谢意！

这次××会的召开，又一次为××提供了机会，××饭店决心团结一致，全心全意做好这次大会的服务接待工作。同时，我们也诚恳地希望你对饭店的服务和产品，提出宝贵意见。

为接待××会的记者团，我们特别在×楼××厅，准备了一份文化套餐。××期间，新闻记者凭采访证，在三楼文化中心享受六折优惠：茶艺园、英语沙龙，免费为记者提供会客服务；网吧可提供上网查询和传递电子稿的服务；网站，专门为记者开通了××会的专题栏目，为记者提供历次××会的相关资料；书吧，为记者准备了专题书架，提供图书、杂志和报刊服务，记者可以随时查阅××、××等有关书籍；大家还可在影院放映影片和电视录像。

饭店的每个客房都提供宽带上网，各位记者在房间就可以上网浏览××会的详情。为了方便记者团了解××会，我们在每间客房配备了一本书《××情调》、一份刊《开卷》、一张报《××文摘》。这些都是我们饭店自己编选的，免费赠送给住店记者，希望各位记者能够喜欢并提出宝贵意见。

××饭店竭诚欢迎各位的到来，任何事情，您都可以拨打二十四小时服务热线××！

山庄酒楼迎宾祝酒词

【场合】迎宾酒宴。

【人物】山庄领导、游客。

【致词人】山庄领导。

【妙语如珠】相聚闲情，我们愿意成为您忠实的朋友，愿我们用心灵进行最真诚的对话，用情感交流，用灵魂的笔锋抒写人生华美的乐章，共舞一曲舒展生命的华尔兹。

尊敬的各位来宾，女士们、先生们：

大家好！

相约闲情，友谊永恒。

相约闲情，幸福长存。

首先，感谢各位在百忙之中来到××山庄酒楼做客，你们的到来，使我们××酒楼蓬荜生辉。

相聚闲情，我们愿意成为您忠实的朋友，愿我们用心灵进行最真诚的对话，用情感交流，用灵魂的笔锋抒写人生华美的乐章，共舞一曲舒展生命的华尔兹。

××山庄酒楼约有××平方米，地处××市黄金地段，承接各种宴席，并推出各种特色菜品。亲爱的朋友们，让我们珍惜这次相聚的缘分。更希望从今以后，我们能成为一生的朋友。××山庄酒楼全体员工郑重承诺：我们将以饱满的热情、优质的服务、一流的菜品、真诚的微笑，欢迎您和您的朋友常来××酒楼做客，请记住我们的宗旨：

宁愿一人吃千次，

不愿千人吃一次。

高是我们的质量，

低是我们的价格，

永远不变的是我们对您的承诺。

××山庄酒楼全体员工祝大家每天都开心，每分都快乐，每秒都能感受××酒楼给大家带来的幸福。

宾馆迎宾祝酒词

【场合】迎宾酒宴。

【人物】宾馆领导、游客。

【致词人】宾馆领导。

【妙语如珠】红果满杉，笑颜亦向无钱客；诚心一片，美酒常惠有缘人。

各位嘉宾，女士们、先生们：

大家好！

红果满杉，笑颜亦向无钱客；诚心一片，美酒常惠有缘人。

××宾馆毗邻××公园，环境幽雅，是××市×星级定点涉外饭店，各位宾客闲暇之余可徒步走进公园观赏优美的风景。

宾馆地处××市高科技园区的中心地带，交通便利，××条公交道路及新建城市轻轨从宾馆旁经过，从宾馆驱车十几分钟可达闻名于世的××风景区和××山庄，是度假旅游及举办各种会议和学术交流的最佳场所。

宾馆设有双人标准间、双人套间、单人间及写字间共计××套。室内外装饰讲究、温馨舒适，备有现代家具、彩电、空调及完善的通信设备和消防报警系统，客房内通过分机电话可接入宽带网，方便的通信服务让您感觉把办公室"随身携带"。

宾馆餐厅可容纳××人同时就餐，提供多个菜系的精品菜肴，及××烤鸭、涮羊肉、肥牛火锅等风味餐。宾馆还设有茶苑、购物商店、商务中心及大小会议室，有可容纳××人开会的多功能厅。停车场在宾馆右侧。

我们将以优质的服务、优惠的价格，欢迎社会各界宾客光临。

下榻之地，笑迎八方客；圆满之家，喜送四面福。

亲爱的宾客们，愿这里给你们带来美丽难忘的时光。

祝你们旅游愉快！

旅行社迎宾祝酒词

【场合】迎宾酒宴。

【人物】旅行社领导、游客。

【致词人】旅行社职员。

【妙语如珠】华北瑞雪冬麦旺，江淮梅雨稻谷香，丰收在望；桂林山水甲天下，九寨美景冠人间，伟哉华夏；天涯海角隆冬暖，青藏高原盛夏寒，景观各异。

各位游客朋友：

大家好！

很高兴在这个阳光灿烂的早晨，与大家相会在这里。和大家一见面，我就感觉到了大家热情的目光，我先自我介绍一下，我姓×，叫××，大家喊我小×就行。新年刚过，我在这里给大家拜个晚年，祝大家在新的一年里，事业上春风得意，生活上福泰安康！

别看我个子不高，我为大家尽心尽力服务的决心可不小，所以，在您的旅途过程中，如果有什么需要我帮忙的地方——无论分内还是分外，只要我力所能及，一定竭尽全力为您服务——用北京话讲就是："有事您说话！"

新年伊始，面对"华北瑞雪冬麦旺，江淮梅雨稻谷香，丰收在望；桂林山水甲天下，九寨美景冠人间，伟哉华夏；天涯海角隆冬暖，青藏高原盛夏寒，景观各异"的名胜风景图，谁不心动？大家出来玩就是图个开心！

我们今天就要来一次快乐旅游！这您该问了，我们出来旅游，自然就是为了开心快乐，这个快乐旅游应该怎么理解呢？其实这不一样，快乐，首先应该从自己做起。为什么这么说呢？快乐主要是一个心态问题，说白了就是自己给自己充电——本来只有一点点开心的事情，咱们给它扩充为一百个开心的理由，比方说——我们给您讲了一个小笑话，本来您只想微微一笑——不行！如果您不是孕妇，请您哈哈大笑！为什么，这一来是对您自己有好处：笑一笑，十年少。人每次开怀大笑的时候，会活动面部97块肌肉，能有效地减少皱纹的堆积。无形之中，您就年轻了，对您有好处！二来对我们导游也有好处，您这么捧我们的场，这么支持我们的工作，我的业绩提高了收入也就增加了，您说是不是？我再举个例子，好比说您想夸我两句，说我小伙挺精神的，您别随便一说就完了——您得这样——哇，靓仔

啊！您只要这么一说——我马上就跟打了兴奋剂似的，为您赴汤蹈火，在所不辞！

听我说了这么多，您该说了——行了小×，以后我们有事情就找你了。其实，也不是这样，我得把我们的分工和大家说一下。我是"段陪"，您在××旅游的全过程中都由我陪同，我就好像大家的保姆，要说真正管事的，还得是我们的"地陪"——小×，哦，您说了，敢情你说这么热闹，不是你最重要啊？那你先上来说个什么劲？这我还得先说明一下，为什么我先上来说呢？大家也看到了，我们的地陪导游×小姐长得这么漂亮，大家肯定喜欢她多一点，人家本来就占人和，所以我就抢了一个天时，用小品演员黄宏的话讲：甭管讲得多差，先混个脸熟。

不管是段陪还是地陪，总之，我们一定竭尽全力，千方百计奉陪您游到山重水尽疑无路。提前祝大家旅途愉快！

答谢祝酒词

答谢祝酒词是指主人致欢迎词或欢送词后，客人所发表的对主人的热情接待和关照表示谢意的讲话。答谢祝词也指客人在举行必要的答谢活动中所发表的感谢主人的盛情款待的讲话。

答谢祝酒词的重点在于表达出对主人的热情好客的真挚感谢之情。

答谢祝酒词的开头，应先向主人致以感谢之意。

答谢祝酒词的主体，先是用具体的事例，对主人所做的一切安排给予高度评价，对主人的盛情款待表示衷心的感谢，对访问取得的收获给予充分肯定。然后，谈自己的感想和心情。比如，颂扬主人的成绩和贡献，阐发访问成功的意义，讲述对主人的美好印象等。

答谢祝酒词的结尾，主要是再次表示感谢，并对双方关系的进一步发展表示诚挚的祝愿。

答谢酒宴上省党政领导祝酒词

【场合】A地（地名）答谢酒会。

【人物】企业家、社会各界朋友、B地（地名）党政代表团。

【致词人】B地党政代表团负责人。

【妙语如珠】A地产业发达，领发展之先，人财汇聚，科技创新一流。A地一路走来的千辛万苦值得我们敬仰，它成长的过程值得发展中的B地学习。

尊敬的各位企业家，女士们、先生们：

华灯初上，流光溢彩的A地分外迷人，熙熙攘攘的人群、热热闹闹的街道、灯火通明的商场更令这座城市充满了无限活力。今夜，能够与A地各界儒商名流、有识之士相聚一堂，互相交流，共同学习，共谋发展，我和我的同事们感到无比的高兴。在此，我代表B地党政代表团向关注、支持B地发展的各位企业家、各位同仁以及各位朋友，致以诚挚的问候和衷心的感谢！

A地地处中国××部，历史久远。在×年前，A地只是一个靠×业为主的平凡小镇。多少年风风雨雨过去了，随着改革开放的步伐，不畏艰难的A地人凭借勤劳的双手和聪明的头脑将A地建造成了一个如此繁华的大都市。现如今，A地已是南北重要的交通枢纽和远近闻名的文化交流中心，有着优美的自然风光和和谐的社会环境。A地产业发达，领发展之先，人财汇聚，科技创新一流。A地一路走来的千辛万苦值得我们敬仰，它成长的过程值得发展中的B地学习。

B地处于开放的前沿，口岸便利，商机无限。面对地区间经贸合作渐趋紧密的良机，作为B地人，我们真诚希望与A地的各位新老朋友进一步增进友谊，密切联系，加强合作，携手创业，也诚挚地邀请A地的各界社会名流和朋友们，常到B地走一走、看一看，寻找更多的合作商机，和B地携手共进，共创锦绣前程！

最后，我们衷心祝愿A地发展顺利，步上新台阶！祝福A地人民家和万事兴！我们也真诚希望A地和B地的合作交流日益加强，友谊更加深厚绵长！请各位举起手中的酒杯，为我们的深厚友情，为我们的共同发展，为朋友们的健康，干杯！

谢谢大家！

投资环境说明会市领导祝酒词

【场合】投资说明宴会。

【人物】××市领导、来宾。

【致词人】××市领导。

【妙语如珠】××是一方开放的天地，××是一片创业的热土。

尊敬的各位来宾，各位朋友：

大家下午好！

在这春光明媚的午后，我们相聚在××酒楼，答谢各位来宾多年来对××市的支持与帮助。在此，我谨代表中共××市委、××市人民政府和×××万××人民，向各位嘉宾表示热烈的欢迎，并致以崇高的敬意。

××市历史悠久，人杰地灵，物产丰饶，风光旖旎。近些年来××市先后荣获中国优秀旅游城市、国家卫生城市、国家园林城市、全国创建文明城市工作先进城市等称号。改革开放以来，勤劳智慧的××人民充分利用国家政策，充分挖掘各类资源，充分发挥聪明才智，走出了一条具有时代特征、中国特色、××特点的发展之路，改革开放和现代化建设取得了长足进步。通过深化改革，初步营造了加快发展的体制和机制优势；通过扩大开放，一批外资企业成为我市经济增长的新亮点；通过狠抓基础设施建设，已经形成了发达的交通体系、便捷的通信体系和充足的能源供应体系；通过优化经济环境，人们的诚信意识、规则意识、开放意识大为增强。

我们知道，××的发展既要靠我们自身的努力，也离不开外界的支持。这些年来，在座的各位以及海内外朋友们，对我市的经济建设给予了极大的关心和有力的支持，使一大批外资企业纷纷落户××，

成为促进我市经济增长的重要因素。对各位朋友的关心和支持，××人民将永远铭记在心。

××是一方开放的天地，××是一片创业的热土。在××，我们已为你构筑好施展才华的舞台，我们将为你提供创业创富的机遇，我们热忱邀请各位朋友莅临××探亲访友、观光旅游、投资兴业，××的政府将给你以最优质的服务，××的人民将给你以最真诚的欢迎，××的大地将给你以最丰厚的回报。

今天，能够在××幸会各位朋友，我们感到十分高兴。在这美好的时刻，我真诚地祝愿各位朋友身体健康、家庭幸福、事业兴旺、好运常在。

谢谢大家。

市代表团在欢送宴上致答谢祝酒词

【场合】欢送宴。

【人物】双方代表、来宾。

【致词人】代表团领导。

【妙语如珠】我深信，这次访问将开启今后我们之间更多的互访。

尊敬的××主任，女士们、先生们、朋友们：

大家好！

我谨代表我们代表团全体成员对××主任今晚为我们举办如此丰盛的晚宴表示由衷的感谢！

此次访问中，你们对我们的热情款待给我留下了深刻的印象。在你们周到、细致、全面的活动安排中，我们获益匪浅。在此，我再次感谢你们为我们提供的一切帮助。

我希望××主任和其他朋友能到我市访问，以便让我们得到一个作为东道主感谢你们的机会。

我深信，这次访问将开启今后我们之间更多的互访。

现在我提议：

为我们之间的友谊，为××主任的健康，为各位朋友的健康，为在座所有女士们、先生们、朋友们的健康，干杯！

集团互访招待宴会答谢祝酒词

【场合】访问结束招待会。

【人物】A集团访问代表团、B集团接待团。

【致词人】A集团访问代表团负责人。

【妙语如珠】中国有句古话：以文常会友，唯德自成邻，意思是人与人之间通过有益的精神交流可以实现道德水准的提高。

尊敬的B集团的朋友们：

在这风和日丽的美好时节，很荣幸有机会访问B集团。我们来到贵公司，开展文化交流、技术沟通与访问，在此期间，得到贵公司的热情款待。借此机会，请允许我代表A集团访问团全体成员对B集团的全体人员的盛情接待表示衷心的感谢。

在此访问之前，B集团早已因胜人一筹的环境氛围、高人一截的运营机制、超人一等的业态分布闻名遐迩，可以说B集团就是业界的佼佼者。此次访问，更是让我们大开眼界。

这是A集团首次访问贵集团，我们一行×人到此一行，收获颇多。我们接触到了B集团浓厚的文化氛围，我们见证了B集团一流的技术水平，我们感受到了B集团博大的胸襟和深厚的友谊。只可惜，此次来访时间短暂，很想能多一点时间向贵集团学习。仅×天时间，我们对贵集团的××业有了比较全面的了解，与贵集团建立了友好的技术合作关系，并成功地洽谈了×××合作事宜。衷心地感谢B集团的朋友们，正是因为你们的真诚合作和大力支持，才搭建起我们之间友谊的桥梁。我相信我们之间友谊的种子，一定会发芽、成长进而枝繁叶茂，长青不败！

××业是新兴的产业，蒸蒸日上，有着广阔的发展前景。贵集团拥有一支庞大的专业人才队伍和雄厚的技术力量，在××行业中崭露头角，拥有强大的竞争实力。我们有幸与贵集团建立友好的技术合作关系，为A集团的发展提供了新的契机，必将推动A集团迈上一个新台阶。

中国有句古话：以文常会友，唯德自成邻，意思是人与人之间通过有益的精神交流可以实现道德水准的提高。我相信我们互相之间只要多开展交流活动，互相学习，互相沟通，一定有助于各自的发展，一定能在××业上越走越远。

最后我代表A集团再次向B集团的热情接待表示诚挚的谢意！衷心祝愿贵集团坚持开拓进取，勇于不断创新，夺取新的更大的胜利！希望彼此继续加强合作，共创辉煌的明天。

谢谢！

企业领导新年答谢客户祝酒词

【场合】客户答谢会。

【人物】企业客户及企业主要领导。

【致词人】企业领导。

【妙语如珠】我们将以百倍的努力和良好的服务以及崭新的精神风貌服务于您，我相信通过相互支持、友好合作，我们一定能实现双赢的目标。

尊敬的各位来宾，女士们、先生们：

在我们满怀豪情迎接新的一年之际，我们以最真诚的感谢、最真挚的祝福在这里举办迎新春答谢客户酒会。首先我代表××大厦向一直给予我们支持和厚爱的新老客户朋友们表示谢意，祝你们在新的一年里身体健康、工作顺利、生意兴隆、万事如意!

过去的一年是××大厦快速发展的一年,我们在集团公司的领导下,在各个企业客户的支持下,经过我们全体员工的共同努力,取得了一定的成绩:顺利通过国家建设部关于国家级示范大厦的复检,保持着物业管理最高荣誉,全面启动了ISO9001质量管理体系试运行,全面强化了基础管理工作,荣获了市物业管理先进单位和×××市公安局经保系统先进单位等光荣称号。

××××年客户对大厦各项服务的满意率又有了新的上升,各项服务水平又有了新的提高。在新的一年里,我们将继续努力,不断取得新的突破,来回报广大客户的厚爱,为您事业的成功尽我们的微薄之力。我们将以百倍的努力和良好的服务以及崭新的精神风貌服务于您,我相信通过相互支持、友好合作,我们一定能实现双赢的目标。让我们携手奔向美好的明天!让我们共同举杯,祝福所有的客户及各公司员工新年快乐、万事如意,祝各位事业辉煌、如日中天!祝各单

位百业俱兴、宏业大展、前程无限、吉年大发!干杯!

酒店董事长在客户联谊会上的祝酒词

【场合】联谊会。

【人物】酒店领导、嘉宾。

【致词人】酒店董事长。

【妙语如珠】无酒不成席,名酒激豪情。

各位来宾,女士们、先生们:

大家晚上好!

在这美丽的夜晚,在温暖与期望碰撞的瞬间,我们欢聚一堂。首先,请允许我代表××酒店全体员工,向出席今晚联谊会的各位来宾、各位朋友致以衷心的感谢和诚挚的问候!祝各位身体健康,家庭幸福,万事如意!

××酒店自××××年开业以来,已走过了×年不寻常的发展历程。

×年来,我们与社会各界朋友尤其是与在座的各位嘉宾建立了深厚的情谊。我们的工作日新月异,先后荣获了全国"×××先进单

位""×××先进单位"等荣誉称号。这些成绩的取得，是与各位朋友的关心和支持分不开的。我们希望借"客户联谊会"这样一种形式来表达对各位来宾、各位朋友的由衷感激。

展望未来，竞争日趋激烈。在今后的岁月里，我们仍需要各位朋友一如既往的给予我们更多关爱和支持，我们也一定会以更优质的服务、更高的业绩来回报各位，让×××酒店成为您最舒适的家园。

无酒不成席，名酒激豪情。

现在，让我们举起酒杯，为共同的理想和美好的明天，为我们的友谊天长地久，干杯！

美容企业领导答谢会员酒宴祝酒词

【场合】答谢酒宴。

【人物】公司领导、嘉宾。

【致词人】董事长。

【妙语如珠】一语天然万古新，豪华落尽见真淳。

女士们、先生们，朋友们：

在这春暖花开、阳光明媚的日子里，我非常荣幸地邀请到××最美丽、最尊贵的朋友们。首先，我代表××美容公司向各位尊贵客人的到来表示热烈的欢迎。

"一语天然万古新，豪华落尽见真淳"，今天我们举办××一年一度的会员答谢酒会，初衷是想给大家一个直接沟通、交流的机会，让大家在沟通交流的基础上愉悦身心、增进友谊，成为好朋友。

××美容公司是集医疗美容、生活美容、美容教学、产品销售为一体的大型美容连锁机构。时至今日，××人已走过了整整××年。"衣带渐宽终不悔，为伊消得人憔悴"，××年一路走来，有过春风化雨、有过坎坷荆棘，但××人始终迎难而上，最终夯实了××在省会乃至国内医疗整形及美容方面的知名品牌。××人相信，品牌给你的不仅仅是一种尊贵，一种身份，更重要的是实实在在的承诺和保障。

今后的工作中，××美容公司将一如既往以踏踏实实做事、老老实实做人为信条，尽心尽力为顾客服务，使顾客，"愁云而来，满意而归"。

××的发展和成功离不开在座的朋友们的殷殷期待和关注，离不开在座朋友们始终如一的关心和支持，在这里我再一次向大家的支持与帮助表示最衷心的感谢。希望在座的朋友们今后继续关心和支持××，我坚信有你们，××的明天定会一路高歌，越走越好！

最后我建议为在座的各位女士、各位先生、各位朋友的美丽和健康，为你们家人的健康，为我们的友谊，干杯！

答谢项目合作伙伴祝酒词

【场合】答谢宴。

【人物】各位领导、合作伙伴。

【致词人】×项目负责人。

【妙语如珠】今晚的宴席没有官宴、商宴的豪华奢侈，菜肴酒水比起各位经常出席的宴会来讲也显得有些简陋寒酸，但请各位相信：它代表着本人的一片真诚！

尊敬的各位领导，亲爱的××乡技术站的各位朋友：

大家好！

非常感谢各位能在百忙之中抽出时间光临本人在此举办的答谢晚宴。

今晚的宴席没有官宴、商宴的豪华奢侈，菜肴酒水比起各位经常出席的宴会来讲也显得有些简陋寒酸，但请各位相信：它代表着本人的一片真诚！

历时四个多月的试验项目在各位领导的关心下，在××乡技术站各位朋友的积极参与下，到今天已基本结束，可以说取得了丰硕的成果。这是各位领导关心支持的结果，是各位朋友辛苦努力的结果。我们不会忘记×市长亲自安排协调，不会忘记×局长亲自选点指导，不会忘记各位朋友起早贪黑的辛劳……所以，这第一杯酒要真诚地感谢各位领导和朋友对本次试验所给予的大力支持和帮助。

请大家举起酒杯，接受本人真诚的谢意，并庆贺我们试验的圆满成功！干杯！谢谢！

订货会答谢祝酒词

【场合】答谢宴。

【人物】公司领导、经销商、来宾。

【致词人】总经理。

【妙语如珠】新的一年有新的飞跃，新的耕耘带给我们新的辉煌！

各位来宾、广大经销商朋友们：

大家晚上好！

非常感谢各位能在百忙之中来到××公司，共聚于我们"××服装订货会"。值此良辰美景，请允许我代表××服装有限公司全体员工，向出席今晚酒会的各位来宾、各位朋友致以最热烈的欢迎和最诚挚的问候！祝大家身体健康，家庭幸福，万事如意！

××服装自×××年创立以来，走过了×年不寻常的发展历程。×年来，我们与社会各界朋友尤其是与在座的各位嘉宾建立了深厚的友谊，在大家的关心和支持下，我们的工作成绩如芝麻开花——节节高。在刚刚过去的一年里，××服装先后荣获了第×届中国国际品牌服装服饰交易会"十佳女装奖""特殊贡献奖"、第×届中国女装设计大赛"特殊贡献奖"等荣誉称号，这些成绩的取得，离不开在座各位的支持和厚爱。在此，我先敬各位嘉宾一杯酒，感谢大家多年来对××服装一直以来的关爱！谢谢大家！

我坚信，我们将共同见证中国服装品牌的成长，让我们举杯共祝：新的一年有新的飞跃，新的耕耘带给我们新的辉煌！最后，祝福大家身体健康、阖家欢乐！

公司总结宴会答谢祝酒词

【场合】公司总结宴会。

【人物】公司全体员工、嘉宾。

【致词人】总经理。

尊敬的嘉宾、朋友们，全体同人：

晚上好！

首先，我代表××公司感谢各位嘉宾、各位朋友对××一贯的支持和帮助！

其次要感谢××的全体员工，是你们的努力和敬业使××取得了今天的成绩。还要感谢你们的家人，是他们在背后默默的支持、鼓励和帮助，使你们能全身心地投入工作，他们是当之无愧的幕后英雄。

回望过去的一年，我们涌现出大批优秀员工，我感谢他们在各自的岗位上作出的榜样！祝愿他们在新的一年再接再厉，取得更大的成绩！还要感谢战斗在全国各地、异地他乡的一线员工，是他们的努力使我们××的产品走进了千家万户，在这里，我要对他们说声：你们辛苦了！

××××年，在各界朋友的大力支持下，在全体员工的共同努力下，××公司取得了可喜的成绩，可以说是一个丰收年：全国统一服务热线×××××××的推出，国际业务零的突破，××最高奖项"××××××"的获得……这些无不见证着我们的成功。

××公司的未来是非常美好的，让我们携手共进，打造出一个欣欣向荣的国际型企业！

最后，请大家举杯，为××美好的明天，为在座各位的身体健康、工作顺利、家庭美满，干杯！

企业上市答谢宴会祝酒词

【场合】公司酒会。

【人物】公司全体员工、来宾。

【致词人】董事长。

【妙语如珠】以人为本，情系客户。

尊敬的各位来宾、新闻界的朋友们，女士们、先生们：

晚上好！

首先，非常感谢各位朋友光临"××上市仪式"，与我们共同见证××公司具有里程碑意义的一刻。

××成功发展到今天，是与各位长期的支持和帮助分不开的，我谨代表××公司向到场的各位领导、嘉宾、媒体朋友们表示热烈的欢迎和衷心的感谢！

历经十几年的不断发展壮大，今天的××已经成为中国××行业的中坚力量、领导力量之一，我为此感到自豪：这是不断创新、敢于超越的××人共同努力奋斗的结果。今天，××上市将是公司的又一次飞跃！

展望未来，任重道远，××公司将忠实实践"以人为本，情系客户"的经营理念，努力成为全国

××行业的龙头企业，以持续发展的优良业绩来回报广大的投资者。

再次感谢今天参加酒会的各位领导和各位朋友。现在，请允许我以这杯薄酒，向关心、支持、帮助××成长的领导和朋友们表示最真挚的谢意！谢谢！

经销商会议祝酒词

【场合】经销商招待宴。

【人物】公司领导、经销商。

【致词人】总经理。

【妙语如珠】各位经销商朋友，你们的关爱，就是我们的动力；你们的希望，就是我们的目标。

尊敬的各位经销商朋友：

你们好！

在新的一年即将来临之际，能与在座的各位朋友欢聚一堂，感到非常的荣幸。在此，我谨代表××公司对多年来一贯关爱和支持我们发展的各位朋友表示衷心的感谢，对各位的光临表示热烈的欢迎！

经销商历来是我们服务和经营工作的重中之重，××××年，公司将继续秉承"诚信、创新"的理念，努力提升为经销商服务的水平和能力，为诸位提供优质的服务。

各位经销商朋友，你们的关爱，就是我们的动力；你们的希望，就是我们的目标。在此，我再一次代表××公司，对各位表示衷心的感谢，也真诚地希望各位能一如既往地对××公司的工作给予更大的支持和帮助。

最后，请大家举杯，为我们的相聚，为××行业的美好前程，干杯！

房地产商致答谢祝酒词

【场合】房地产商答谢会。

【人物】房地产公司领导、合作伙伴、嘉宾。

【致词人】房地产公司领导。

【妙语如珠】这×年的时间也许只是历史中的一瞬间，也许只是漫长人生旅程中的一小段，但是××地产却经历了无数风雨，并最终取得了可喜的成绩。

尊敬的各位来宾、女士们、先生们：

晚上好！

在这个银装素裹的美好冬日，

看到这么多的朋友光临今天××地产×××年答谢会的现场，我非常激动。今晚我们欢聚一堂，现场高朋满座，除众多与××地产有良好关系的嘉宾以外，还有很多合作伙伴。在此，请允许我代表××地产对各位来宾表示最衷心的感谢和最热烈的欢迎！

××地产成立已有×个年头，这×年的时间也许只是历史中的一瞬间，也许只是漫长人生旅程中的一小段，但是××地产却经历了无数风雨，并最终取得了可喜的成绩。今年××地产开发的××项目，首期开盘取得了骄人的成绩，销售量达到了××亿，这一点与××地产每一个员工的努力分不开，也离不开×××地产的支持与厚爱，谢谢大家。

××（地名）房地产市场一直居于国内房地产发展的前列，因此可以说，××（地名）房地产市场的发展，就是整个房地产市场的发展。上周，我们在××（地名）召开的××发布会上，通过对近×年来××（地名）房地产市场的发展进行分析和预测，发现二线城市的发展速度加快了。我们去年的销售是××亿，预计×××年我们能创收××亿。本着这个方针，我们将会在××等地加大投入，这是我们××地产在新一年里的目标。

×××年，调控政策一个接着一个出台，这使得二手房市场也经历了大的震动，我们不可避免地在税费、利息等方面做了调整。尽管如此，我们还是取得了可喜的成绩，在总体规模不变的情况下，业绩仍然呈××%的增长。此外，我们代理的项目也渐趋增长，由去年的××个楼盘到今年的××楼盘，总的业绩增长为××%！

在新的一年里，××地产将会作出更多的努力，希望能够跟在座的各位朋友携手共进，共创辉煌，谢谢大家！

借此机会给与会的各位来宾、同仁、朋友们拜个早年，祝大家新春快乐、事业发达、万事如意！为新的一年能有新的进步干杯！

开业开盘祝酒词

开业庆典是酒店、商场等为庆祝开业而举办的一种商业活动，它选择特殊的日期举办，邀请特定的人员参加，旨在向社会和公众宣传本组织，提高本组织的知名度及美誉度，展现优良形象及良好风范，广泛吸引潜在客户。

宴会要确立邀请对象：邀请上级领导以提升档次和可信度；邀请工商、税务等直接管辖部门，以便今后取得支持；邀请潜在的、预期的未来客户是企业经营的基础；邀请同行业人员，以便相互沟通合作。

酒宴上，通常由公司负责人向上级领导、来宾祝酒，或由来宾向公司表示祝贺。

首先，称呼要考虑对象。宜用亲切的尊称，如"亲爱的朋友""尊敬的领导"等。

其次，要向来宾的支持和光临表示真挚的感谢。

接着，简要概述该机构在一些方面有良好的配套设施和服务功能。

最后，通过邀请目标公众，争取确定良好合作关系，争取销售、会议、接待、旅游等项目的承办权，为占领市场铺平道路，为今后的发展打下坚实的基础。

市药厂开业祝酒词

【场合】药厂开业庆典。

【人物】政府相关领导、下岗工人、社会相关人士。

【致词人】个体工商协会秘书长。

【妙语如珠】希望你们从一画起，一步一个脚印，一鼓作气，一往无前，一鸣惊人，一飞冲天，一举千里，会当凌绝顶，一览众山小，一路顺风，取得骄人的业绩！

各位来宾、各位朋友：

大家好！

今天，在这万物复苏、春光明媚的日子里，×××制药有限责任公司正式开业，在此，作为个体工商协会的工作人员，我代表市个体工商业协会并以全体来宾的名义向×××公司的开业表示热烈的祝贺！

×××制药有限责任公司是由下岗工人创办的，凭借着多年工作的经验和十足的干劲儿，在社会广大朋友的关心和支持下，终于迎来了今天这个喜庆的日子。我们祝贺他们"秋研桂露金成液，香溅橘泉玉作丸。消忧去疾身长健，除灾灭病财自来"。

由于各种原因，不仅农民工纷纷下岗，也有好多的白领被迫离职，失业大军一浪接一浪，于是很多人步入失业困境。有的下岗职工整天怨天尤人，有的又自叹不如人，还有的甚至坐等花开，等着别人给他工作。可是，×××的几位创办者同样是下岗工人，他们却走出了一条不平凡的路。他们深信：要致富，只有靠自己的努力。他们

树立了山高自有人行路，水深不乏破浪舟的精神，勇于克服困难，取得成功。

我们知道，药品安全是关系群众切身利益的大事。制药是为了造福人类，那就要求生产药品的厂商要以"救死扶伤"作为生产理念，每个制药人心底都要纯洁。希望×××能从为民服务出发，营造一个高素质的团队，用真心制药，做良心药。希望因为你们的存在，这个世界多些健康，少些疾病；人们的生活多些轻松，少些疲倦。

今天，你们已踏入了创业的门槛，你们肩上的责任还很重大。希望你们从一画起，一步一个脚印，一鼓作气，一往无前，一鸣惊人，一飞冲天，一举千里，会当凌绝顶，一览众山小，一路顺风，取得骄人的业绩！

最后，让我们共同举杯，祝×××制药有限责任公司生意兴隆，大展宏图！祝在座的各位身体健康，万事如意！

市人才市场开业庆典祝酒词

【场合】庆典宴会。

【人物】领导、嘉宾。

【致词人】人才市场领导。

【妙语如珠】我劝天公重抖擞，不拘一格降人才。

尊敬的女士们、先生们：

晚上好！

在这春暖花开的季节，我们××人才市场隆重开业了。在此，我谨代表公司上下全体同仁，向远道而来的各位来宾、各位朋友表示最热烈的欢迎和最衷心的感谢！

回顾历史我们可以发现，人力资源市场在我国的发展只有短短的××年。20世纪80年代，我国各行各业掀起了经济建设的浪潮。为解决人才奇缺问题，国家实行自由择业方式，由原来计划经济时期国家统一分配的局面，转变为市场经济时期"才企互动，双向选择"的局面。自此，人力资源这个概念正式被引入我国，人力资源市场的发展，也就是从这个时候开始萌芽的。而今，它正如一个人的成长一般，已经从牙牙学语的孩提时期，走到了热血沸腾的青年时代，并大踏步向前迈去。

100多年前，诗人龚自珍的一句"我劝天公重抖擞，不拘一格降人才"，至今想来仍令人倍感振奋。也许正是顺应了高速发展的经济对企业和人才之间的双向互动的需要，人才市场才有了她的诞生和发展，才有今天××人才市场的顺利开业。此外，我代表××人才市场全体员工向各位来宾表示深深的感谢！谢谢在座的各个企事业单位，以及广大求职英才们的大力支持。在此，我们公司郑重承诺，我们将以市场为依托，以客户需求为导向，用最优良的服务来回报社会各界人士。

现在，我提议共同举杯，为了人才市场的繁荣，为了建设祖国更好的未来，为了各位来宾的身体健康、事业有成，干杯！

市旅行社旗舰店开业祝酒词

【场合】旅行社旗舰店开业仪式。

【人物】市旅游局领导、旅行社全体工作人员、受邀嘉宾。

【致词人】市人民政府官员。

【妙语如珠】以××独特的人文环境为基础，以开发利用历史文化资源为源头，以自然人文景观建设为载体，逐步打造人文××、魅力××、旅游××。

尊敬的市旅游局领导，尊敬的各位嘉宾，女士们、先生们：

大家好！

首先，请允许我代表××市人民政府，对××市×××旅游局×××旗舰店的开业表示热烈的祝贺！对前来参加开业仪式的市旅游局的各位领导以及各位尊贵的来宾表示热烈的欢迎！

××××年，××市政府把发展旅游业提到议事日程当中，以××独特的人文环境为基础，以开发利用历史文化资源为源头，以自然人文景观建设为载体，开发了多个自然风景区，逐步将××推向全国各地。为了逐步打造人文××、魅力××、旅游××，进一步提升××的知名度、美誉度和软实力，市委、市政府大力支持和推进旅游业发展，对每一个旅游部门制定了严格的规章制度，给每一个旅游工作者提出了严厉的要求。发展并壮大旅游产业是全市人民共同的责任，是我们为构建富裕、开放、文明、和谐的新××最好、最有效的途径。

×××旅行社从成立之初到现在已经有×个年头了，在社会各界人士的帮助和支持下，通过×年的努力，×××迅猛发展为××市旅游业一颗耀眼的明珠。从只能容纳一张办公桌的小房间到各部门一间办公室，从当初仅有的几个创业人员到现如今拥有×××名专业人才的强大队伍，由小变大，由弱变强，可以说，×××是××市旅游业快速发展的见证。希望立志发展××市旅游事业的工作者要学习×××旅行社的成功经验，在省、市旅游局的业务指导下，在市委、市政府的正确领导下，团结协作，奋力拼搏，共攀××旅游事业的新高峰。

希望×××旅行社珍惜×年来艰苦奋斗的成果，戒骄戒躁，再接再厉，继续学习，从增强业务员素质、提高服务水平、规范经营等方面继续努力，争取做得更大更强，为××增光添彩，为××人民造福！

预祝×××旅行社旗舰店顺利开张，大吉大利，生意红火！祝在座的各位领导、各位嘉宾工作顺利，万事顺心！

谢谢大家！

县风景名胜揭牌仪式祝酒词

【场合】庆典宴会。

【人物】管委会、嘉宾。

【致词人】管委会党委书记。

【妙语如珠】好风凭借力，送我上青云。

尊敬的各位领导、各位来宾，女士们、先生们：

大家好！

随着党的××大的胜利召开，"嫦娥"的成功奔月，我们又迎来了××国家重点风景名胜区的揭牌。值此，我谨代表管委会向各位领导、各界来宾在百忙之中抽出时间来参加庆典表示热烈的欢迎，向给予风景区关心和支持的各级领导、各界朋友表示衷心的感谢！

近年来，随着旅游业的不断升温，我们积极响应县委、县政府"生态立县、旅游活县"的战略号召，充分利用××得天独厚的自然资源和人文历史，在各级党政的倾心关怀与社会各界的鼎力支持下，于××年×月×日成功申报了"××国家重点风景名胜区"。××风景区集山秀、水美、林幽、石奇于一身，含自然景观和人文景观于一体，是集生态旅游、避暑度假、休闲疗养、登山探险等于一身的综合型旅游景区的理想之地。

"好风凭借力，送我上青云"，我们坚信，有上级党、政的正确领导和关心，有各界朋友的大力相助，我们一定能将××风景区打造成国内外知名的观光旅游、度假胜地。

我提议：让我们共同举杯，为我县的经济发展与社会进步，为××风景区旅游事业的蓬勃发展，为各位领导、各位来宾的身体健康、工作顺利、万事如意，干杯！

县影剧院开业典礼祝酒词

【场合】影剧院开业典礼。

【人物】县委、县政府领导，社会各界朋友。

【致词人】政府官员。

【**妙语如珠**】良好的艺术氛围、先进的技术设备、优美的音响效果和幽雅舒适的观赏环境，将给观众带来最佳的艺术享受。

各位领导、各位来宾、同志们：

大家好！

今天，一座殿堂般的现代化影剧院——A影剧公司B影剧院在××县×××中心隆重开业了。值此喜庆之日，我谨代表县委、县政府对A影剧公司B影剧院表示最热烈的祝贺！向前来参加揭牌仪式的各位领导、各位来宾表示热烈欢迎和衷心的感谢！

××县具有悠久的历史，群众文化基础扎实，积淀了深厚的文化底蕴和鲜明的地方特色。文化是经济和社会发展的动力、资源和引导力量，全面建设小康社会必须大力发展文化事业，坚持先进文化的前进方向，不断深化文化体制改革。近年来，我县扎实推进发展建设的各项工作，顺应党的号召，坚决执行"文化兴县"的政策方针，始终把文化事业的发展置于优先地位，不断加大对文化事业的投入，加强文化基础设施建设。

随着各项文化事业的兴起，影剧产业也在不断发展变化。B影剧院是本县影剧产业的典型，它是集电影放映、演出、会务为一体的多功能影剧院。影剧院具有良好的艺术氛围、先进的技术设备、优美的音响效果和幽雅舒适的观赏环境，将给观众带来最佳的艺术享受。B影剧院现有一个大厅、两个豪华小厅。大厅设×座，先进的音响设备为观看大片提供了一流的听觉享受。影剧院在放映电影的同时，还承接各类文艺演出活动，使本地区的观众不出县城就能欣赏到精彩的文艺演出。希望广大文化工作者加强学习，认真实践"三个代表"重要思想，不断深入学习实践科学发展观，为把××打造成为一个文化强县而努力奋斗！使B影剧院成为我县社会主义精神文明建设的窗口。

最后祝愿我县影剧事业不断发展，祝愿B影剧院健康快速发展，希望你们能为××的人民群众娱乐添姿加彩！

家居商场开业典礼祝酒词

【场合】家居商场开业典礼。

【人物】领导、各界朋友、商场员工。

【致词人】家居商场负责人。

【妙语如珠】我们秉承"精诚致信，服务至善"的经营宗旨，以"绿色、环保、健康、时尚"为经营理念，以快速便捷的售后服务中心和物流配送中心，实现一站式全程服务，让顾客开心而来满意而归。

各位领导、各位来宾：

大家好！

值此秋高气爽，风和日丽的日子，我们迎来了×××家居商场的盛大开业。首先，我谨代表家居商场的全体员工，对莅临开业典礼仪式的各位领导以及前来祝贺的各位来宾表示衷心的感谢！

经过两个多月的紧张筹备，在各级领导、各界朋友的关心支持下，×××家居商场今天终于正式开业了。×××家居商场位于××市最繁华的商业街，该地区既是文化区，又是高科技区，也是高收入区，交通非常便利，消费人群比较集中，独特的地理条件加上人性化的管理模式，将是×××家居商城与其他家具城竞争的最有利条件。

×××家居商场占地达到了上万平方米，商场共有七层，并设有中央空调、观光电梯、手扶自动电梯、货运电梯，商场大厅内还设有专门的休息厅，还有指示牌为顾客指引。为了体现厂商的人性化，我们还在商城内设置了总服务台、商务中心、钢琴演奏台、休闲水吧等设施，以方便更多的消费者。×××家居商场还专门为顾客准备了上千个泊车车位。×××家居商场汇集了国际国内数百家知名家具品牌，我们使用统一的品牌策划，一切服务都以顾客为中心。

可以说×××家居商城无论是在硬件还是软件设施上都是××市规模最大、档次最高、品牌最优、环境最佳、服务最好的商场之一。我们的目标就是×年内把×××家居商场建设成为全省十大家居商场之一，×年内挺进全国家居商场百强。我们秉承"精诚致信，服务至善"的经营宗旨，以"绿色、环保、健康、时尚"为经营理念，以快速便捷的售后服务中心和物流配送中心，实现一站式全程服务，让顾客开心而来满意而归。没有最好，只有更好，不断的提升我们的服务，让顾客有最好的购物体验，这是我们×××家居商场不懈追求的目标。

我们将致力于打造最优秀的家居商场，衷心地希望我们的家居产品能为您的房间增加一丝家的味道，同时也衷心地希望我们商场全体员工通过专业专心的服务，把×××家居商场打造成为您可以信赖的伙伴，为广大消费者提供更优质的商品、更满意的服务。

谢谢大家！

农贸市场开业典礼祝酒词

【场合】农贸市场开业典礼。

【人物】政府领导、来宾。

【致词人】农贸市场负责人。

【妙语如珠】 ×××农贸市场势必将成为我们×××镇的投资热土，也将是我镇百姓创收的一个很好的平台，将为增强我镇的经济实力起到添砖加瓦的作用。

各位领导、各位来宾、同志们：

在这花果飘香、硕果累累的金秋时节，各位来自四面八方的朋友相聚在这里，为了一件共同的盛事，我们×××镇农贸市场今天隆重开业了。在此，我谨代表镇委镇政府对×××农贸市场的开业表示衷心的祝贺，并祝愿×××农贸市场开业大吉、事业兴旺。向前来参加开业典礼的各位领导、各位来宾、同志们表示热烈的欢迎！向给予×××农贸市场建设大力关心、支持和作出积极贡献的各级各单位表示衷心的感谢！

在有关部门领导和社会各界人士的关心和帮助下，×××农贸市场经过一年多的紧张施工，终于能够投入使用了。这一工程对完善我镇城镇配套功能、规范集贸市场经营、繁荣当地经济、方便广大来×××投资创业的经商户和群众生活起到了重要的作用。整个市场占地×××平方米，共有×××个摊位，可同时容纳近万人一起买卖交易。×××农贸市场周边的交通也非常便利，出农贸市场大门不到200

米就有公交车站，来往城区的公交车就有近十条路线，另外，农贸市场还临近×××国道和×××高速公路，地理位置可谓是得天独厚。市场内的硬件设施也都是国际一流水准，加上完备的配套设施，人性化的管理模式，×××农贸市场势必将成为我们×××镇的投资热土，也将是我镇百姓创收的一个很好的平台，将为增强我镇的经济实力起到添砖加瓦的作用。

我们刚刚度过了祖国母亲的××岁生日，现在又迎来了×××农贸市场的开幕，可谓是双喜临门，今天也是我们期盼已久的一天。

下面我提议，让我们共同举杯，祝×××农贸市场繁荣昌盛！也祝愿各位领导以及到场的各位嘉宾朋友身体健康、事业顺利、心想事成。

谢谢！

装饰材料市场开业庆典祝酒词

【场合】庆典宴会。

【人物】市级领导、嘉宾。

【致词人】装饰材料市场领导。

各位领导、各位嘉宾，女士们、先生们：

大家好！

在这金秋送爽、硕果丰收的时刻，由××市煤建公司主办的××市××装饰材料市场今天隆重开业了。首先，我代表××市煤建公司全体员工对大家在百忙之中前来参加我们的开业典礼表示热烈的欢迎和衷心的感谢！

××装饰材料市场在连片整体改造过程中得到了各级领导和兄弟单位的大力支持和指导，以及相关部门的支持和帮助，使市场改造主体工程如期竣工。在此，让我们以热烈的掌声对他们的支持和帮助表示衷心的感谢！

××装饰材料市场是由××市煤建公司开办的第一个专业化市场。××市煤建公司是以燃料、建材经营为主业，包括物业经营、汽车出租和维修、机械生产和加工在内的具有××多年历史的综合性国有企业，企业实力雄厚，商业信誉良好。

××装饰材料市场是我公司根

据××区城市发展规划和××商业环境，利用自有厂房、仓库进行连片整体改造建成的装饰材料专业市场，是我公司在市场竞争中求生存、促发展，进行资产优化整合的"重头戏"之一。市场总面积××多平方米，有一百多个大小铺位，露天和地下停车场××多平方米，交通方便，租金廉宜，适合经营陶瓷、洁具、五金、灯饰等各类建材商品。

××装饰材料市场经过连片整体改造后，既大大提升了我公司的价值和档次，盘活了国有资产，增加了企业收入，解决了职工就业出路，又为我公司今后有效利用企业资源、寻求新的经济增长点、减负增效、实现国有资产保值增值、促进企业持续有效发展提供了示范。

我们真诚希望上级领导、各级政府部门及社会各界一如既往地支持和指导××装饰材料市场。我公司将按照"稳健经营、理性投资、量力而行、持续发展"的经营发展思路和"合法、合理、合时、合算"的经营守则，以"再次创业"的奋斗精神，开拓进取，团结拼搏，努力提高市场管理水平，营造最佳的经营环境，早日将××装饰材料市场办成一个在同行业中具有较高知名度和较强竞争力的专业市场。

最后，祝愿大家工作顺利，身体健康，万事如意！

谢谢大家！

子公司开业庆典祝酒词

【场合】开业酒宴。

【人物】公司领导、来宾。

【致词人】子公司负责人。

【妙语如珠】共举一面旗、同唱一首歌。

尊敬的各位领导、各位来宾，女士们、先生们：

大家晚上好！

今天，我们欢聚一堂，热烈庆祝××化工有限责任公司子公司的顺利开业。在此之际，我首先向在百忙之中抽身前来参加开业仪式的各位领导和朋友们表示热烈的欢迎和诚挚的感谢！

××化工有限责任公司是××地区最具实力的以化工为主营业务

的生产型企业。自成立以来，公司以××开发建设为依托，以××化工需要为己任，走高质量、高科技的发展之路，在推动××化工发展、促进地方经济建设等方面作出了积极的贡献，赢得了社会人士的广泛好评。这对我个人的发展也起到了关键性的作用，可以说我个人的命运同××化工有限责任公司有着紧密的联系，千丝万缕，休戚相关。

今天，子公司的开业，一方面是××化工有限责任公司"多元开发"经营理念的深入实施，另一方面也构建了一个崭新的平台，更加强了我和××化工有限责任公司的关系，实现了长久以来我对××化工有限责任公司的向往。在深感荣幸的同时，我也深感责任的重大。我愿意在各位领导的指导和帮助下，以百分之一百的热情，一如既往、再接再厉，共举一面旗、同唱一首歌，为××化工有限责任公司的科学发展和光辉形象作出自己应有的贡献。

最后，请大家共同举杯，祝××化工有限责任子公司开业顺利！祝我们的事业蒸蒸日上！干杯！

广场开业庆典祝酒词

【场合】×××广场开业庆典。

【人物】领导、来宾、业界同仁和朋友。

【致词人】商场经理。

【妙语如珠】面对挑战和困难，我们一定会迎难而上，全力以赴；面对机遇和希望，我们一定会紧紧握牢，倍加珍惜。

尊敬的各位领导、各位来宾、各位业界同人和朋友们：

大家好！

金秋时节，清风送爽，丹桂飘香，很高兴各位能如约参见×××广场的开业庆典。今天是个喜庆的日子，借这个难得的机会，我代表×××广场的全体工作人员向今天到场的领导和所有的来宾朋友表示衷心的感谢和热烈的欢迎！向为广场建设付出心血和汗水的全体施工团队表示亲切的问候！

今天，我们欢聚一堂，共同庆祝×××广场隆重开业！×××广场位于×××中心地带，是集男女服饰、儿童服装和玩具、珠宝首饰、箱包鞋帽、餐饮娱乐于一体的综合性休闲娱乐购物广场。优越的地段让你出门即可购物，独特的电梯设置让你上下楼层快捷方便，舒适的环境让你流连忘返，优质的服务让你倍感亲切，全新的设计，全新的体验，必将给您耳目一新的感受。×××是您购物休闲的最佳场所，也是各商家投资、创业、理财的新途径。

当今社会，商业发展如火如荼，同行竞争日益激烈。对于×××来说，挑战和机遇同在，困难和希望同在。面对挑战和困难，我们一定会迎难而上，全力以赴；面对机遇和希望，我们一定会紧紧握牢，倍加珍惜。我坚信，×××广场必将在市场上傲然挺立，拥有一席之地！"有朋自远方来，不亦乐乎"，期待各位领导、四方来宾、各界朋友予以更多的支持、关心、重视和理解。

千秋伟业千秋景，万里江山万里美。为了不辜负领导、董事长和社会各界的期望，我们×××广场全体员工将团结一致，坚持求变创新的开拓精神，强化管理，规范运

作，热忱服务，爱岗敬业，和诸位业界同人一起，全力以赴，共同致力于社会的建设发展，为我们生活的这片土地更加繁荣昌盛添上辉煌灿烂的一笔！

最后祝各位领导、各位嘉宾、各位朋友身体健康，生活幸福，事业兴旺！祝×××蒸蒸日上！

百货超市开业典礼祝酒词

【场合】百货超市开业典礼。

【人物】领导、社会各界朋友。

【致词人】超市负责人。

【妙语如珠】本超市本着"以服务为根、以顾客为本"的服务宗旨，推行"诚实守信、共建和谐"的经营理念，全力打造×××市优秀品牌服务超市。

各位领导、各位朋友、各位来宾：

沐浴着四月的和煦春风，我们迎来了×××百货超市隆重开幕的大喜日子，在此，我谨代表×××百货超市的全体员工向各位莅临开业庆典的各级领导及社会各界朋友表示衷心的感谢和热烈的欢迎！

×××百货超市坐落于××市

中心地段，营业面积为×××平方米，共四层，并且拥有×××平方米的停车场。一楼经营日用百货、烟酒、蔬菜水果、文具用品等；二楼经营服装、鞋帽、玩具、床上用品等；三楼经营家用电器、个人电脑、手机、电话等；四楼是美食城，经营各种特色小吃、糕点、快餐等。超市内设有中央空调，自动上、下扶手电梯，观光电梯，且设有专业的客户服务咨询台。整个超市是在专业设计师的指导下建成的，采用了合理的布局，极力营造了一个清新、凉爽、方便、轻松、愉快的购物环境。

×××百货超市建立了一套完整的规章制度，采用先进的管理模式，结合本地的实际情况，提供人性化的服务。超市服务人员是通过严格筛选并通过培训合格上岗，他们都具有良好的服务态度和强烈的责任感，能为每一位顾客提供热情、周到、耐心的服务。

本超市本着"以服务为根、以顾客为本"的服务宗旨，推行"诚实守信、共建和谐"的经营理念，全力打造×××市优秀品牌服务超市。本超市也有自己的品位，面对不同的消费者，我们推出了风格迥异的特色专区，在增加自己品种项目的同时，形成自己的个性。同时，我们也承诺本超市的所有产品价格实惠，质量过关，欢迎广大消费者给予监督。

我们一定会强化内部管理，诚信经营，树立自己的良好的形象，使企业能不断地发展壮大。

最后，祝愿我们×××百货超市开业大吉、财源滚滚！

祝各位领导、各位来宾身体健康、万事如意！

房地产开盘祝酒词

【场合】房地产开盘。

【人物】公司领导、政府领导、嘉宾。

【致词人】公司领导。

【妙语如珠】在商言商，我们不追求最大，我们追求最"棒"。

尊敬的各位领导，各位来宾，各位新闻界的朋友：

大家好！

今天是公元×××年×月×

日，是一个可以写入××历史的灿烂日子，能和大家在这里相聚，我感到十分荣幸。

春和景明的×月，我们共同庆贺××城三期营业房隆重开盘。在这里，我谨代表××城有限公司对各位的光临，表示热烈的欢迎和衷心的感谢。

首先，我要感谢××市委、市政府、××区委、区政府、××经济开发区及各级部门领导的关心和支持。市、区两级政府要求我们率先在××建立一个代表目前中国最新市场业态，前期投资达××亿元的××城，我们深感责任重大，同时，这也是我们前进的动力。

其次，我要感谢××镇和××村干部群众的关爱。我们来自××，××的创业人员近×万人，我们看准××的一个重要原因就是××的投资环境良好，政府政策优惠。让我们非常感动的是，自从我们来到这里，你们就把我们当作自家人，没有你们的关心支持，就没有我们××城如此快速和高效的建设发展。

最后，我要感谢进驻××城的客商朋友。感谢你们一直以来的厚爱和信任。我们都是在××市场上拼搏出来的，在商言商，我们不追求最大，我们追求最"棒"。

各位领导、各位来宾，××城今天的蓬勃发展，展示了我们明天创业的动力激情，展示了我们打造××第一城的信念和决心，展示了一个为在座各位创业赢利、大展宏图的舞台。

最后，祝大家身体健康，万事如意，心想事成！再一次感谢大家！

连锁店开业庆典祝酒词

【场合】连锁店开业酒会。

【人物】主持人、连锁店职员、嘉宾。

【致词人】主持人。

【妙语如珠】名扬塞北三千里，誉满江南百万家。

女士们、先生们、各位街坊四邻和朋友们：

大家好！

又是一个金色的十月，又是一个收获的季节。今天，××连锁店车马盈门、紫气东来，吉时开业，大富启源!

朋友们! ××连锁店地处风景秀丽、柔美婉约的××市,有一种永远不会散去的水乡味道! ××的饮食文化,历史悠久,犹如一路唱着经典的百年老歌,欢笑着奔向了文明古老的××,扎根落户在这美丽富饶、繁花似锦、人杰地灵的礼仪之邦——××大地上。

××连锁店是中国特色餐饮业中颇具影响力的品牌之一,是一家集餐饮设备研究、开发、咨询、策划于一体的连锁加盟发展企业。以倡导"传统与时尚共享,美味与健康并存"的饮食文化为己任,秉承"诚信、创新、专业"的理念,依托中华民族博大精深的传统美食精髓,相继推出××系列美食。其产品以色泽美观、味美可口、营养丰富而盛誉内外。尤其是××连锁店的×总,是一位为江南特有的美食文化作出巨大贡献的民营企业家。曾经有一位著名的美食专家夸赞他说"名扬塞北三千里,誉满江南百万家"。相信在×总的带领下,××连锁店将生意兴隆,红红火火。

朋友们,在这激动人心的时刻,让我们共同祝愿,××连锁店:生意兴隆通四海,财源茂盛达三江。祝来宾朋友、街坊四邻食用××美食延年益寿、身体康健、五福临门、万事如意! 再次感谢各位的光临!

服装店开业祝酒词

【场合】连锁店开业酒会。

【人物】主持人、连锁店职员、嘉宾。

【致词人】主持人。

【妙语如珠】云锦托出一轮月,时装拥来万朵花。中西内外件件美,春夏秋冬样样新。愿将天上云霞色,化作人间锦绣裳。

各位来宾,各位朋友:

大家好!

金秋×月,稻谷飘香;骄阳似火,喜气满堂。

接来千丈布,绣出万家春。

妙手裁去锦,精心剪春光。

今天,是××年的×月×日,在社会各界的支持、各位好朋友的关注下,××服装店正式开业了。

云锦托出一轮月,时装拥来万

朵花。

中西内外件件美，春夏秋冬样样新。

愿将天上云霞色，化作人间锦绣裳。

我是主持人××，很荣幸主持××服装店开业宴会，在此，我代表本店的经理××先生，对大家的光临捧场，表示衷心的感谢！同时，我也代表今天到场的各位好朋友，真诚地祝愿××服装店财源广进，生意兴隆！

所谓"春服既成凭君选择，寒衣具备售价公平"，我们××服装店聘请了具有多年经验的专业裁剪师××名，有着高超精湛的技艺，本着让顾客"挑挑选选人人满意，看看试试件件称心"的主题思想，精工细作，精益求精，尽全力保证让每个顾客高兴而来，满意而归。俗话说："人靠衣衫马靠鞍，长得好看全在穿。"××服装店的技术究竟达到什么程度，让我来打个比方，比如进去一个老太太，出来的一定是个大姑娘；进去一个老大爷，出来的是一个大帅哥！走在大街上回头率百分之二百！穿上本店精心裁制的

锦装，你就会风度翩翩，神采奕奕，自信满怀，开创新天地！

××服装店从筹备到开业，一直受到社会各界人士的关心和帮助，××经理心里十分感谢，因此在××酒楼准备了丰盛的宴会，感谢大家的厚爱与支持。

现在，让以热烈的掌声，祝贺××服装店生意蒸蒸日上，财源滚滚而来，同时祝愿来宾吉祥如意，笑口常开。

酒品专卖店开业庆典祝酒词

【场合】酒品专卖店开业宴会。

【人物】专卖店领导及职员、嘉宾。

【致词人】专卖店领导。

【妙语如珠】盛世之夏，激情飞扬，酒林奇葩，香飘四海。

尊敬的各位领导、各位来宾：

大家好！

盛世之夏，激情飞扬，酒林奇葩，香飘四海。今天，是我们举行××专卖店开业庆典的好日子。首先，我代表××专卖店全体员工，对莅临宴会的各位领导、嘉宾和朋

友表示热烈的欢迎和诚挚的祝福！

华夏五千年，老店酿玉液。××作为百年老店，她上承××百年酿造传统，下续××现代勾兑技术。酒质、风味、口感皆体现"老酒"的独特性；酒瓶上××××的造型，古色古香，是"老店"淳朴的厚重文化底蕴的写照。经过近几年的长足发展，××××酒已经获得了全国消费者的广泛认可和赞同。

××××酒，品质独特，卓尔不凡；包装艺术，独树一帜。饮××酒，为胜利者讴歌，为友谊者架桥；品××酒，为亲人祝福、为朋友贺喜。在今后的岁月里，我将偕××××酒专卖店全体员工，以务实求精的精神，以细致周到的服务，使××××这一酒品家族的瑰丽奇葩，成为您的相知，成为您的最爱！

最后，让我们共同举杯，祝愿××××酒业再创辉煌，祝愿在座嘉宾工作顺利、心想事成，干杯！

酒店开业庆典祝酒词

【场合】庆典宴会。

【人物】市领导、酒店领导、嘉宾。

【致词人】总经理。

【妙语如珠】在百业竞争万马奔腾的今天，特色就是优势，优势就是财富。

尊敬的领导、来宾，各位业界同人和朋友们：

大家好！

很高兴在今天这个特别的日子里，我们相聚一堂，共同庆祝××大酒店隆重开业！

首先，请允许我代表××大酒店的全体员工，向今天到场的领导、董事长和所有的来宾朋友们表示衷心的感谢和热烈的欢迎！

××大酒店位于××市中心地带，集商铺、办公、酒店、餐饮、休闲、娱乐于一体，是按照四星级旅游涉外饭店标准投资兴建的新型综合性豪华商务酒店。

御井招来云外客，泉清引出洞中仙。在百业竞争万马奔腾的今天，特色就是优势，优势就是财富。××大酒店若想在激烈的市场竞争中占据一席之地，或者独占鳌头，一定要有自己的特色，创造自己的品牌。此外，还需要科学管理、准确定位，用一流的服务创造一流的效益，真正做到"诚招天下客，信引四方宾"。

在今后的发展中，我们全体成员将团结一致，众志成城，共同为××大酒店的发展作出最大努力。正如我们的董事长所说，××大酒店是"我们××人智慧和汗水的结晶"。它的筹划和诞生，倾注了我们××人的所有心血，凝聚了××全新的信念。欣慰的是，有这么多的朋友默默地关心和支持着我们，陪伴我们一路走来。其中，有××市领导的高度重视和政策指导，有我们××集团高层的殷切关怀和鼎力扶持，有社会各界朋友的热心帮助等，这些让我们感激不已。

为此，我将携全体工作人员，用良好的业绩来回报各界，为××市进一步的繁荣昌盛添上辉煌灿烂的一笔！以不辜负领导、董事长和社会各界的期望！

最后，我要特别感谢××市领导的莅临指导，感谢董事长于百忙之中亲临开业现场致词！再次感谢各位朋友的光临！

谢谢大家！

庄园开业祝酒词

【场合】庄园开业庆典。

【人物】政府部门相关工作人员、应邀嘉宾、业界朋友。

【致词人】庄园董事长。

【妙语如珠】如果疲倦，不妨到×××走一走，这里闭目就可养神；如果乏味，不妨到×××看一看，这里每个角落都充满无限生机；如果开心，不妨到×××说一说，这里的一灰一尘都希望因分享到你的快乐而得到滋润。

尊敬的各位领导、各位来宾，女士们、先生们：

首先请各位用双眼环顾四周，用双耳静静聆听。看，这里有亭台楼榭，这里有碧水蓝天，这里有花草绿林。听，这里有鸟鸣虫吟的天然音乐。这里就是我们打造的美丽而动人的×××庄园。今天，我们正式开业了！

值此开业庆典之际，我谨代表庄园开发的投资股东和全体员工，衷心感谢×××建筑团队，是他们用智慧和勤劳使×××庄园顺利建成，同时，向前来参加×××庄园开业庆典的各位嘉宾和新老朋友，表示热烈的欢迎！

想当初，此地一片荒芜、人烟罕至，到如今，俨然一幅良辰美景，生机盎然的立体图画。如此大的转变饱含了我们的用心良苦。建园之初，我们看中的是现在正处于扩大对外开放的良好氛围和宽松的、有利的投资环境与发展环境。由于现代都市生活的节奏快、频率高、压力强，都市公众需要一个轻松愉悦、修身养性的度假场所。为此，我们抓住机遇，积极准备。首先，我们确定了"让每位朋友满意而归"的办园宗旨，在专业人才的规划下，通过质量过硬的建筑施工队伍的建设，从细节到整体，×××庄园终于达到了我们理想中的目标。其次，我们尊崇"健康、文明、有益身心"的服务理念，坚持"诚实守信、遵纪守法"的经营原则，极力打造了一支高素质高强度的服务团队。

如果疲倦，不妨到×××走一走，这里闭目就可养神；如果乏味，不妨到×××看一看，这里每个角落都充满无限生机；如果开心，不妨到×××说一说，这里的一灰一尘都希望因分享到你的快乐而得到滋润。×××庄园讲究动与静的结合，乍一看，万物俱静，事实上却活力无限，不信，你走到人工湖畔，便可见"鱼戏莲叶间，鱼戏莲叶东，鱼戏莲叶西，鱼戏莲叶南，鱼戏莲叶北"的热闹场面。只要你善于发现，这里的一草一木都会给你带来无穷的惊喜。

作为×××庄园人，我相信，只要大家齐心协力，一定能逐步形成自己的经营品味，打出庄园的服务品牌。

不可否认，×××庄园创业伊始，肯定还存在各方面的问题，在此，我真诚地希望政府各部门领导继续给予关怀和支持，期盼社会各界朋友给予更多的关心和帮助。

最后，祝在座的各位在×××庄园度过轻松愉快的一天！

第九章

政务酒

工作会议祝酒词

工作会议多数都是在政府部门召开的，在祝酒词里我们应当注意加入更多中央政策文件的内容，用比较官方的语言表述。比如在城乡一体化与和谐社会座谈会上，我们可以先对城乡一体化进行简单的表述：统筹城乡一体化发展是党的十七届三中全会作出的重大决策，是省委、省政府交给我市的一项重要任务，也是我市开展深入学习实践科学发展观活动的实践载体。另外，还可以对和谐社会这种比较重要的概念进行阐释：和谐社会，是一种社会状态，一种人与人之间、人与社会之间、人与自然之间、人与自身所处的环境中的一切事物之间的和谐状态。

此类工作会议上，一般会有很多领导参加，祝酒词结尾的时候可以再对领导表示一下谢意，比如，可以这样说："最后再次对与会的各位专家领导表示衷心的感谢！现在，请大家共同举杯，为了此次座谈会顺利进行，为了我们尽早实现城乡一体化，干杯！"

残疾人国际亚太区宴会祝酒词

【场合】欢迎晚宴。

【人物】国家领导人、外宾。

【致词人】中国×领导。

【妙语如珠】保障残疾人的权利，尊重残疾人的价值，发挥残疾人的潜能，是人类文明和社会进步的标志，是国际社会和各国政府的责任。

主席先生，女士们、先生们：

残疾人国际作为残疾人自己的组织，在"亚太残疾人×年"即将开始的时刻，在北京召开残疾人国际亚太区第×届大会，共商亚太地区残疾人工作，这对于保障人权、建立人人共享的社会具有重要意义。我高兴地代表中国政府，并以我个人的名义，向与会的朋友们表示热烈欢迎，向大会表示衷心祝贺。

朋友们，在我们这个世界上，生活着×亿多残疾人，残疾人及其亲属占人口的1/4。由于自身残疾的影响和外界环境的障碍，残疾人在社会中处于不利地位，是最困难的群众。人类社会发展到今天，残疾人的事业已成为国际社会面临的紧迫而艰巨的任务。残疾人作为公民，在政治、经济、文化和社会生活的各方面，享有与其他公民平等的权利。事实表明，残疾人有全面参与社会生活的能力，他们同样是物质和精神财富的创造者。保障残疾人的权利，尊重残疾人的价值，发挥残疾人的潜能，是人类文明和社会进步的标志，是国际社会和各国政府的责任。

中国是发展中国家，正经历着经济的迅速发展和社会的深刻变革。在这一历史进程中，中国政府响应联合国《关于残疾人的世界行动纲领》，从本国国情出发，采取了切实可行的措施，保障残疾人的权益。颁布了残疾人保障法，设立了残疾人工作协调机构，支持残疾人组织的建设并充分发挥其作用，制定并实施国家关于残疾人事业的两个五年计划，规定了对残疾人的优惠政策和扶持措施，开展国际交流与合作，使残疾人的康复、教育、就业和生活状况有了明显改善，文化、体育活动也日趋活跃。

女士们、先生们，中国是"19××~20××年亚太残疾人×年"的发起国之一和积极支持者。在亚太地区残疾人总数中，中国占较大比重，我们深知自己的责任和可以发挥的作用。中国在进一步改革开放、加速现代化建设的过程中，将努力解决好残疾人问题，并承担与我国发展水平相应的国际责任和义务，与亚太各国一道，为残疾人的"平等·参与·共享"，为本地区经济、社会的协调发展作出贡献。

祝大会圆满成功！

谢谢各位。

中非合作论坛宴会祝酒词

【场合】北京20××年部长级会议欢迎宴。

【人物】中非领导。

【致词人】中国×领导。

【妙语如珠】它不仅表明中非之间的友好关系充满活力，而且昭示我们双方迎接新世纪挑战，创造更加美好的未来的强烈愿望和坚定信心。

尊敬的各位总统，各位部长阁下，女士们、先生们、朋友们：

大家晚上好！

今晚，非洲国家的元首和部长们聚集在北京，共同庆祝中非合作论坛——北京20××年部长级会议顺利召开，请允许我代表中国政府，向各位与会者表示最热烈的欢迎。对××总统、××总统、××总统和××总统亲临今晚的宴会，我深感荣幸。

举办中非合作论坛，是世纪之交中国和广大非洲国家加强对话、促进合作、共谋发展的一项重要行动。无论从其性质还是规模上看，这在中非关系史上都是前所未有的。它不仅表明中非之间的友好关系充满活力，而且昭示我们双方迎接新世纪挑战，创造更加美好的未来的强烈愿望和坚定信心。

中国主席和非洲四国元首在开幕式上的讲话深刻分析了我们面临的形式，鲜明地提出了中非双方对建立国际政治经济新秩序的共同主张，为中非合作的未来勾画了蓝图。我相信，在各位与会者的共同努力下，本次会议一定能取得圆满成功，达到平等磋商、增进了解、扩大共识、加强友谊、促进合作的预期目的，为中非友好合作关系在21世纪的发展奠定了新的基础。

现在，我提议，为中非合作论坛——北京20××年部长级会议的成功召开，为中非友谊与合作的不断加强，为各位元首和在座朋友们的身体健康，干杯！

谢谢大家。

中非人权研讨会祝酒词

【场合】欢迎招待会。

【人物】国家领导人、外宾。

【致词人】中国×领导。

【妙语如珠】希望通过此次研讨会，中非之间进一步增进人权领域的相互了解和共识，加强相互交流和借鉴，促进我们各自人权事业的发展，以及中非在国际人权领域的合作，维护我们的共同利益。

尊敬的各位代表、各位使节，女士们、先生们：

今天，来自非洲27个国家的代表聚会北京，参加由中非合作论坛中方后续行动委员会举办的中非人权研讨会。我谨代表论坛中方后续行动委员会对研讨会的召开表示衷心祝贺，向远道而来出席研讨会的各位非洲朋友表示热烈欢迎。

去年12月，中非合作论坛第二届部长级会议在埃塞俄比亚首都亚的斯亚贝巴成功举行。会议通过的《亚的斯亚贝巴行动计划》确定，中非双方将加强在多边领域的协调与相互支持，并在中非合作论坛框架内，不断加强双方在联合国系统、世贸组织及其他国际场合的磋商与实质性合作。本次研讨会的召开正是落实《行动计划》的一项具体行动。

近年来，中国和广大非洲国家为促进和保护本国人民的人权作出了不懈努力，取得了积极成果和经验。研讨会期间，各位代表将与中国有关部委的高级官员和学术机构的专家、学者围绕人权与主权的关系、司法实践中的人权保护和国际人权合作三个议题进行专题研讨。希望通过此次研讨会，中非之间进一步增进人权领域的相互了解和共识，加强相互交流和借鉴，促进我们各自人权事业的发展，以及中非在国际人权领域的合作，维护我们的共同利益。研讨会后，我们将邀请代表们赴两个外地城市参观访问。其中，江苏省扬州市风景秀丽，人杰地灵，是中国历史文化名城;重庆市是中国最年轻、人口最多的直辖市，也是西部大开发的重点城市。相信此行将使各位对中国有更为全面、深入的了解。

各位代表、各位使节、女士们、先生们，加强同广大非洲国家的团结合作是中国政府一贯坚持的基本外交方针。我们将继续同非洲国家共同努力，加强双方在政治、经济、文化及国际领域的合作，充分发挥中非合作论坛的作用，推动中非友好合作关系不断迈上新台阶。

最后，我提议：为中非人权研讨会取得圆满成功，为各位代表在中国工作顺利、逗留愉快，干杯！

庆祝党代会召开祝酒词

【场合】党代会招待宴会。

【人物】市领导、党代表。

【致词人】市长。

【妙语如珠】风劲潮涌，自当扬帆破浪；任重道远，更需策马加鞭。

各位代表，同志们、朋友们：

潮平两岸阔，风正一帆悬。在这生机勃勃、激情迸发的五月，中国共产党××市第××次党代会胜利召开了。在此，我们表示热烈的祝贺！

过去的几年里，在中央领导的亲切关怀下，在省委、省政府的高度关注和大力支持下，在市委、市政府的坚强领导下，在全市广大党员干部群众的共同努力下，××市发生了日新月异的变化，走上了复兴崛起之路，谱写了我市经济社会发展的绚丽篇章。

今日的××大地，天时、地利、人和。这里孕育着科学发展的最好机遇，这里形成了心齐、气顺、劲足、实干的创业环境，这里是我们干事、干成事、干成大事的一方热土。今天的××人民有着更多的企盼、更高的追求。风劲潮涌，自当扬帆破浪；任重道远，更需策马加鞭。我们深信，与会代表一定会以高度的责任感、强烈的使命感，充分发扬民主、凝聚民智、反映民意、共谋民利，一定会从大局出发，不负全市人民重托，行使好权利，保证顺利完成大会预定议程，绘就我市更快更好发展的宏伟蓝图。

站在新的起点上，放眼未来，我们豪情满怀，信心倍增。让我们紧密地团结起来，在市委的正确领导下，励精图治，攻坚克难，与时俱进，锐意进取，创造××更加美好灿烂的明天。我们的目标能够实现，我们的目标一定能够实现！

我提议，为第×次党代会取得

圆满成功，为实现我们的理想和目标，为××百姓的福祉，干杯！

全省政研会祝酒词

【场合】政研会招待宴会。

【人物】市领导、代表。

【致词人】市长。

【妙语如珠】我们将以这次会议为契机，学习借鉴兄弟单位的先进经验，努力开创政工工作新局面。

尊敬的各位领导、各位代表、同志们：

大家好！

今天，×年×度的××政研会在××召开。首先，我代表××党委，向会议的召开表示热烈的祝贺！向出席会议的领导和代表表示热烈的欢迎！

××市地处××，人口××万，面积××万平方公里。××公司现为××公司直属的国家××大型企业，拥有固定资产××亿元，员工××名。近年来，在××公司的正确领导下，事业取得了长足的发展，特别是20××年，安全生产突破××天，截至今天已实现连续安全生产××天，创历史最高纪录；售电量突破××亿千瓦时，完成××亿千瓦时，同比增长××%；电网建设日新月异，多种经营健康发展，企业管理及优质服务水平不断提升，精神文明建设成果丰硕，荣获了××先进单位等荣誉称号。

××公司成绩的取得，离不开政工战线的辛勤努力。×年来，我公司围绕先进性教育活动、廉洁文化建设、企业民主管理等重点工作，对如何做好新形势下的思想政治工作进行了积极探讨，取得了一定的成效，维护了和谐稳定的良好局面，在提升企业凝聚力、调动员工积极性等方面发挥了重要作用，为公司改革发展提供了强有力的组织保证和思想保证。

实践证明，政研会在加强和改进思想政治工作方面具有十分重要的地位。今天，××公司政研会的召开，给我们提供了一次很好的学习机会，恳请各位领导、各位代表多提宝贵意见。我们将以这次会议为契机，学习借鉴兄弟单位的先进经验，努力开创政工工作新局面。

最后，预祝会议取得圆满成功！

招待会祝酒词

招待会，顾名思义是招待来访的客人。就内容和形式而言，它分为两种：一种为娱乐或取乐性的社会集会或聚会。通常用于家庭聚会、单位联欢、协会聚会等。这种招待会形式较活泼，便于广泛接触交谈。而且客人可在其间任何时候到达和退席，来去自由，不受约束。另一种是为表示隆重或正式欢迎的社交集会。根据主、客双方身份，招待会规格、隆重程度可高可低，举办时间一般在中午十二时至下午二时、下午五时至七时之间。这种形式常用于官方正式活动，以宴请人数众多的宾客。

无论哪种招待会，致词人祝酒的流程大体相近。作为东道主，应首先对客人的到来表示欢迎，接着叙述此次招待会的意义，如投资贸易博览会祝酒词："希望借助中国××投资贸易博览会这个良好的发展平台、借助这次酒会，进一步增进了解、加深友谊，促进合作，共同发展。"然后满怀信心和希望，畅想双方合作的美好愿景。

欢迎外国代表团祝酒词

【场合】欢迎晚宴。

【人物】中方领导、外国代表团。

【致词人】中方领导。

【妙语如珠】尽管我们相隔千山万里，但遥远的空间障碍已让位于两市人民加强友好合作的共同信念与愿望。

尊敬的×××市代表团的各位朋友，女士们、先生们：

首先，请允许我代表××市人民政府以及全市×××万市民，热烈欢迎以××××议长为首的×××市代表团光临××访问，并借此机会，向×××市人民致以亲切的问候和良好的祝愿。

"有朋自远方来，不亦乐乎！"这是我们民族两千多年前的名作《论语》中的一句话，此时此刻我就是这种心情。代表团这次是为商谈两市缔结友好城市关系、促进两市友谊而来，对朋友们这种努力为两市友好作贡献的行动，我表示诚挚的谢意！

×××市、××市建立友好城市关系有着共同的基础：中英两国关系近年来在许多领域有了可喜的进展，香港问题的圆满解决，为中英关系向更高水平迈进创造了新条件，使中英友好合作进入了一个新的历史时期；近几年来，我们两市的政府和人民彼此间有了更多的接触，加深了了解，增进了友谊。

天涯纵远，愿望相通。尽管我们相隔千山万里，但遥远的空间障碍已让位于两市人民加强友好合作的共同信念与愿望。英国谚语说得好："路途虽然遥远，越走会越近。"朋友们，你们访汉的日程已经开始，希望你们在××期间宾至如归，生活愉快，预祝朋友们访问

获得圆满成功！

外交部新年招待会祝酒词

【场合】新年宴会。

【人物】外交部官员、各国大使和夫人。

【致词人】外交部×领导。

【妙语如珠】我们将满怀信心，在新的起点上继续前进！

各位使节、代表和夫人，女士们、先生们：

我谨代表中国外交部并以我个人的名义，向各位来宾和朋友表示热烈欢迎，并致以良好的新年祝愿！

在过去的一年，中国各族人民在以胡锦涛同志为总书记的党中央领导下，团结奋斗，锐意进取，改革开放和现代化建设事业取得新的成就。"十五"规划的主要发展目标已提前实现，经济社会发展保持良好势头。

一年来，中国坚持从维护中国人民和世界人民的根本利益出发，广泛开展对外交往与合作，在重大国际和地区问题上发挥建设性作

361

用，为维护世界和平、促进共同发展作出了自己应有的贡献。

明年是中国实施"十一五"规划的第一年。在全面建设小康社会的进程中，"十一五"具有承前启后的重要意义。我们将满怀信心，在新的起点上继续前进！

我们将继续高举和平、发展、合作的旗帜，坚持独立自主的和平外交政策，坚持走和平发展道路，内求发展、和谐，外促和平、合作，与世界各国人民一道，积极为人类的和平、发展、进步事业而不懈努力。

现在，我提议：为世界和平与共同发展，为人类和谐美好的明天，为来宾们、朋友们和同志们的健康，干杯！

联合国日招待会祝酒词

【场合】联合国日招待宴会。

【人物】中国外交部官员、联合国官员、各国官员。

【致词人】外交部×领导。

【妙语如珠】它坚持多边主义，维护国际安全；坚持互利合作，促进共同发展；坚持包容精

神，构建多样世界。

各位朋友：

很高兴与大家共同庆祝联合国诞生60周年。60年来，它的职能不断拓展，机制不断完善，合作不断深化，为促进人类的和平与福祉孜孜以求。它坚持多边主义，维护国际安全；坚持互利合作，促进共同发展；坚持包容精神，构建多样世界。它所做的努力有目共睹。

在刚刚结束的联合国成立60周年峰会上，各国元首重申促进世界和平与发展、加强多边合作的决心。我们要承担起历史责任，把这一庄严的政治承诺变为现实。

中国是联合国的坚定支持者和合作伙伴。作为联合国创始会员国和安理会常任理事国，我们积极参与联合国各领域活动，支持联合国在国际事务中发挥核心作用，支持对联合国进行全方位、多领域的改革，以行动履行对《联合国宪章》的承诺。中国与联合国的合作硕果累累，潜力巨大，前景广阔。

各位同事，为纪念联合国60岁生日，我们准备了三份礼物。一是中国外交部编写的《中国与联合

国——纪念联合国成立60周年》画册，它记录了中国与联合国合作的历史。二是中国邮票总公司设计的纪念邮票，上面印有象征团结吉祥的中国结和联合国60周年标志。三是中国与联合国驻华机构共同编写的《千年发展目标中国进展报告》（2005年版），描述了过去一年中国为实现千年发展目标取得的进展。

我谨代表外交部感谢这次活动的合作伙伴——联合国驻华系统和中国联合国协会。

让我们为联合国的光明未来、为中国与联合国更密切的合作以及在座各位朋友的安康干杯！我现在邀请联合国驻华机构协调员马和励和中国联合国协会会长金永健与我一起为这三个礼物揭幕。谢谢！

政府工作迎宾祝酒词

【场合】欢迎市代表团晚宴。

【人物】各级领导、嘉宾。

【致词人】×领导。

【妙语如珠】外因是条件，内因是根据。

尊敬的××副市长，各位领导、各位同志：

晚上好！

首先，我代表中共××区委、区人大、区政府、区政协和全区××万人民，向××副市长一行的到来表示热烈欢迎。

十年来，××市委、市政府积极响应党中央、国务院号召，以高度的政治责任感，积极开展对口支援和经济技术协作，积极组织知名企业到××考察洽谈，有力地促进了××经济社会发展。在此，我代表中共××区委、区人大、区政府、区政协和全区××万人民，向在座各位并通过你们向所有关心、支持××××开发建设和经济社会发展的××市各级领导、各界朋友表示衷心的感谢和崇高的敬意！

××是××的中心城市，拥有良好的发展机遇和广阔的发展前景。今后一个时期，我们将按照"××"的战略部署，加快经济发展，推进城市建设。为实现这一目标，我们将全方位扩大对外开放，真诚希望××市一如既往地大力支持、关注××的经济社会发展，进一步扩大经济技术合作与交流，组织引导更多的企业到××投资兴业。

外因是条件，内因是根据。我们将创造一流的政务环境、法制环境、工作环境、社会环境，支持到××投资的企业的发展。

现在，我提议共同举杯，为我们的精诚合作，为各位身体健康，干杯！

国家体育总局新年招待会祝酒词

【场合】国家体育总局新年招待会。

【人物】国家体育总局领导、国家体育总局各部门、新闻媒体。

【致词人】 国家体育总局×领导。

【妙语如珠】希望大家戒骄戒躁，勇于拼搏，争取在今年取得更好的成绩，以回报祖国对你们的培养，父母对你们的期望。

各位来宾，各位朋友，女士们、先生们、朋友们：

律回春晖渐，万象始更新。我们告别成绩斐然的××××年，迎来了充满希望的××××年。在这辞旧迎新之际，欢迎各位新老朋友共聚一堂，共同迎接全新的一年。我代表中华人民共和国国家体育总局向与会的各位来宾致以亲切的问候和节日的祝福！

国家体育总局前身是1952年11月成立的国家体育运动委员会，1998年3月24日改组为国家体育总局。目前下设办公厅、群众体育司、竞技体育司、体育经济司、政策法规司、人事司、对外联络司、科教司、宣传司、机关党委、纪检组和监察局、离退休干部局。从新中国成立之初开始，中国的体育运动随着国家的不断发展而得以迅速发展和广泛普及。党和政府重视体育工作，把增强人民的体质，提高全民族的健康水平，作为社会主义体育事业的首要任务。从1959年举行第一届全国运动会以来，到2009年我国已举办了十一届全运会。在历届全运会上，我国运动员多次打破田径、游泳、射击、举重、射箭、跳伞、航空模型等项目的世界纪录，打破全国纪录达两千多次。

2008年我们迎来了中国人期待了百年的奥运会，在北京这个国际大都市，我们圆满举办了一届史上最成功的奥运会，得到了国际社会的广泛认同，极大地提高了我国的国际形象。2010年，我们将再次迎来亚洲顶级体育盛会——第十六届亚运会，本次盛会将于2010年11月12日至27日在广州举行，将设42项比赛项目，是亚运会历史上比赛项目最多的一届。广州还将在亚运会后举办第十届残疾人亚运会。这将是继北京奥运会之后我国体育界的又一次盛会，充分体现了新中国在体育方面取得的重大成就。

2008年，我们的体育健儿们在各大国际赛事上屡创佳绩，为祖国赢得了荣誉，为自己争得了光荣。去年一年，在各个体育项目上，我国体育健儿共打破了世界纪录×××项，亚洲纪录×××项，全国纪录×××项，为历年之最。其中在×××项和×××项等我国传统优势项目上，我们保持了所有大赛冠军一个不丢的辉煌战绩。

当然，取得这样的成绩与我们运动员的刻苦训练是分不开的，希望大家戒骄戒躁，勇于拼搏，争取在今年取得更好的成绩，以回报祖国对你们的培养，父母对你们的期望。同时在这里，我还要代表国家体育总局向长年奋斗在一线的体育记者们表示衷心的感谢！

岁月不居，天道酬勤。过去的一年是辉煌的，我们也希望在新的一年里，全国的体育健儿们能够继续刻苦训练，为国争光。

现在，我提议：为了祖国的体育事业，干杯！

欢迎奥运健儿凯旋招待会祝酒词

【场合】欢迎奥运健儿凯旋招待会。

【人物】奥运健儿、省市领导、新闻媒体、社会各界朋友。

【致词人】体育部门×领导。

【妙语如珠】我们将以在北京奥运会上取得的优异成绩作为我们××省体育发展的一个新起点，进一步推动我省体育事业的发展，我们将进一步推进全民健身活动，充分发挥体育的多元功能，促进经济社会的健康有序发展。

各位来宾、各位朋友、各位同志、奥运健儿们：

你们好！ 放飞奥运梦想，传承奥林匹克精神，在刚刚结束的北京奥运会上，我省运动健儿屡创佳绩，为祖国为家乡父老赢得了荣誉，在这场全球体育盛典上，我省运动健儿共取得了××枚金牌××枚银牌和××枚铜牌，以奖牌总数××枚荣登全国各省市第一的位置。在此，我代表××省委省政府对你们表示感谢，也欢迎你们回到家乡，家乡的父老乡亲欢迎你们！你们是祖国的骄傲，是父母的骄傲，也是家乡父老的骄傲！

北京奥运会获得圆满成功，成为无与伦比、最为辉煌的一届奥运会，充分体现了"同一个世界、同一个梦想"的主题，兑现了举办一届"高水平、有特色的奥运会"的庄严承诺，展示了繁荣昌盛、文明进步、开放自信的国家形象。××人民为北京奥运会的圆满召开感到无比的兴奋和自豪，北京奥运会中国体育代表团取得了前所未有的成绩，同时我们××省作为全国的体育大省，为本次奥运会输送了大批体育尖子，××体育健儿在本届奥运会上不仅取得了优异的成绩，也展现了良好的精神风貌。在比赛中，××健儿展现了乐观向上、不惧艰险、志在必得的精神风貌，取得了运动成绩和精神文明双丰收，为国家、为××省争了光。你们的精神将成为××的宝贵精神财富，将成为提高××软实力的重要精神力量。

我们将以在北京奥运会上取得的优异成绩作为我们××省体育发展新的一个新起点，进一步推动我省体育事业的发展，我们将进一步推进全民健身活动，充分发挥体育的多元功能，促进经济社会的健康有序发展。希望本次受到表扬的体育健儿们以及教练们，戒骄戒躁，刻苦训练，争取在今后的比赛中取得更优异的成绩，回报祖国对你们的培养，回报父母对你们的期望，回报家乡人民对你们的厚爱。

最后，我代表××省委省政府对多年来支持××省体育事业的社会各界朋友表示诚挚的谢意！现在，我提议：为××省的经济发展与社会繁荣，为在座的来宾们、朋友们和同志们的健康，为××省的体育事业再创历史辉煌，干杯！

世界旅游组织大会欢迎晚宴致词

【场合】欢迎晚宴。

【人物】国家旅游局官员、各国嘉宾。

【致词人】×领导。

【妙语如珠】旅游是和平的使者、友谊的桥梁。

尊敬的世界旅游组织秘书长弗朗加利先生，尊敬的联合国常务副秘书长弗莱切特女士，尊敬的各位代表，女士们、先生们：

晚上好！

首先，请允许我代表中国国家旅游局，对参加世界旅游组织第15届全体大会的各位嘉宾和各位代表，表示热烈的欢迎！对本次大会的胜利召开，表示衷心的祝贺！向世界旅游组织和各国旅游部门对中国旅游业的支持，表示衷心的感谢！

中国政府始终高度重视旅游业的发展。在短短20多年的时间里，旅游业已成为中国国民经济新的增长点，在拉动内需、增加创汇、扩大就业、调整产业结构、扶贫救困等方面发挥着积极的作用，有力地促进了中国的经济繁荣与社会发展，增进了中国与世界的友好交流。旅游是和平的使者、友谊的桥梁。作为礼仪之邦，我们热情地欢迎世界各国朋友到中国来旅游，来游览华夏中国的秀美山川，来感受中华民族的热情好客，来目睹中国改革开放、走向新时代的伟大成就，来传承中国人民与世界各国人民的深情厚谊！

现在，我提议：为世界旅游业的繁荣与昌盛，为各位嘉宾、各位代表的身体健康，为本次大会的胜利召开，干杯！

妙言佳句

国际间祝语

和平共处、友谊万岁、壮丽事业、辅政导民、民主之光。

德不孤，必有邻。礼之用，和为贵。

为人类的幸福而努力，这是多么壮丽的事业！愿我们永远为这个伟大的目标奋斗不息！友谊是世界上最美丽的花朵，它开在您胸中，也盛放在我心上，愿它永不凋谢！

和平是理智的杰作。愿我们都是这幅杰作的明智画师！

您在我心上留下你清泉一般的眸子，在我的纪念册里留下您苍劲的墨迹。"和平"——这是您和你们民族的心音，也是我们民族几代先辈的呐喊。让我们共同祝愿：世界和平！

风在絮语，述说着友谊的甜蜜；浪在荡漾，回忆着您访华的步履；我在凝望，神游大洋彼岸，并送上节日的祝愿：幸福快乐，吉祥如意！

愿我们的友谊如同太阳与大地的结合一样自然，一样自由，一样充满生机。

我们的心中都燃烧着一个心愿：向世界开放，和世界联谊！

世界上没有友谊，就仿佛没有太阳，愿我们友谊永存，让生活充满阳光。

我们相信在双方的共同努力下，中×双边关系在新的世纪必将获得新的更大的发展。祝中×友好交往不断扩大！祝中×两国人民的友谊长存！

为了友谊，为了事业，我们永远是朋友。

我们步入这个世界，最好是手拉着手，彼此永不松开。

开幕、闭幕祝语

我们欢迎各位朋友到本地观光

游览，发展相互间的友好合作关系。最后，预祝此次国际技术合作和出口商品洽谈会圆满成功。

你们是祖国的未来和希望，我期望你们从这次体育盛会中去享受成功的喜悦，体味拼搏的乐趣，寄托成功的希望，去创造崭新的未来！预祝全体运动员取得优异的成绩！预祝本届运动会取得圆满成功！

在本届学术研讨会上，希望各位学有所成的仁人君子、圣贤谦虚为怀，保持学者形象和风度，相互交流、谦虚学习、互取所长，齐心协力推动学术的大发展。

21世纪已然来临，我们肩负的研究事业任重而道远，让我们高举团结的旗帜，努力拼搏，开拓进取，为这个领域作出新的努力和贡献。

今天在座的有金融方面的专家，也有实业界的老总，希望本届论坛能够给大家有所帮助，最后预祝大会圆满成功。

祝贺这次学术研讨会胜利闭幕！

这次体育运动大会是对我校师生的一次检验，我校师生在本次运动会上表现出了较高的体育道德风范。本次运动会蕴含着全体体育教师多日来的辛勤汗水，蕴含着班主任、科任教师的不懈努力，更蕴含着全体运动员顽强的意志，这是一次令人鼓舞的运动会。

可以说，这次大会开得很成功，是一次解放思想、同心协力、创新务实、生动活泼的大会，也是××市工商业联合会承前启后、继往开来的一次盛会，它必将掀开××市工商业联合会的历史新篇章。

经过与会代表的共同努力，这次会议取得了圆满成功。可以说，这是一次民主、团结、鼓舞、奋进的大会。

国际科学与和平周，集中体现了全球许多人在从事的日常活动，得到了广泛的支持，取得了光辉的成就，使大会取得了圆满的成功，我表示衷心的感谢，并希望我们在下一届大会上再相会。

在刚才欢乐的时光中，我们放下了苦恼！放飞了梦想！在此预祝明天会更好！

领导祝语

众望所归 弘扬法治 为民前锋
为民造福 造福桑梓 为民喉舌
政绩斐然 德政可风 口碑载道
善政亲民 造福地方 万众共钦
政通人和 为国为民 光大廉政

我们真诚欢迎各位有识之士到××各地参观考察、共寻商机、共谋发展、共创未来。

在交往中增加了解，在交流中增进友谊。

创新是告别过去，创新是把握现在，创新是迎接未来。

艺术是美的，可是合作创作的艺术更美，正因为人类懂得了合作，才为世界创作了更多的美。

切莫被困难吓倒！最困难之时，往往就是离成功不远之日。

正如一首歌中所唱："最美不过夕阳红，人老心更红"，生命不息，进取不止。衷心祝愿每位老前辈都能创造出"夕阳无限好"的多彩人生，在欢乐、宁静、温馨、和谐中度过幸福的晚年，为我镇教育事业继续发挥余热，再作贡献！

中国有句俗话，叫"良好的开端是成功的一半"。公司已迈出了坚实的第一步，我相信今后必将会有一个美好的未来。

希望在座的各位同志、各界朋友，充分发挥知识密集、经验丰富、联系广泛的优势，多为县委、县政府的工作献计献策，为把我县的经济建设和各项社会事业继续推向前进作出自己的一份贡献。最后，祝各位中秋愉快、身体健康、阖家欢乐、万事如意！

朋友们，海上生明月，天涯共此时，在这轮团圆的明月下，让我们手牵手、心贴心，尽情享受这美好的时刻吧！

希望大家在今后的工作中，能一如既往地继续关心支持交通事业的发展，继续为交通事业的发展献计献策。我们相信，有大家的帮助，加上我们的努力，我们的交通事业一定能兴旺发达。

创新使这个时代日新月异：创建特区，古老渔村变成繁华的现代都市；改革开放，文明古国焕发新的生机；一国两制，两个"儿子"回归祖国。

十年回归，百年沧桑，回归之际，共庆美好未来。